高等学校应用型特色规划教材

冶金环境工程

石 焱 编著

清华大学出版社
北京

内容简介

本书主要讲解冶金环境工程的基本内容和具体治理方法，具体分析了目前冶金工业的基本现状和较新的环境治理技术。

全书分为 8 章，第 1 章介绍冶金环境工程概况。第 2 章讲解冶金行业环境污染的特征与监测技术。第 3～6 章是本书的重要章节，详细描述了冶金"三废"及其他污染的现状、存在的问题以及相对应的处理技术和最新工艺。第 7 章介绍冶金清洁生产与循环经济。第 8 章介绍了我国冶金行业节能减排的相关法律政策和我国冶金工业节能减排现状，重点说明了国内外冶金工业节能减排的新方法和新技术。

本书内容深入浅出，语言简练，可让读者较快掌握冶金环境工程的基本概念和最新技术。

本书可作为高等学校冶金工程专业和环境工程专业本科生的专业教材，也可作为在相关领域工作的广大科技人员和工程技术人员的参考书。

本书封面贴有清华大学出版社防伪标签，无标签者不得销售。
版权所有，侵权必究。侵权举报电话：010-62782989 13701121933

图书在版编目(CIP)数据

冶金环境工程/石焱编著. —北京：清华大学出版社，2020.1
高等学校应用型特色规划教材
ISBN 978-7-302-54321-3

Ⅰ.①冶… Ⅱ.①石… Ⅲ.①冶金工业—环境工程—高等学校—教材 Ⅳ.①X756

中国版本图书馆 CIP 数据核字(2019)第 262862 号

责任编辑：陈冬梅　刘秀青
封面设计：王红强
责任校对：吴春华
责任印制：丛怀宇

出版发行：清华大学出版社
　　　网　　址：http://www.tup.com.cn, http://www.wqbook.com
　　　地　　址：北京清华大学学研大厦 A 座　　邮　编：100084
　　　社 总 机：010-62770175　　　　　　　　　邮　购：010-62786544
　　　投稿与读者服务：010-62776969, c-service@tup.tsinghua.edu.cn
　　　质量反馈：010-62772015, zhiliang@tup.tsinghua.edu.cn
　　　课件下载：http://www.tup.com.cn, 010-62791865

印 装 者：北京国马印刷厂
经　　销：全国新华书店
开　　本：185mm×260mm　　印　张：15　　字　数：361 千字
版　　次：2020 年 3 月第 1 版　　　　　　印　次：2020 年 3 月第 1 次印刷
印　　数：1～1200
定　　价：45.00 元

产品编号：073948-01

前　言

冶金工业是重要的原材料工业，钢铁和有色金属是国民经济发展的重要物质基础。我国是世界钢铁和有色金属生产与消费的第一大国，2013年粗钢年产量超过7亿吨，占全球产量的48%，连续13年居世界第一；10种有色金属年产量2519万吨，占全球产量的1/4以上，连续10年居世界第一。然而冶金是资源、能源密集型产业，产业规模大、生产流程长，从矿石开采到产品的最终加工，需要经过多道生产工序，其间产生的二氧化硫、焦油以及重金属"三废"等致癌污染物，对环境造成了严重危害。冶金工业迫切需要实现生产污染物减排、污染物资源循环及末端治理技术，以实现其可持续发展。

环境工程是应用科学与工程的方法来改善环境(包括空气、水、土地资源)，进而为人类的居住以及其他生物体提供对健康有益的水、空气以及土壤。

冶金环境工程是冶金工程与环境工程相结合的一门新型学科，是描述在冶金过程中存在的环境问题，并应用冶金工程与环境工程的相关原理、技术方法与手段解决环境问题的一门科学，是冶金工程与环境工程基础知识的结合。

本书由华北理工大学的石焱编著。参与本书编写工作的还有吴涛、阚连合、张航、李伟、封超、刘博、王秀华、薛贵军等，在此一并表示感谢。

由于编者水平有限，书中难免有不足之处，恳请广大读者批评指正！

编　者

目 录

第1章 冶金环境工程概述 1
1.1 环境和环境工程 1
1.1.1 环境及环境保护 1
1.1.2 环境问题 4
1.1.3 环境工程 8
1.2 冶金工业发展 10
1.2.1 冶金工业对社会发展的意义 10
1.2.2 中国冶金工业发展 11
1.2.3 中国冶金工业面临的形势 16
1.3 冶金的资源、能源消耗和环境问题 17
1.3.1 冶金的资源、能源消耗 17
1.3.2 冶金生产的环境问题 23
1.3.3 冶金工艺进步和环境保护 25
1.4 我国冶金环境保护现状 33
1.4.1 我国冶金企业环保工作成绩 34
1.4.2 我国冶金环保工作存在的问题 40
本章小结 41
思考与习题 41

第2章 冶金行业环境污染的特征与监测技术 42
2.1 冶金行业环境污染的特征 42
2.1.1 黑色金属工业 42
2.1.2 有色金属工业 44
2.2 冶金行业环境监测的特点及技术 44
2.2.1 环境监测概述 44
2.2.2 冶金行业环境监测的特点 49
2.2.3 冶金系统环境监测技术概述 49
本章小结 53
思考与习题 53

第3章 冶金大气污染控制 54
3.1 冶金与大气污染 54
3.1.1 大气污染 54
3.1.2 冶金工业废气污染源 58
3.1.3 我国冶金工业废气排放标准 66
3.1.4 我国冶金行业大气治理现状 69
3.2 冶金行业烟气脱硫技术 72
3.2.1 湿法烟气脱硫技术 72
3.2.2 干法烟气脱硫技术 75
3.2.3 半干法烟气脱硫技术 76
3.3 烟尘治理技术 77
3.4 其他烟气治理 80
3.4.1 含氯烟气 80
3.4.2 含氟烟气 82
3.4.3 含铅烟气 84
3.4.4 含汞烟气 85
3.5 有机废气治理 87
3.5.1 有机废气的概念及危害 87
3.5.2 有机废气的治理 88
本章小结 94
思考与习题 94

第4章 冶金废水污染控制 95
4.1 水污染概述 95
4.1.1 水体污染的概念 95
4.1.2 水体污染的现状及危害 97
4.2 我国冶金工业废水污染 101

  4.2.1 冶金工业废水的种类和特点 101
  4.2.2 冶金工业废水的来源 102
 4.3 我国冶金行业废水处理的基本原理 104
  4.3.1 物理处理法 104
  4.3.2 化学处理法 109
  4.3.3 物理化学处理法 112
  4.3.4 生物处理法 116
 4.4 我国冶金行业废水治理的基本方法 118
  4.4.1 物理法 118
  4.4.2 化学法 127
  4.4.3 物理化学法 128
  4.4.4 生物法 130
  4.4.5 冶金废水处理的新技术及发展趋势 131
 本章小结 132
 思考与习题 132

第5章 冶金固体废物处理 133

 5.1 固体废物污染概述 133
  5.1.1 固体废物的概念 133
  5.1.2 固体废物的种类 134
  5.1.3 固体废物的危害 135
 5.2 固体废物的资源化 137
  5.2.1 资源化的概念 137
  5.2.2 资源化的原则 138
  5.2.3 固体废物资源化技术 138
 5.3 我国冶金行业固体废物资源化利用现状 157
 5.4 我国冶金行业固体废物综合利用 161
  5.4.1 高炉渣的处理与利用 161
  5.4.2 钢渣的处理与利用 161
  5.4.3 有色金属冶炼渣的综合利用 162
  5.4.4 赤泥的综合利用 162

 本章小结 164
 思考与习题 164

第6章 冶金其他污染控制 165

 6.1 冶金噪声污染控制 165
  6.1.1 噪声源 165
  6.1.2 噪声的特点 165
  6.1.3 控制方法 166
 6.2 冶金热污染防治 167
  6.2.1 热污染的概念 168
  6.2.2 热污染的来源 170
  6.2.3 热污染的治理 171
 6.3 冶金放射性污染防治 171
  6.3.1 放射性废气 171
  6.3.2 放射性废水 173
  6.3.3 放射性废渣 175
 本章小结 177
 思考与习题 177

第7章 冶金清洁生产与循环经济 178

 7.1 清洁生产 178
  7.1.1 清洁生产概述 178
  7.1.2 清洁生产技术 181
 7.2 冶金行业清洁生产 183
  7.2.1 冶金清洁生产的概念和特点 183
  7.2.2 冶金清洁生产面临的主要问题 183
  7.2.3 冶金清洁生产目标 184
  7.2.4 冶金清洁生产技术 186
 7.3 循环经济 191
  7.3.1 循环经济概述 192
  7.3.2 我国发展循环经济的重大意义 193
  7.3.3 我国循环经济发展现状 194
  7.3.4 我国发展循环经济存在的问题 197

本章小结 199
思考与习题 199

第8章 我国冶金行业节能减排 200

8.1 我国冶金行业节能减排的相关法律政策 200
8.1.1 中华人民共和国节约能源法 200
8.1.2 中华人民共和国清洁生产促进法 201
8.1.3 中华人民共和国水污染防治法 206
8.1.4 排污费征收使用管理条例 214
8.1.5 再生资源回收管理办法 218

8.2 我国冶金工业节能减排现状 221

8.3 国内外冶金工业节能减排新技术 222
8.3.1 我国节能减排技术 222
8.3.2 国外节能减排新方法和新技术 224

本章小结 228
思考与习题 228

参考文献 229

第1章　冶金环境工程概述

【本章要点】

本章主要介绍了环境与环境保护的概念，目前存在的环境问题；当前冶金工业发展的现状及其面临的形势；冶金能耗的现状及冶金产生的环境问题；我国冶金环境保护工作的进展及存在的问题。

【学习目标】

- 了解环境和环境工程。
- 了解冶金工业的发展。
- 了解冶金的资源、能源消耗和环境问题。
- 了解我国冶金环境保护现状。

1.1　环境和环境工程

本节主要介绍环境的定义及环境保护，同时介绍目前存在的环境问题，最后介绍环境工程相关知识。

1.1.1　环境及环境保护

1. 环境的定义

环境(environment)总是相对于某一中心事物而言的。环境通常定义为：作用于一个对象(常假定为一个有生命的生物)的所有外部影响与力量的总和。

环境总是相对的，即总是相对于某一特定对象(或称为中心事物)而言的。中心事物以外的任何因素，只要它们对该中心事物施加影响和作用，就是该中心事物"环境"的构成。所以，在做环境分析之前，首先必须明确它的对象或中心事物是什么。其次，对于同一个中心事物，如果从不同角度进行考察，它的环境的内容也会不同。举例如下。

- 对生物学来说，环境是指生物生活周围的气候、生态系统、周围群体和其他种群。
- 对文学、历史和社会科学来说，环境指具体的人生活的周围情况和条件。
- 对建筑学来说，环境指室内条件和建筑物周围的景观条件。
- 对企业和管理学来说，环境指社会和心理的条件，如工作环境等。
- 对热力学来说，环境指向所研究的系统提供热或吸收热的周围的所有物体。
- 对化学或生物化学来说，环境指发生化学反应的物质。
- 对计算机科学来说，环境多指操作环境，例如编辑环境，即编辑程序、代码等任务窗口(界面，窗口，工具栏，标题栏)、文档等构成的系统。例如，Access 中 Visual Basic 编辑环境是由 Visual Basic 编辑器、工程窗口、标准工具栏、属性窗口和代码窗口以及一些程序文档构成的。

从环境保护的宏观角度来说，就是整个人类的家园地球。我们通常所称的环境就是指人类生活的环境，也是本书所要讲解的环境。在《中华人民共和国环境保护法》中是这样定义的：环境，是指影响人类生存和发展的各种天然的和经过人工改造的自然因素的总体，包括大气、水、海洋、土地、矿藏、森林、草原、湿地、野生生物、自然遗迹、人文遗迹、自然保护区、风景名胜区、城市和乡村等。

在其他领域，环境还有一些不同的定义。在环境科学领域，环境是指以人类社会为主体的外部世界的总体。按照这一定义，环境包括了已经为人类所认识的，直接或间接影响人类生存和发展的物理世界的所有事物。它既包括未经人类改造过的众多自然要素，如阳光、空气、陆地、天然水体、天然森林和草原、野生生物等，也包括经过人类改造过和创造出的事物，如水库、农田、园林、村落、城市、港口、公路、铁路等。它既包括物理要素，也包括由这些要素构成的系统及其所呈现的状态和相互关系。需要特别指出的是，随着人类社会的发展，环境的概念也在变化。以前把环境仅看作是单一物理要素的简单组合，而忽视了它们之间的相互作用关系。20世纪70年代后，人类对环境的认识发生了一次飞跃，开始认识到地球的生命支持系统中的各个组分和各种反应过程之间的相互关系。对一个方面有利的行动，可能会给其他方面带来意想不到的伤害。

2. 环境分类

人类环境是由若干规模大小不同、复杂程度有别、等级高低有序、彼此交错重叠、彼此互相转化变换的子系统所组成的，是一个具有程序性和层次结构的网络。

1) 按照人类环境的范围分类

按照人类环境的范围分类，人类的生存环境由聚落环境、地理环境、地质环境和宇宙(星际)环境组成，如图1-1所示。

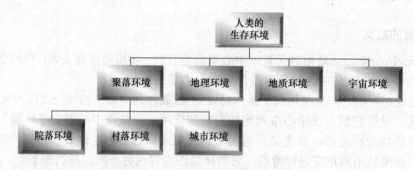

图1-1 人类环境

(1) 聚落环境是指人类聚居场所的环境。
- 院落环境，由一些功能不同的建筑物和与其联系在一起的场院组成的基本环境单元，具有明显的时代特征和地方色彩。
- 村落环境，农业人口聚居地的环境。
- 城市环境，人类利用和改造环境而创造出来的高度人工化的生存环境。

(2) 地理环境是指与人类生产和生活密切相关的，由直接影响到人类生活的水、土、气、生物等环境因素组成的，具有一定结构的多级自然系统。

(3) 地质环境是指地表以下的坚硬地壳层。

(4) 宇宙(星际)环境即是大气层外的环境。宇宙环境由广漠的空间和存在其中的各种天体以及弥漫物质组成。人类本身和所创造的飞行器接触到的宇宙环境同人类生活所在的环境有极大的差异。

2) 根据环境要素受到人类活动影响和干扰的程度分类

分为自然环境和人工环境。

3) 根据环境要素的同质性分类

分为大气环境、水环境、土壤环境、声学环境、生物环境、地质环境。

4) 根据对人的作用距离分类

分为生活环境和生态环境。

3. 环境科学

环境科学是研究和指导人类在认识、利用和改造自然的过程中,正确协调人与环境相互关系、寻求人类社会持续发展途径与方法的科学。

环境科学的分支学科如图 1-2 所示。

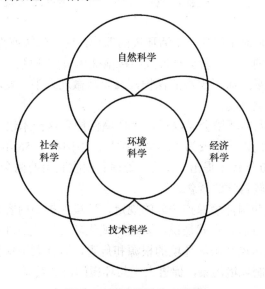

图 1-2　环境科学分支学科

环境科学中所谓的"环境",实质上是"人类环境(human environment)"的简称,首先,它以人或人类社会为中心事物。其次,环境科学是从人类社会生存(生存质量)和发展(发展潜力)的角度来研究和界定环境的。因此,环境科学中的"环境"可定义为:影响人类社会生存和发展的各种自然因素和社会因素的总和。

4. 环境保护的概念

环境保护,简称环保,是利用环境科学的理论与方法,协调人类与环境的关系,解决各种问题,保护和改善环境的一切人类活动的总称。包括采取行政的、法律的、经济的、科学技术的多方面的措施,合理地利用自然资源,防止环境的污染和破坏,以求保持和发展生态平衡,扩大有用自然资源的再生产,保证人类社会的发展。环境保护(environmental protection)的范围广、综合性强,涉及自然科学和社会科学的许多领域,并有其独特的研究对象。

环境保护应包含至少三个层面的意思。

第一层面，对自然环境的保护，防止自然环境的恶化。包括对青山、绿水、蓝天、大海的保护。这里就涉及不能私采(矿)滥伐(树)、不能乱排(污水)乱放(污气)、不能过度放牧、不能过度开荒、不能过度开发自然资源、不能破坏自然界的生态平衡等。这个层面属于宏观的，主要依靠各级政府行使自己的职能并进行调控，才能够解决。

第二层面，对人类居住、生活环境的保护，使之更适合人类工作和劳动的需要，这就涉及衣、食、住、行、玩等方方面面，都要符合科学、卫生、健康、绿色的要求。这个层面属于微观的，既要靠公民的自觉行动，又要依靠政府的政策法规作保证，依靠社区的组织教育来引导。

第三层面，对地球生物的保护，物种的保全，植物植被的养护，动物的回归，生物多样性，转基因的合理慎用，濒临灭绝生物的特别、特殊保护，灭绝物种的恢复，栖息地的扩大，人类与生物的和谐共处等。

这三个层面的关系是：你中有我，我中有你，各有侧重而又统一。三者并不矛盾、更不对立。

作为公民来说，我们对于居住、生活环境的保护，就是间接或直接地保护了自然环境；我们破坏了居住、生活的环境，就会直接或间接地破坏自然环境。

作为政府来说，既要着眼于宏观的保护，又要从微观入手，发动群众、教育群众，使环境保护成为公民的自觉行动。

在 1972 年联合国人类环境会议以后，"环境保护"这一术语被广泛采用。如苏联将"自然保护"这一传统用语逐渐改为"环境保护"；中国在 1956 年提出了"综合利用"工业废物方针，20 世纪 60 年代末提出"三废"处理和回收利用的概念，到 20 世纪 70 年代改用"环境保护"这一比较科学的概念。

根据《中华人民共和国环境保护法》的规定，环境保护的内容包括保护自然环境与防治污染和其他公害两个方面。也就是说，要运用现代环境科学的理论和方法，在更好地利用资源的同时深入认识污染和破坏环境的根源和危害，有计划地保护环境，恢复生态，预防环境质量的恶化，控制环境污染，促进人类与环境的协调发展。

1.1.2 环境问题

1. 环境问题概念及其分类

环境问题是环境与发展失调的结果。环境问题是指由于人类活动或自然原因引起环境质量恶化或生态系统失调，给人类的生活和生产带来不利影响或灾害，甚至对人体健康带来有害影响的现象。

根据环境问题的来源，可分为以下两类。

1) 原生环境问题(第一环境问题)

原生环境问题(第一环境问题)由自然力引起，无法避免。人为作用可以加速或延缓灾害发生，加大或减轻灾害的影响和损失。原生环境问题(第一环境问题)主要包括 4 种：地质灾害、灾害性天气、水文灾害、生物灾害。

2) 次生环境问题(第二环境问题)

次生环境问题(第二环境问题)是由人类活动引起的环境问题。次生环境问题(第二环境问题)分为环境污染和生态环境破坏两类。其中，环境污染又可分为环境污染(如水污染、大气污染、土壤污染等)和环境干扰(噪声干扰、热干扰和电磁干扰等)。

2. 环境问题的发生和发展

根据环境问题发生的先后和发展的轻重程度，可大致分为三个阶段。

第一阶段：环境问题的产生与生态环境早期破坏。从人类出现以后直至产业革命的漫长时期，又称早期环境问题。

第二阶段：城市环境问题突出和"公害"加剧。从产业革命到1984年发现南极臭氧空洞，又称近代城市环境问题阶段。

第三阶段：全球性大气环境问题，即当代环境问题阶段。它始于1984年英国科学家发现、1985年美国科学家证实的南极上空出现的"臭氧空洞"。这一阶段的核心是"全球变暖""臭氧层破坏"和"酸沉降"三大全球性大气环境问题。

3. 环境问题的性质和实质

1) 环境问题的性质

环境问题具有不可根除和不断发展的属性，环境问题范围广泛而全面，对人类的行为具有反馈作用，可控性。

2) 环境问题的实质

这属于一个经济问题和社会问题，是人类自然的，而且是自觉地建设人类文明的问题。人类经济活动索取资源的速度超过了资源本身及其替代品的再生速度，以及向环境排放废弃物的数量超过了环境的自净能力，从而造成了如今的环境问题。

4. 全球十大环境问题

1) 臭氧层破坏

臭氧层，是指大气层的平流层中臭氧浓度相对较高的部分，因受太阳紫外线照射的缘故，形成的包围在地球外围空间的保护层。臭氧层中的臭氧主要由紫外线制造，是人类赖以生存的保护伞。其大多分布在离地表20～50千米的高空。臭氧层的分布如图1-3所示。

臭氧层的作用是吸收90%以上的对生物有害的全部短波太阳紫外线UV-C(100～259纳米)和一部分中波紫外线UV-B(295～320纳米)；而对生物无害的长波紫外线UV-A(320～400纳米)和少量中波紫外线UV-B可全部通过。

破坏臭氧层的物质有卤代烃类和含氮化合物。产生破坏的原因，是一氧化氮、氯氟化碳经光分解产生的活性氯自由基、氯氧自由基等与臭氧发生反应，而使臭氧层中臭氧的浓度逐渐降低。

目前臭氧层破坏现象日趋严峻，南极空洞扩大，北极出现空洞。臭氧层破坏对人类社会有极大的危害，它会使地球表面的紫外线辐射增强而增加对生物的损害，皮肤发病率升高，导致农作物减产。

2) 温室效应和温室气体

温室效应(greenhouse effect)，是指大气中的某些成分，如CO_2、H_2O等能够让太阳光短波辐射通过，但可以强烈吸收地表的长波辐射，就像罩了一层玻璃的温室一样，使地球大气温度提高。

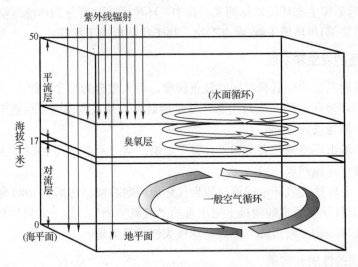

图 1-3　臭氧层

温室气体包括 CO_2、CH_4(CO_2 的 21 倍)、氧化亚氮(N_2O，CO_2 的 270 倍)、氢氟碳化物(HFCs)、全氟化碳(PFCs)、六氟化硫(SF_6)6 种气体。

温室效应有着极大的危害，会导致全球变暖、海平面上升、气候带移动、气候反常、病虫害增加、土地干旱和沙漠化。

3) 酸雨和光化学烟雾

酸雨的定义分为狭义和广义两种：狭义是指酸雨利用降水的 pH 定义，一般把 pH 值小于 5.6 的降水定义为酸雨，我国内陆降水 pH 值从东南到西北呈下降趋势。广义是指酸沉降。酸沉降是指排放到大气中的各种物质变酸，然后酸性物质从大气沉降到地表的整个过程，包括酸性湿沉降和酸性干沉降。湿沉降包括酸雨、酸雪、酸雾。干沉降是指酸性物质完全不经过降水形式而直接从大气中沉降到地表的过程。

酸雨的产生原因有自然因素，也有人为因素，如 SO_2、NO_x 等。酸雨的危害包括破坏土壤的结构和营养，使土壤贫瘠化，危害植物生长，使作物减产；严重腐蚀公共设施以及危害人体健康。

光化学烟雾，指大气中的氮氧化物和碳氢化合物等一次污染物在阳光强烈照射下经过一系列光化学反应，生成臭氧、过氧乙酰硝酸酯(PAN)及醛类等二次污染物，由这些一次和二次污染物的混合物所形成的烟雾污染现象。光化学烟雾的危害包括树林枯死、农作物减产、降低大气能见度。

4) 生态破坏和生物多样性减少

生物多样性，是指生命有机体及其赖以生存的生态综合体的多样化(variety)和变异性(variability)。主要包括遗传多样性、物种多样性、生态系统多样性和景观多样性。

生物多样性的功能有以下几点：保证生态系统的稳定性和可持续性；与生态系统的生产力密不可分；为人类提供更多的食物来源；为治疗疾病提供更为丰富的自然资源；为工业生产提供多种原料；兼具美学、教育、科研及旅游作用，为人类提供了适应区域环境和全球变化的良机。

生物多样性的现状不容乐观。世界每年至少有 5 万种生物物种灭绝，平均每天灭绝的物种达 140 个。在中国，由于人口增长和经济发展的压力，对生物资源的不合理利用和破坏，使生物多样性所遭受的损失非常严重，大约已有 200 个物种灭绝；约有 5000 种植物处于濒危状态，约占中国高等植物总数的 20%；大约还有 398 种脊椎动物处于濒危状态，约占中国脊椎动物总数的 7.7%。

5) 自然资源的短缺和耗竭

主要的短缺资源有：水资源；耕地资源；矿产资源；森林资源——森林正以平均每年 4000 平方公里的速度消失，使得涵养水源的功能受到破坏，造成了物种的减少和水土流失，对二氧化碳的吸收减少，从而加剧了温室效应。

6) 固体废弃物堆放

固体废物：凡人类的一切活动过程产生的，且对所有者已不再具有使用价值而被废弃的固态或半固态物质，称为固体废物。

废渣：各类生产活动中产生的固体废物俗称废渣。

垃圾：生活中产生的固体废物称为垃圾。

7) 局部污染和生态破坏

对于局部污染，我国城市污染体现得最为明显。

1998 年，我国有 9 个城市因为大气质量差进入世界十大污染城市之列。它们是兰州、吉林、太原、焦作、万县、乌鲁木齐、宜昌、汉中和安阳，而外国城市只有印度的拉杰果德上榜。

2006 年，世界十大污染城市分属 8 个国家，其中俄罗斯有 3 个城市上榜：捷尔任斯克、诺里尔斯克、鲁德纳亚码头。此外有中国的临汾、多米尼加的海纳、印度的拉尼贝特、吉尔吉斯斯坦的梅鲁苏、秘鲁的拉奥罗亚、乌克兰的切尔诺贝利、赞比亚的卡不韦。

8) 水体富营养化

水体富营养化，指营养物质在水体中积蓄过多，造成生产力低的营养状态向生产力高的富营养状态逐步过渡的一种现象，主要发生在湖泊和近海海域等自净功能比较低的水体。

水体富营养化的危害包括水体中氮、磷营养物质的富集，引起藻类及其他浮游生物迅速繁殖，水体溶解的氧量下降，水质恶化，鱼类或其他生物大量死亡，水体生态环境破坏，功能丧失，影响并危及该地区的可持续发展。

水体富营养化分为两种类别：水体富营养化发生在江河、湖泊中称为"水华"或"藻华"，发生在海洋则称为"赤潮"。

水体富营养化发生所需的必要条件有三点：总磷、总氮等营养盐相对比较充足；缓慢的水流流态；适宜的温度条件(藻类进行光合作用所需的能量要求)。在这三方面的条件都比较适宜的情况下，会出现某种优势藻类"疯"长现象，暴发富营养化，如图 1-4、图 1-5 所示。

9) 沙尘暴

沙尘暴，是指水平能见度小于 1 千米的风沙天气，是起源于沙漠及其邻近地区，且影响全球环境的气候现象。

沙尘暴拥有正负两方面的生态效应。负面效应毋庸赘言，而正面效应包括中和酸雨、为植物提供矿物质、缓解温室效应、太阳伞效应、净化大气等。

图 1-4 滇池蓝藻暴发——2007 年夏

图 1-5 滇池——2010 年冬

10) 厄尔尼诺和拉尼娜现象

"厄尔尼诺"现象，是将赤道东太平洋表层水温与多年平均值相比，连续 6 个月偏高 0.5 摄氏度时的现象的名称。它的危害包括海水温度升高，使冬季变暖、夏季变冷等。

"拉尼娜"现象，是将赤道东太平洋表层水温与多年平均值相比，连续 6 个月偏低 0.5 摄氏度时的现象的名称。它的危害包括海水温度降低，使冬季变冷、夏季变热等。

1.1.3 环境工程

1. 环境工程的定义及一般分类

1) 环境工程的定义

环境工程全称为装备环境工程，其本质是为确保产品在标准规定的使用期限内，在预期的使用、运输或贮存等环境条件下，保持其功能可靠性而实施的设计、研究、制造和试验的工程分支。它并不是为了保护环境而采取改善环境的环境工程，而是装备或产品的环境工程，其在国防领域占据着重要地位。

2) 环境工程的一般分类

环境工程依据环境可分为三类：实验室环境、自然环境、使用环境。

其中实验室环境和自然环境涉及范围广,与日常基础工作、环境工程管理工作、环境分析等密不可分,相似性较大。倘若缺乏自然环境试验,实验室环境试验就缺失了发展的基础;如果缺乏实验室环境试验,自然环境试验也就没有了发展的源动力,两者互为依存,密不可分,共同在武器装备的研发和发展中起着重要作用。其不同集中于试验上,实验室环境试验是模拟试验。如果没有使用环境试验,实验室环境试验和自然环境试验就失去了用武之地,三种环境相辅相成,缺一不可。

2. 国内环境工程现状

1) 观念陈旧,认识有误差

与时俱进是时代发展的主流,我国环境工程由于观念陈旧在创新方面有所欠缺,导致装备的适应性低,无法保证在多种恶劣条件下的实战要求,不利于我国国防事业的发展。

究其原因可归纳为以下两点。

(1) 误将环境适应性当成了可靠性的一部分,单纯地认为只要将可靠性工作做好就能保证装备的适应性良好。其实两者是不同的概念,它们都有各自评价的方法和准则,不能将二者混淆,更不能单纯地用一方代替另一方。

(2) 误把环境适应工作的全部放在了环境试验上,在装备研制并生产出来以后才做环境试验,事后有问题再补救,但由于产品已经产出,其结构、工艺和材料均已固定,要更改很困难,更有可能对产品固有的质量特性如安全性、维修性、保障性和可靠性等产生影响。

2) 现阶段环境标准体系不健全

现阶段我国军用环境准则较少,只有 GJB 1172《军用设备气候极值》、GJB 2770—1996《军用物资贮存环境条件》、GJB 3493—1998《军用物资运输环境条件》以及 GJB 4《军用设备环境试验方法》、GJB 4《舰船电子设备环境试验》等几个。在试验项目、试验方法、试验顺序等方面评判准则稀缺,专业技术薄弱,装备的质量得不到百分百的保证,令人担忧。

此外,我国环境标准中没有对产品研制与生产过程进行规范管理的顶层标准,这导致产品环境适应性工作无法顺利开展,工作进程停留在环境试验阶段,产品的环境适应性得不到应有的保障。

3) 技术较弱,整体水平偏低

我国军用装备及材料的环境试验研究始于新中国成立初期,属于开展比较早的国家,在早期取得了不少骄人的成绩。但是后期由于多方面的问题,致使在环境的测量、数据的采集整理、数据信息库的统计、新工艺新材料的开发、试验技术的更新、评价方法的完善等多方面不尽如人意,与发达国家相比差距甚大。

此外,我国从事环境适应性工作的科研人员多数技术水平不高,无法满足工作的需要。

3. 完善环境工程的方法措施

1) 建立健全现阶段管理体制

长期以来,环境试验已经形成一定的定式,管理体制落后,创新不够,这在很大程度上限制了环境工程的发展。为此,国防部门和各行业主管应积极合作,国防部门领导和下属部门应积极响应,共同为国防系统环境工程的发展和规划做出重大决策,明确未来发展方向。不仅如此，还应设立实验室环境试验和自然环境试验管理小组，各自分工，统一管理，积极配合国防部颁布的各项重大决策，最大限度地改革现有体制，促进我国环境工程的良性发展。

2) 创新发展环境工程，打破传统思想束缚

环境工程要想达到某一高度就必须摆脱传统观念的束缚，创新思维。环境工程是一门很重要的学科，对其理论研究和技术开发值得进一步深入。自然环境工程和实验室环境工程是环境工程的两大组成部分，在产品的研制和生产过程中占据着不可替代的作用，二者相辅相成，缺一不可。因此，对于这两项工作的开展要不偏不倚，开拓创新，联合研究。

具体创新方法有以下几种。

(1) 发展建立环境工程联合网站，与先进技术接轨。
(2) 增强与国际技术交流，引用先进技术。
(3) 培训高素质、高技能、创新型人才。

3) 明确各项目研究主管部门责任

在当下，环境工程各主管部门责任有所混淆，这必将制约环境工程的发展，因此要明确各部门主管的责任，做到人尽其责。环境工程是一项系统而又复杂的工程，上级主管部门务必做到以下几点：首先，要确定可靠的环境工程工作计划，为环境发展提供方向；其次，对所做出的工作计划进行综合评审，确保产品在研制、试验、生产过程中无任何纰漏，保证产品质量和规格；最后，环境工程计划的开展并不是独立的，上级主管部门必须协调好各部门的工作，综合管理，保证计划顺利、高效进行。

环境工程工作开展得顺利与否直接关系到我国国防事业的发展，对我国发展意义重大。环境工程工作任重而道远，这不仅需要国防部的正确领导，相关科技人员的不懈努力，也需要广大群众的大力支持，通力合作，为国家发展贡献一分力量。

1.2 冶金工业发展

本节主要介绍冶金工业的意义、在各个阶段的发展情况，以及目前冶金工业面临的形势。

1.2.1 冶金工业对社会发展的意义

矿产资源是矿业生产的劳动对象。因此，矿产资源在国民经济中的地位和作用是由矿业生产的地位和作用来体现的。矿业是指在国民经济中以矿产资源为劳动对象，从事能源、金属、非金属及其他一切矿物资源的勘查、开采、选冶生产活动的产业。矿业在人类近代经济社会的发展中率先从农业中分化出来，逐渐发展成为一个独立的产业，为现代化工业的发展奠定了必要的物质基础。

在我国目前的国民经济和社会经济发展中，矿业的地位和作用体现在以下几个方面。

1. 矿业对经济稳定发展具有支柱作用

矿业与其他产业相比，有似"本"与"标"的关系。人类生存、发展所需的多种物质和能源，主要依赖于有机的生物产品和无机的矿物原料。它们主要来源于农业和矿业两大基础产业。矿业以矿产资源为劳动对象，其产品又成为后续产业的物质基础。尽管矿业和

农业这两个基础产业部门在经济发达国家的国民生产总值中只占 4.5%，但支持了占产值 95.5%的其他产业。

2. 矿业是国民经济发展中的先行产业

矿业同种植业一样，既表现了基础性，又表现出明显的先行性。一般来讲，为了满足若干年后矿产的社会需求，从任务设计到完全达到生产能力，估计需要 8~15 年的时间。

3. 矿业是后发经济效益辐射面宽的产业

在我国主要工业部门中，冶金工业、有色金属工业、电力工业、核工业、建材工业及轻工业等部门的生产，或以矿产品为其燃料和原料，或以矿产品为其主要产品。此外，矿产资源还是交通建设布局的依据之一。在我国铁路运输中，煤、石油、钢铁、矿物性建材的运量占总货运量的 64%，占运营车数的 60%。

此外，其他如医疗保健、旅游、工艺美术，甚至考古等行业都与矿业有直接的横向联系。矿业直接关系到经济部门的稳定发展。

4. "发展矿业"是实现现代化难以逾越的阶段

从发展的角度看问题，我国矿业基础仍较薄弱，能源和原料的供需矛盾突出。以铁矿石为例，国内铁矿石总储量较大，2017 年拥有铁矿石储量 210 亿吨，占全球储量的 12.35%，排名第四，仅次于澳大利亚、俄罗斯和巴西。但人均铁矿石占有量极低，仅相当于澳大利亚的人均铁矿石占有量的 0.75%，相当于俄罗斯人均铁矿石占有量的 8.67%。迅速发展矿业，旨在加快实现现代化进程。2018 年矿业为人类提供了 227 亿吨能源、金属和重要非金属矿产，总产值高达 5.9 万亿美元，相当于全球 GDP 的 6.9%。其中，能源矿业产值 4.5 万亿美元，占世界矿业总产值的 76%。

目前我国仍处于工业化起步中期，且今后 20~30 年将是对矿物原料需求增长最快的时期，如不大力发展矿业，不仅难以扭转目前产业结构失衡的状况，而且今后的经济发展也将失去后劲。

进入 21 世纪以来，矿产资源的需求特点是：能源需求量有所增长，新的能源矿产结构逐步形成；非金属矿产需求发展迅速，金属矿产需求相对减弱；在金属矿产中，铁合金金属发展滞后，有色金属需求稳定，贵金属需求有所增加；稀有金属的新用途不断增加。

1.2.2 中国冶金工业发展

1. 新中国成立前的历史回顾

中国近代钢铁工业起源于 1890 年清朝湖广总督张之洞兴建的第一个近代钢铁厂——汉阳铁厂，后来同大冶铁矿、萍乡煤矿合并改组为汉冶萍煤铁厂矿有限公司(简称汉冶萍公司)。它是近代中国最大的钢铁煤联营企业，采用近代技术共生产铁矿石 1400 多万吨，生铁 240 多万吨，钢 60 多万吨，拥有 3 万名采掘工人，培训了一批技术人员。汉冶萍公司从 1890 年(光绪十六年)湖广总督张之洞创办汉冶铁厂起，至 1948 年国民政府资源委员会组成汉冶萍公司资产清理委员会接收公司总事务时止，历时 58 年。

1) 创建

汉阳铁厂基建工程于1891年(光绪十七年)8月正式动工，1893年10月12日竣工。建造了炼生铁厂、贝塞麦厂(即转炉炼钢厂)、马丁钢厂(即平炉炼钢厂)、造钢轨厂、造铁厂、炼熟铁厂6个大厂和铸铁厂、打铁厂等4个小厂。汉阳铁厂总计投资568万两库平银，从投产至1895年，共销售钢铁24825两库平银。除了向芦汉、正太等铁路提供钢轨外，还向美国、日本和南洋群岛出口钢货。为解决资金不足的问题，1908年汉阳铁厂、大冶铁矿和萍乡煤矿合并组成汉冶萍煤铁厂矿有限公司。

2) 发展

汉冶萍公司成立后生产规模逐年扩大，到1911年，汉阳铁厂建成3座高炉，6座平炉，年产钢约38640吨。大冶铁矿年产铁矿石359467吨，连续3年盈利，初步改变了长期亏损的局面。1914年爆发第一次世界大战，加之钢铁原材料价格暴涨，汉冶萍公司出现短暂的"黄金时代"。

3) 没落

第一次世界大战结束后，钢铁价格急剧下降，汉冶萍公司迅速衰落。汉冶萍公司的没落，从内部来说，主要是经营管理不善，公司与厂矿办事人员营私舞弊现象层出不穷；从外部看，日本财团的资本输出一步步控制了汉冶萍公司。此外，民国年间军阀混战导致交通梗阻，煤焦运输中断，被迫停产。汉冶萍公司的失败是中国近代工业化进程中的一个重大损失。

2. 改革开放前的曲折历程

1) 依靠群众，恢复生产

解放初期钢产量勉强能够修复生产的只有7座高炉、12座平炉、22座小电炉。但是全国钢铁职工以鞍钢炼铁厂老工人孟泰为榜样，发扬主人翁精神，开展合理化建议活动及技术革新等一系列群众运动，短短3年时间，钢铁工业就全面恢复了生产。1952年，全国生铁产量193万吨，钢135万吨，钢材113万吨，全面超过新中国成立前的历史最高水平。在恢复生产的同时，党中央、国务院制订了第一个五年计划，决定在苏联的援助下新建156项重点工程，做出了"把基本建设放在工业建设的首要地位"的战略决策，为以较快的速度提高生产能力指引了方向。经过大规模建设，形成了鞍钢、武钢、包钢鼎足而立的新局面。1957年钢产量达到535万吨，平均每年递增32%，提前完成第一个五年计划。

2) 克服困难，继续前进

1958年开始了"大跃进"，扰乱了正常的经济秩序。加上当时严重的自然灾害和苏联的背信弃义，一度给钢铁工业和国民经济造成重大损失。1960年冬，党中央适时提出了调整、巩固、充实、提高的八字方针，钢铁工业在指导思想上实行了重大的战略转变，首先转到为国民经济，特别是为农业、轻工业服务的轨道上来。同时，大幅度压缩钢铁生产建设指标，对部分条件差的企业实行关停并转，把注意力转向高质量、扩大品种、降低消耗、注重经济效果方面上；并对参差不齐的生产能力进行填平补齐。在企业管理上，总结了过去正反两方面的经验，认真贯彻《工业七十条》，开展行之有效的经济活动分析，改变了大部分企业的面貌。

3. 改革开放后的稳步发展

党的十一届三中全会以来的 14 年，是我国冶金工业持续、稳定发展的 14 年。冶金战线的广大干部和职工，在党中央、国务院和地方党委、政府的领导下，认真贯彻执行党的"一个中心，两个基本点"的基本路线，兢兢业业，艰苦奋斗，使我国钢铁工业在新中国成立以来所创建的基础上有了很大的发展，取得了显著的成绩。

1) 保持持续稳定的增长速度

钢产量由 1978 年的 3178 万吨，增长到 1992 年的近 8093 万吨，平均增产 340 万吨。工业总产值由 1978 年的 266.39 亿元，增加到 1992 年的 2230.9 亿元，平均每年增加 140.32 亿元。1978 年全行业实现利税 50 亿元，1992 年增加到约 280 亿元，增长近 4.6 倍。年上缴利税 1453 亿元，相当于同期利税的 70%。

2) 企业组织结构初步调整

改革开放以来，一批现有钢铁企业通过及时改造和扩建增加了生产能力，使我国年产 100 万吨钢以上的企业由 12 家增加到 17 家；年产 50 万～100 万吨钢的企业由 2 家增加到 21 家。到 1992 年，年产 50 万吨以上钢铁企业的钢产量占全国钢产量的 80%左右；年产 100 万吨以上钢铁企业的钢产量占全国钢产量的 65%左右。大中型钢铁企业增多，为以后组织结构进一步向大规模经济发展奠定了基础。

3) 工艺技术结构发生变化

1978—1992 年，氧气转炉钢从 34.4%上升到 60.7%以上；工艺技术落后的平炉钢由 35%下降到 17%；连铸比从 3.5%上升到 30%；连铸钢生产能力由 1978 年的 350 万吨，上升到 1992 年的近 3000 万吨。首钢、鞍钢、武钢等一大批企业进行了不同程度的技术改造。宝钢一、二期工程和天津无缝钢管公司的建成，使我国有了当代水平的冶炼、轧钢装备。淘汰了一批平炉、侧吹转炉和落后轧机，改造和新建了一批大型高炉、中小型氧气顶吹转炉、连铸机、中厚板轧机、无缝管轧机、高速线材轧机及大中型矿山。

4) 产品结构初步改善，产品质量得到提高

供需矛盾突出的板、管、带材产量，从 1978 年的 710 万吨，上升到 1992 年的 2501.6 万吨，占钢材总量的比率由 32%上升到 37.37%。产品质量水平有所提高，采用国际标准和国外先进标准生产的钢材，达到总量的 60%左右，原因如下。

(1) 投资结构发生变化。钢铁工业投资走向多元化，实行谁投资谁受益，利用外资、地方自筹、企业自筹资金所占比率逐年增加。利用外资 60 多亿美元，加快了企业改造和建设的步伐。地方钢铁企业生产的钢 1978 年只有 419 万吨，1992 年达 2300 万吨，占全国钢产量的比率由 13%上升到 28%。

(2) 体制改革调动企业自我发展的积极性。我国钢铁行业长期实行高度集中的计划管理，企业只能是单纯的生产型，而不是生产经营型。1985 年年初，国务院决定，钢铁产品实行价格双轨制，国家定价的比率由 1984 年的几乎 100%，下降到 1992 年全行业平均不足 40%。"七五"期间，90%以上的大中型钢铁企业实行了承包经营责任制。"八五"以来，多数企业继续完善承包制，同时在部分企业实行了"利税分流"和股份制试点。通过体制改革调动了企业自我发展的积极性，企业内部通过实行多种形式的经济责任制，调动了广大职工当家做主、发展生产的积极性，对钢铁工业的发展起到了很大的促进作用。

5) 节能环保取得成效

重点企业高炉吨铁综合焦比下降 65 千克；顶吹转炉吨钢能耗下降 69 千克；电炉冶炼吨钢电耗下降 90 千瓦时。全行业吨钢综合能耗由 1978 年的 2.52 吨标煤，下降到 1992 年的 1.58 吨标煤，累计节能 3600 多万吨标煤，钢铁工业增产所需能源的 30% 是靠节能解决的。安全环保工作也取得进展，"七五"期间，钢铁工业坚持安全第一、文明生产的原则，治理了大批设备隐患和工业危房，设备事故、故障停机率和工伤事故率大幅度下降。同时，通过综合治理，改善了工厂环境。

4. 20 世纪 90 年代钢铁工业又上新台阶

改革开放以来，特别是十四大以后，冶金工业作为国民经济的基础产业，在党的基本路线指引下，抓住有利时机，加快改革开放和改造、建设步伐，得到了迅速发展。自 1996 年以来，我国的钢产量已连续 5 年超过 1 亿吨。冶金工业在历经了以数量扩张为主的发展时期后，进入了加速结构调整、提高竞争力的新阶段。

截至 2000 年年底，全国年销售额在 500 万元以上的冶金企业达 4376 家，从业人员约 261 万人。其中钢铁企业 2506 家(总资产 8252 亿元，从业人员约 127 万人)，独立矿山 537 家，铁合金企业 515 家，碳素制品企业 157 家，耐火材料企业 661 家。

1) 优化品种结构

1995 年，钢材国内市场占有率为 86%，2000 年接近 90%。品种结构调整取得了较大进展，国民经济各部门和国防建设急需的一些钢材品种，如重轨、造船板、集装箱板、管线用钢材、矿用钢丝绳等已可立足国内解决。

2) 工艺技术装备总体水平提高

我国冶金工业坚持以老企业改造为重点，在加快宝钢、天津钢管有限责任公司建设的同时，通过新建鞍钢、武钢、首钢、包钢、马钢、太钢、攀钢、邯钢、抚顺特钢等一批大型现代化生产线，行业整体技术装备得到了明显提高，同时淘汰了一大批落后的工艺装备。2000 年年底全行业基本淘汰了平炉。一些过去主要依靠进口的冶金技术装备，如连续式棒材轧机、高速线材轧机等已实现国产化。

3) 主要经济技术指标明显提高

通过以喷煤、连铸和连轧等为重点的技术改造，主要经济技术指标达到和超过历史最好水平，有的已接近国际先进水平。2000 年大中型钢铁企业吨钢综合能耗达到 0.92 吨标煤，接近世界平均水平。

4) 优化组织结构

到 2000 年年底，按现代企业制度要求，实行公司化改组的大中型企业已占 70% 以上，宝钢、鞍钢、武钢、首钢、邯钢、攀钢、吉林碳素厂、钢铁研究总院等 52 家企业实行了规范化股份制改造，通过上市共募集资金约 400 亿元，有力地支持了冶金工业的发展。上海地区钢铁企业的联合重组、邯钢兼并武钢、湖南冶金企业组建华菱集团、攀钢兼并成都无缝钢管厂等，使我国冶金工艺区域性组织结构调整迈出了重要一步。但是，目前我国钢铁企业在品种、质量、成本、服务和劳动生产率方面与世界先进水平仍存在一定差距，主要表现在以下几个方面。

(1) 产品结构方面。我国钢铁生产的板带比与国外相比还有较大差距。2000 年我国钢材消费的板带比为40%左右,而生产的板带比只有34%。2000年进口板带材共1410万吨,占当年钢铁进口总量的88%。部分高附加值关键品种满足不了需求。这部分产品每年仍需进口,其中数量较大的品种有厚度小于1毫米的冷轧薄板、厚度小于3毫米的热轧薄板、不锈钢薄板、镀锌板、冷轧硅钢片等。型线材、窄带钢等产品急需升级换代。我国建筑行业仍在使用的II级螺纹钢筋在发达国家已是淘汰产品。属于限期淘汰范围的叠轧薄板、落后的热轧窄带钢,2000年产量超过700万吨,仍呈增长趋势。

(2) 工艺及技术装备结构方面。落后的工艺技术和装备还占有相当比率。很多企业精料基础还未建立,一些大企业仍采用热烧结矿工艺;铁水预处理、炉外精炼处理技术普及程度远远不能满足品种质量提高的要求;落后的小高炉、小炼钢、小轧钢仍占一定比率。技术开发与创新能力急需提高,科研开发与创新改造衔接不紧密,科技成果转化应用不够,42家国有重点联系的企业,只有19家企业的技术中心通过国家认定。

(3) 企业组织方面。生产力分散,区域重复建设较为严重。我国现有钢铁布局是在计划经济条件下形成的,大中小并举,基本上每个省都建立了一定规模的钢铁生产基地,特别是一些地区盲目发展了很多落后的生产工艺,如土焦、土烧结、小高炉、小电炉等;大企业也不同程度地存在盲目扩大规模、不断填平补齐的倾向。

(4) 环保节能方面。能耗高、环境污染严重的状况尚未得到根本改善。我国吨钢能耗比世界高出20%~30%,主要原因是铁钢比高,高炉余压发电、干熄焦等余热回收利用率低。

(5) 劳动生产率与发达国家的差距很大。1997年世界主要产钢国实物劳动生产率:美国541吨/(人·年),日本740吨/(人·年),法国462吨/(人·年),韩国662吨/(人·年),德国412吨/(人·年)。而我国2000年年底钢铁主业劳动生产率约100吨/(人·年)。

5. 加入WTO后我国冶金行业发展

进入21世纪以来,随着我国经济的快速发展,钢铁工业又进入新一轮高速增长期,全国钢铁产量几乎每年都以5000万吨的递增速度在上升。

2003年,我国钢铁工业的生铁、粗钢和钢材产量均突破2亿吨,创世界历史新高。面对如此快速的增长,出于结构优化和节能减排的考虑,2003年,国家发改委出台了《关于制止钢铁行业盲目投资的若干意见》,要求通过严格市场准入、强化环境监督、加强土地管理、控制银行信贷等多种手段,遏制钢铁工业盲目发展。

2004年,国务院在全国范围内对在建和拟建钢铁项目进行清理整顿,涉嫌违规建设的铁本项目被勒令中途下马。

2005年,国务院颁布《钢铁产业发展政策》,从产业技术、产业规划、布局调整、企业组织结构、行业准入及贸易政策等各个方面对钢铁工业的未来发展进行了总体部署。受钢铁新政的推动,唐钢与宣钢、承钢联合组建为新唐钢集团;武钢重组了鄂钢和柳钢;首钢控股水钢之后,搬迁到河北曹妃甸地区,与唐钢联合成立首钢京唐钢铁公司。

2006年,国家提出要在"十一五"期间淘汰1亿吨落后炼铁生产能力和5500万吨落后炼钢能力。同年12月,河北唐山聚鑫钢铁有限公司2座12吨电炉,迁安市联钢金丰钢铁有限公司2座115立方米、138立方米高炉被拆除查封,拉开了淘汰落后产能的序幕。

2007年,国家多次下调钢材出口退税税率,对包括普碳钢线材、板材、型材在内的部分钢材产品加征50%~100%的出口关税,并对钢材出口实施许可证管理。但2007年,我国钢产量仍然增长到 4.94 亿吨，占世界的 36.4%，比上年增长 17.3%，钢铁生产能力达到 5.5 亿吨。然而，进入 2008 年下半年以来，受世界金融危机的影响，我国钢铁产量增长速度明显放缓。

2008 年，我国钢产量虽然突破了 5 亿吨，达到 50049 亿吨，但增长速度降至 1.1%，增速比 2007 年低 14.6 个百分点，同时行业实现利润大幅下滑。针对这种新情况、新问题，我国颁布了《钢铁产业调整和振兴规划》，决定以控制总量、淘汰落后、企业重组、技术改造、优化布局为重点，着力推动钢铁产业结构调整和优化升级，切实增强企业素质和国际竞争力，加快钢铁产业由大到强的转变。

随着我国经济发展进入新常态，钢铁行业发展环境发生了深刻变化。2015 年，我国钢铁消费与产量双双进入峰值弧顶区并呈下降态势，钢铁主业从微利经营进入整体亏损，行业发展进入"严冬"期。同时，中央提出的推进供给侧结构性改革，国务院出台的化解钢铁过剩产能的财税金融政策也为钢铁行业彻底摆脱困境提供了历史机遇。

1.2.3 中国冶金工业面临的形势

目前，我国钢铁产业的发展遇到诸如产能过剩、产业结构不合理、集中度低、要素成本上升、资源环境约束加强等制约钢铁工业竞争力提升等关键问题。

1. 资源"瓶颈"制约日益突出

钢铁产量的持续攀升，使得对铁矿石需求不断增加，导致了铁矿石资源的匮乏，不得不依赖于进口。

2. 能源消耗巨大，环境污染严重

钢铁产业是产业规模大、资源能耗高及环境污染较为严重的产业。随着经济效益的增长，环境载荷约束加大。尽管各项环保指标有所改善，但与国际水平相比仍比较落后，焦炭和水资源相应趋紧，废物排放量不断增大。对推行清洁生产、高效利用自然资源、降低污染排放等现代工业生产技术提出了迫切要求。

3. 钢铁企业布局不合理

中国钢铁企业属于资源内陆型和生产城市型布局。产业集中度低，呈现广而散、多而小的结构态势。在我国第一产钢大省河北，产能分散的弊端更具有代表性。

4. 产能过剩日趋严重

产业结构失衡，高端产品市场占有率低。
(1) 低端产品同质化竞争激烈。
(2) 部分高附加值、高技术含量的产品不能满足国民经济的发展，需要依靠进口解决。
(3) 中国出口钢材量较多，但是就价值而言不具竞争力，反映出我国钢铁品牌效应差，在产品结构及质量上存在较大提升空间。

5. 创新体系不完善，自主创新能力亟待加强

钢铁企业技术创新虽取得一些成果，但创新能力仍不足，与发达国家相比有明显差距，尤为缺乏原始性的技术创新。钢铁产业的发展处于低水平扩张和粗放式发展阶段。落后的 30 吨以下的小转炉仍有 8000 万吨的产能，相当于 2004 年钢产量的 29.3%。绝大部分小企业污染严重、技术水平差，研发投入几乎为零。

6. 产业服务化意识淡薄，专业化程度低

产业化和专业化是钢铁工业发展的趋势，技术创新和技术进步使产业供给能力和供给水平提高，从而使一个产业在某一阶段进入成熟期后，通过产业深化进入成长期。我国目前产业化服务意识淡薄，专业化分工程度低，集中度也较低。

1.3 冶金的资源、能源消耗和环境问题

钢铁产业是产业规模大、资源能耗高及环境污染较为严重的产业。随着经济效益的增长，环境载荷约束加大。尽管各项环保指标有所改善，但与国际水平相比仍比较落后，焦炭和水资源将相应趋紧，废物排放量不断增大。对推行清洁生产、高效利用自然资源、降低污染排放等现代工业生产技术提出了迫切要求。

1.3.1 冶金的资源、能源消耗

1. 资源和能源的概念

1) 资源

狭义定义：将资源看成是自然资源。

广义定义：对资源的理解并不局限于自然科学，还从社会科学(特别是经济学和管理学)的角度来考察资源定义，认为资源包括自然资源、人力资源、财力资源、智力资源、文化资源、时间资源等。

在讨论资源定义时，要注意的问题有：

(1) 必须从生产投入的角度来限制资源的范畴。资源应该是生产活动的投入要素，任何生产活动都是多种资源投入要素的结合。资源还必须达到一定的量。资源是宏观经济活动主体所面临的外部条件，是经济学的一个范畴。

(2) 资源的发现和开发受当时科学技术水平的制约，一定程度的科学技术和生产力发展水平是自然物成为资源的前提条件。只有在当时的科学技术条件下，发掘出来作为社会生产活动的投入要素的自然物，才能成为资源。

(3) 资源是一个动态的概念，人类资源观是不断变化的。

综上所述，资源的一般性定义可以表述为：在一定的科学技术条件下，能够在人类社会经济活动中用来创造物质财富和精神财富，并达到一定量的客观存在形态。

2) 能源

能源亦称能量资源或能源资源，是可产生各种能量(如热量、电能、光能和机械能等)或可做功的物质的统称。

能源与自然资源的区别有两点：一是能源和自然资源的概念外延是交叉关系，即有一

些自然资源不属于能源,如,铁矿石、铝土等;而有一些自然资源本身也属于能源,如煤、石油、天然气等。另外有一些能源则不属于自然资源,如核电、水电、火电等。二是自然资源必须直接来源于自然界,而且具有自然属性;而能源则不同,它既可以直接来源于自然界,也可以间接来源于自然界,既具有自然属性又具有经济属性。

3) 能源分类

能源种类繁多,而且经过人类不断的开发与研究,更多新型能源已经开始能够满足人类的需求。根据不同的划分方式,能源可分为不同的类型,如图1-6所示。

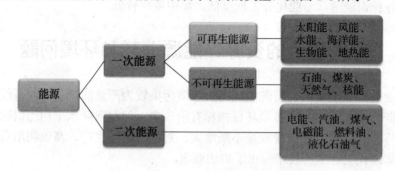

图1-6 能源的分类

(1) 根据产生的方式以及是否可以再利用,能源可分为一次能源和二次能源、可再生能源和不可再生能源。

一次能源:从自然界取得的未经任何改变或转换的能源,包括可再生的水力资源和不可再生的煤炭、石油、天然气资源,其中包括水、石油和天然气在内的三种能源是一次能源的核心,它们成为全球能源的基础;除此以外,太阳能、风能、地热能、潮汐能、生物能以及核能等可再生能源也被包括在一次能源的范围内。

二次能源:一次能源经过加工或转换得到的能源,包括电力、煤气、汽油、柴油、焦炭、洁净煤、激光和沼气等。一次能源转换成二次能源会有转换损失,但二次能源有更高的终端利用效率,也更清洁和便于使用。

可再生能源:指在自然界中可以不断再生、永续利用、取之不尽、用之不竭的资源,它对环境无害或危害极小,而且资源分布广泛,适宜就地开发利用。可再生能源主要包括太阳能、风能、水能、生物质能、地热能和海洋能等。

不可再生能源:泛指人类开发利用后,在现阶段不可能再生的能源资源。如煤和石油都是古生物的遗体被掩压在地下深层中,经过漫长的地质年代而形成的(故也称为"化石燃料"),一旦被燃烧耗用后,不可能在数百年乃至数万年内再生,因而属于"不可再生能源"。

(2) 根据能源消耗后是否造成环境污染,可分为污染型能源和清洁型能源。

污染型能源包括煤炭、石油等,清洁型能源包括水力、电力、太阳能、风能以及核能等。

清洁能源也称绿色能源,它可分为狭义和广义两种概念。狭义的绿色能源是指可再生能源,如水能、生物能、太阳能、风能、地热能和海洋能。这些能源消耗之后可以恢复补充,很少产生污染。广义的绿色能源则包括在能源的生产及其消费过程中,选用对生态环境低污染或无污染的能源,如天然气、清洁煤(将煤通过化学反应转变成煤气或"煤"油,通过高新技术严密控制的燃烧转变成电力)以及核能等。

中国作为一个发展中国家，经济实力和科技水平有限，要实现可持续发展，今后几十年内仅仅着眼于可再生能源的开发利用是不现实的，所以广义的绿色能源概念对中国更有意义。

(3) 根据能源使用的类型，可分为常规能源和新型能源。

常规能源：在现有经济和技术条件下，已经大规模生产和广泛使用的能源，包括一次能源中的可再生的水力资源和不可再生的煤炭、石油、天然气、水能和核裂变能等资源。

新型能源：用新技术系统开发利用的能源，包括太阳能、风能、地热能、海洋能、生物能以及用于核能发电的核燃料等能源。新能源大部分是天然的和可再生的，是未来世界持久能源系统的基础。

(4) 根据商业价值，可分为商品能源和非商品能源。

商品能源是作为商品流通环节大量消耗的能源。目前主要有煤炭、石油、天然气、水电和核电 5 种。

非商品能源是就地利用的薪柴、秸秆等农业废弃物及粪便等，通常是可再生的。非商品能源在发展中国家农村地区的能源供应中占有很大比重。2005 年，我国农村居民生活用能源有 53.9% 是非商品能源。

随着全球经济发展对能源需求的日益增加，许多发达国家都更加重视对可再生能源、环保能源以及新型能源的开发与研究；同时也要相信随着人类科学技术的不断进步，专家们会不断开发研究出更多新能源来替代现有能源，以满足全球经济发展与人类生存对能源的高度需求。

4) 常见能源介绍

(1) 原煤：原煤是指煤矿生产出来的未经洗选、筛选、加工而只经人工拣矸的产品。包括天然焦及劣质煤，不包括低热值煤等。按其炭化程度可划分为泥煤、褐煤、烟煤、无烟煤。原煤主要作动力用，也有一部分作为工业原料和民用原料。

(2) 焦炉煤气：焦炉煤气是指用几种烟煤配成炼焦用煤，在炼焦炉中经高温干馏后，在产出焦炭和焦油产品的同时所得到的可燃气体，是炼焦产品的副产品。主要用作燃料和化工原料。

(3) 天然气：天然气是指地层内自然存在的以碳氢化合物为主体的可燃性气体。在动力工业、民用燃料、工业燃料、冶金、化工各方面有广泛应用。

(4) 汽油：汽油是指从原油分馏和裂化过程中取得的挥发性高、燃点低、无色或淡黄色的轻质油。汽油按用途可分航空汽油、车用汽油、工业汽油等。

(5) 煤油：煤油是一种精制的燃料，挥发度在车用汽油和轻柴油之间，不含重碳氢化合物。按用途可分灯用煤油、拖拉机用煤油、航空用煤油和重质煤油。煤油除了作为燃料外，还可作为机器洗涤剂以及医药工业和油漆工业的溶剂。

(6) 柴油：柴油是指炼油厂炼制石油时，从蒸馏塔底部流出来的液体，属于轻质油。其挥发性比煤油低，燃点比煤油高。根据凝点和用途的不同，分为轻柴油、中柴油和重柴油。轻柴油主要作为柴油机车、拖拉机和各种高速柴油机的燃料。中柴油和重柴油主要作船舶、发电等各种柴油机的燃料。

(7) 燃料油：燃料油也称重油，是炼油厂炼油时，提取汽油、煤油、柴油之后，从蒸馏塔底部流出来的渣油，加入一部分轻油配制而成。主要用于锅炉燃料。

(8) 液化石油气：液化石油气亦称液化气或压缩汽油，是炼油精制过程中产生并回收的气体在常温下经过加压而成的液态产品。主要用途是石油化工原料，脱硫后可直接用作燃料。

(9) 热力：热力是指可提供热源的热水和过热或饱和蒸汽，包括使用单位的外购蒸汽和热水，不包括企业自产自用的蒸汽和热水。

(10) 电力：电力是指发电机组进行能量转换产出的电能量，包括火力发电、水力发电、核能发电和其他动能发电。

2. 冶金行业资源、能源消耗

1) 国家标准及行业要求

2005 年 7 月制定并下发的《钢铁产业发展政策》明确要求：2005 年，全行业吨钢综合能耗降到 0.76 吨标煤、吨钢可比能耗 0.70 吨标煤、吨钢耗新水 12 吨以下；2010 年分别降到 0.73 吨标煤、0.685 吨标煤、8 吨以下；2020 年分别降到 0.7 吨标煤、0.64 吨标煤、6 吨以下。2005 年年末根据统计局规定，钢铁工业企业能源报表中电力折标系数统一由 4.04 吨标煤/万千瓦时调整为 1.229 吨标煤/万千瓦时，电力折标系数的下调，直接造成吨钢综合能耗指标大幅下降(调整前，电力消费折算标煤量占钢铁工业总能耗的 25%左右)。根据电力新折标系数，电力折标系数调整对钢铁企业的影响量如下。

影响量=吨钢耗电×(4.04－1.229)×80%
　　　　=0.045×2.811×0.8
　　　　=0.101 吨标煤/吨

注：吨钢耗电按 2005 年全国平均水平 0.045 万千瓦时/吨计，外购电量按 80%计。

2005 年年末全国大中型钢铁企业吨钢综合加权平均数为 741 千克标煤/吨，受电力统计折标系数变化等因素影响，2006 年 1 月全国大中型钢铁企业吨钢综合加权平均数降低到 645 千克标煤/吨。

2009 年年初制定并下发的《钢铁产业调整和振兴规划》要求，到 2011 年重点大中型企业吨钢综合能耗不超过 620 千克标准煤，吨钢耗用新水量低于 5 吨。

2009 年 12 月工信部制定了《现有钢铁企业生产经营准入条件及管理办法》(征求意见稿)，向广大钢铁企业征求意见，《办法》要求：企业主要生产工序能源消耗指标须符合《焦炭单位产品能源消耗限额》(GB 21342—2008)和《粗钢生产主要工序单位产品能源消耗限额》(GB 21256—2007)的规定，其中焦化工序能耗≤115 千克标煤/吨、烧结工序能耗≤56 千克标煤/吨、高炉工序能耗≤411 千克标煤/吨、转炉工序能耗≤0 千克标煤/吨、普钢电炉工序能耗≤92 千克标煤/吨、特钢电炉工序能耗≤171 千克标煤/吨。吨钢新水消耗高炉流程企业不超过 6 吨，电炉流程企业不超过 3 吨。冶金渣利用率不低于 95%。抛开了综合性较强的吨钢综合能耗指标，而直接对难以考核和掌握主要工序的能耗指标提出了明确要求，且指标值水平较高。钢铁企业主要能源消耗指标限额见表 1-1。

从发展政策到准入管理办法，国家标准及行业政策一步步的深入和细化，体现了国家对节能降耗工作的重视和督促钢铁企业深入开展节能降耗工作的决心。

表 1-1 钢铁企业主要能源消耗指标限额表

主要指标	单位	指标来源及指标值			产业调整和振兴规划	生产经营准入条件
		GB 21342—2008、GB 21256—2007				
		限定值	准入值	先进值		
吨钢综合能耗	千克标煤/吨	—	—	—	≤620	—
吨钢耗新水	吨/吨	—	—	—	≤5	≤6
焦化工序能耗	千克标煤/吨	155 限定值	125 准入值	115 先进值	—	≤115
烧结工序能耗	千克标煤/吨	65 限定值	60 准入值	55 先进值	—	≤56
高炉工序能耗	千克标煤/吨	460 限定值	430 准入值	390 先进值	—	≤411
转炉工序能耗	千克标煤/吨	10 限定值	0 准入值	-8 先进值	—	≤0

2) 冶金行业近年资源、能源消耗状况

钢铁工业是世界工业中能源消耗最大的。自 1996 年成为世界上最大的钢铁生产国以来，随着国内需求的大幅增长，中国钢铁行业成长迅速。这一增长与其能源消耗的增长趋势是一致的。钢铁生产消耗大量的能源，特别是在发展中国家和经济转型国家。

以 2014 年和 2015 年的能耗状况为例，2015 年钢协会员单位各工序能耗现状见表 1-2、表 1-3、表 1-4。

表 1-2 2015 年钢协会员单位能耗情况对比(单位：千克标煤/吨)

	吨钢综合能耗	烧结	球团	焦化	高炉	电炉	转炉	轧钢	吨钢电耗 千瓦时/吨	吨钢水耗 立方米/吨
2015 年	571.85	47.2	27.65	99.66	387.29	59.67	-11.7	58	471.55	3.25
2014 年	584.3	48.48	27.28	97.89	392.99	58.49	-9.94	59.14	467.9	3.35
增减量	-12.45	-1.28	0.37	1.77	-5.7	1.18	-1.17	-1.14	3.65	-0.1
最低值		承德 35	太钢 14.23	鞍钢 50.51	涟钢 322.4	韶钢 15.11	建龙 -32.15	汉中 17.58	衡州元利 195.64	荣程 0.17
最高值		263.9		245.48	550.31	160.18	10.77	209.5	1736.78	210.08

表 1-3 2015 年钢协会员单位炼钢工序能耗指标

项目	单位	2015 年	2014 年	增减量	增减%
转炉工序	千克标煤/吨	-11.65	-9.94	-1.71	-17.17
铁水预处理	千克标煤/吨	0.41	0.48	-0.07	-14.58
转炉冶金	千克标煤/吨	-16.94	-16.64	-0.30	-1.79

续表

项 目	单 位	2015年	2014年	增减量	增减%
二次冶金	千克标煤/吨	6.60	6.46	0.14	2.17
转炉连铸	千克标煤/吨	7.23	7.31	−0.08	−1.09
吨钢煤气回收	立方米/吨	108.00	106.00	1.95	1.84
电炉工序	千克标煤/吨	59.67	58.49	1.18	2.02
电炉冶炼能耗	千克标煤/吨	47.99	45.03	2.96	6.57
电炉冶炼电耗	千瓦时/吨	169.75	185.82	−16.07	−8.65
电炉二次冶金(精炼能耗)	千克标煤/吨	12.52	11.09	1.43	12.89
电炉二次冶金电耗	千瓦时/吨	82.16	77.36	4.80	6.20
电炉连铸能耗	千克标煤/吨	15.41	14.51	0.90	6.20

表1-4 我国各品种轧钢工序耗能情况(单位：千克标煤/吨)

项 目	2015年	2014年	增减量	增减%
钢加工	58	59.14	−1.14	−1.93
其中：热轧工序	50.32	50.51	−0.19	−0.38
大型	70.94	73.51	−2.57	−3.5
中型	50.6	50.33	−0.27	−0.54
小型	41.44	41.85	−0.41	−0.99
线材	51.54	53.11	−1.57	−2.96
中厚板	62.51	64.48	−1.97	−3.06
热轧宽带钢	50.46	50.65	−0.19	−0.38
热轧窄带钢	41.97	47.75	−5.78	−12.1
热轧无缝管	106.84	104.26	2.59	2.48
冷轧工序	67.31	66.71	0.6	0.9
冷轧宽带钢	54.86	53.62	1.24	2.31
冷轧窄带钢	43.01	40.77	2.24	5.49
镀层工序	40.82	40.56	0.26	0.64
涂层工序	59.07	50.29	8.78	17.46

从表1-2中可以看出，2015年与2014年相比，钢协会员单位吨钢综合能耗，烧结、炼铁、转炉和钢加工工序能耗均有所下降。这是钢铁企业节能工作取得的新成绩。部分钢铁企业的部分指标已达到或接近国际先进水平，特别是吨钢耗新水的指标创出历史最好成绩。但各企业节能工作发展不平衡，生产条件和结构也不一样，各工序能耗最高值与先进值差距较大，说明我国钢铁企业还有节能潜力。

从我国钢铁企业能耗的现状可以得出钢铁行业能源消耗主要集中在煤炭、电力、燃油、天然气上。其中煤炭消耗是最大的，如图1-7和图1-8所示。

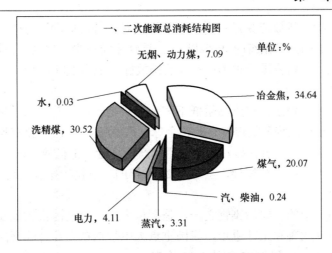

图 1-7　某钢铁企业年度一、二次能源总消耗结构图

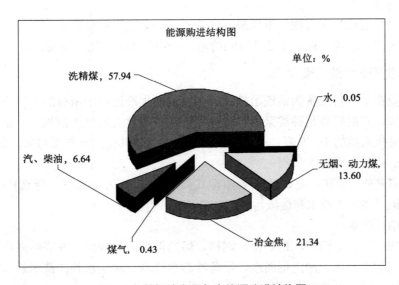

图 1-8　某钢铁企业年度能源购进结构图

从图中可见我国能源消耗较大，部分资源要从国外购进。

1.3.2　冶金生产的环境问题

钢铁企业的各个工序都有大量污染物排放：矿石在处理过程中会产生各种有害气体和粉尘；高炉和转炉工序中会产生各种废渣；锻压工序中会产生有害废水等。钢铁产业是具有代表性的高耗能产业，钢铁产业所带来的环境问题主要归纳为以下几个方面。

1. 钢铁生产对大气的污染

1）烟尘、粉尘

目前，钢铁厂对大气环境及周边地区最大、最直接的影响是烟尘、粉尘的排放。烟尘一般指燃烧排放的颗粒物，一般情况下含有未燃烧的炭粒。粉尘是固体物质经破碎、分级、研磨等机械过程形成的。高炉炼铁工序的粉(烟)尘主要来源于高炉上料、煤气放散和出铁场等。其中，炼铁高炉在排放渣铁过程中产生的烟尘对大气形成严重污染。烧结过程的粉尘主要来源于台车下面的抽风系统(占90%以上)。炼铁系统粉尘的排放量占钢厂总粉尘(烟尘)排放量的50%以上。目前我国要求钢厂粉尘的排放标准是小于每立方米120毫克。

2) 二氧化碳

以煤为主的能源消费结构和煤品质低下客观上决定了钢铁工业二氧化碳排放严重。据世界钢协估计，在全球经济危机爆发之前，全球钢铁业每年产生约22亿吨二氧化碳，其依据是每吨粗钢产生1.7吨二氧化碳，而全球粗钢产量将近1.3亿吨。据IEA发布的《2018年全球能源和CO_2现状报告》统计，全球于2018年的二氧化碳排放量高达331亿吨。

3) 二氧化硫

二氧化硫是大气中的主要污染物之一，是衡量大气是否被污染的重要标志。在钢铁生产中，由于原料条件改善和工艺进步，我国重点大中型钢铁企业每吨钢的硫化物排放量已从1995年的9.2千克降低到2005年的2.96千克。

4) 二噁英

二噁英是目前已知化合物中毒性最大的物质之一。由于铁矿石中含氯，在烧结过程中会产生有害气体二噁英。钢厂主要是炼钢的电炉和烧结工序产生二噁英。

2. 钢铁生产对水的污染

钢铁工业在从原料准备到钢铁冶炼及成品轧制的生产过程中所有的工序都要用到水且都有废水排放，它的特点是种类繁多，成分复杂，排放量大，污染面积广。据统计，工业废水平均占总排水量的1/2左右，是最重要的污染源。按其生产和加工对象，分类如下。

1) 铁矿的矿山采选废水

铁矿石有贫矿、富矿。贫矿经过精选(湿式筛选、重力选矿、磁选、浮选)得到高品位的铁矿石。选矿主要产生废水和废渣污染。

2) 烧结厂废水

烧结矿加工过程分两步，把矿粉、燃料、熔剂混配成小颗粒，并烧结成块。烧结废水主要来自湿式除尘棒水、冲洗地面水、设备冷却水排水。除尘水和冲洗水悬浮物含量高，净化后可循环使用；冷却水水温高，一般可回收重复使用。

3) 炼铁厂废水

炼铁是把铁矿石、熔剂、焦炭按一定比例填入高炉内，熔炼成生铁，同时产生炉渣和高炉煤气的生产工艺。

4) 炼钢废水

炼钢废水包括：设备间接冷却水。水温高，未受污染；设备和产品的直接冷却废水，含有大量氧化铁和少量润滑油脂，处理后可循环利用；除尘废水、冲渣废水。

5) 轧钢厂废水

在热轧和冷轧产品过程中，需要大量直接冷却水冲洗钢材和设备。热轧废水含有大量氧化铁和油，水温高，水量大。经冷却、除油、过滤、沉淀处理后，可循环利用。冷轧废水中的主要污染物有油(包括乳化液)、酸碱和铬离子，应分流处理，回收利用，见表1-5。

3. 钢铁生产中的废渣

冶金废渣是指冶金工业生产过程中产生的各种固体废弃物，主要指炼铁炉中产生的高炉渣、钢渣。在世界各国的钢铁生产中，每生产 1 吨粗钢都会排放约 130 千克的钢渣、300 千克含铁粉渣及其他废料。我国冶金渣利用起步较晚，目前高炉渣利用率为 70%～90%，钢渣利用率仅 25%左右。

表 1-5 钢铁工业废水产污水平(废水单位吨/吨产品，其他单位千克/吨产品)

生产工艺	废水量	悬浮物	钢渣	油	生产工艺	废水量	悬浮物	油	氰化物
铁矿采选					轧钢				
坑矿	0.3～1	0.3～3			钢板(特厚板)	10～25	25～50	1.2～5	
露矿	0～0.4	0.12～1.2			(中厚板)	30～60	60～100	3～15	
浮选(铁精矿)	12～30	30～300			(热轧薄板)	15～35	36	1.7～7.5	
重磁选(铁精矿)	10～30				(冷轧薄板)	30～40	6	8～9	
炼铁					管材	50～70	3～4	14	
烧结	0.9				线材	30～40	40～100	2～15	
高炉炼铁	13				型材	15～30	25～100	1～10	
冲天炉炼铁	8								
炼钢					钛合金				
转炉	2		0.2	0.15	锰铁合金	40～70	10～70		
连铸	10				钢铁合金	20～25		[铬 0.2]	0.6
					钨组合金生产	270		[铜 48.6]	

4. 钢铁生产中的噪声

在钢铁生产过程中，由于机械震动、摩擦撞击及气流扰动，会产生噪声，例如烧结生产中的破碎机、筛分机、压缩机、鼓风机等产生的噪声，炼铁过程中的高炉鼓风机站的鼓风机、蒸汽发电机、高炉放风阀等产生的噪声。炼钢过程中的炉头压缩空气喷头、空压机、鼓风机、燃料燃烧、灭车、加料机、锻锤循环泵、气泵、电炉等产生的噪声。由于工业噪声声源多而分散，噪声类型比较复杂，生产的连续性声源也较难识别，治理起来相当困难。

5. 钢铁生产中的其他污染

其他污染还有热污染和放射性污染。

1.3.3 冶金工艺进步和环境保护

我国的炼铁全部是高炉流程，各企业和相关单位围绕高炉流程的降低成本、节能降耗以及污染控制，开展了大量的、富有成效的工艺和技术改进工作。

在过去的 10 年里，我国的炼铁工业取得令人惊喜的进展。除了新建扩建生产能力外，在工艺和设备等方面开展了大量技术改进和提高，如球团生产工艺的优化、烧结节能和污染控制、焦炭质量改进、高炉高风温、高炉煤气干法除尘、高喷煤比、出铁厂污染控制等。

1. 球团

1) 产量及生产工艺

在过去的 10 年里，我国球团生产发展速度惊人，从 1999 年的仅 1194 万吨猛增到 2009

年的 1.8 亿吨(生产能力)，且增长趋势仍在继续，有力地支撑了炼铁产量的增加。在各种球团生产工艺中，链篦机-回转窑工艺的贡献最大，竖炉工艺也做出了很大的贡献，如图 1-9 所示。

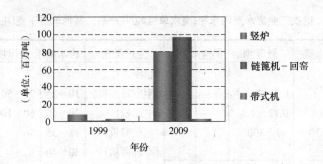

图 1-9　各工艺产量变化

2) 工艺技术进步

(1) 工艺优化。

由于链篦机-回转窑工艺的生产能力大，球团质量好，能耗低，原料适应能力强，在开发成功后得到快速推广应用。2000 年，首钢开发成功第一套年产 100 万吨的链篦机-回转窑球团生产线。迄今为止，约有近百条该工艺生产线建成投产。大部分生产能力在 60 万～190 万吨/年。最大的是武钢鄂州的 500 万吨/年生产线，建成于 2005 年，且从土建开始到投产仅用 13 个月。

竖炉工艺在比例上正在被链篦机-回转窑工艺替代，但目前仍有 200 余套装置。多数是 8～10 平方米规格，单机产量在 30 万～40 万吨/年。

从 1970 年至 2009 年，带式机工艺一直保持两条生产线：一个是鞍钢的 321 平方米生产线，另一个是包钢的 162 平方米生产线。2010 年 4 月，首钢京唐建成了 504 平方米带式机生产线，生产能力为 400 万吨/年。

(2) 生产指标的改进。

伴随着行业节能降耗的大趋势，球团的生产指标也得到显著改进。

皂土配比降低：许多竖炉的皂土配比曾经超过 40 千克/吨。现在通过多种改进措施，包括细磨精矿、开发新型复合皂土、增加润磨系统、精粉干燥等，使皂土配比得到显著降低。目前皂土的平均配比是：竖炉工艺 21.2 千克/吨，链篦机-回转窑和带式机工艺 18.7 千克/吨。

球团品位增加：由于精矿品位的提高和皂土配比的降低，球团品位提高了 2～4 个百分点。通常竖炉球团品位为 62%，链篦机-回转窑球团为 63.5%。通过继续改进选矿工艺，该指标还将得到提高。

能耗降低：通过全方位的改进，每个工艺的能耗均在不断降低。目前竖炉工艺的平均能耗是 35.6 千克标准煤/吨，链篦机-回转窑工艺是 27.6 千克标准煤/吨。而先进的指标是首钢球团厂的 18.15 千克标准煤/吨。

2. 烧结

为了支撑快速增长的铁水产量，我国已大幅度提高烧结矿的生产能力。据不完全统计，2009 年全国有 500 余台烧结机，总烧结面积达 53800 平方米，约生产 6 亿吨烧结矿。烧结工艺的改进体现在以下几方面。

1) 烧结机尺寸扩大

目前，许多钢铁企业都建起大烧结机。最大的是2009年投产的太钢一台660平方米烧结机。据统计，大于等于180平方米烧结机的数量达到125台，总烧结面积为38590平方米。

2) 厚料层烧结

为充分利用蓄热能力和质量均匀等特点，各烧结厂普遍实施了厚料层烧结技术。许多烧结机的料层厚度达到600毫米以上。在京唐550平方米烧结机上实现了800毫米厚料层烧结。其固体燃耗是48.3千克/吨，转鼓强度77.65%，FeO含量7.7%。

厚料层烧结需要强化制粒，以保证烧结混合料良好的透气性。同时还要求偏析布料，使得料层上下的温度分布一致。许多新建烧结机采取宽皮带+多辊布料的方式来替代老式泥辊+反射板的结构，达到了良好效果。

3) 工艺优化

固体燃料分加法已在一些工厂的生产实践中采用，其控制烧结气氛和提高烧结速度的效果已得到证明。生石灰已被用来部分或全部替代石灰石，达到了改进制粒和烧结的良好效果。一些试验尝试用熔剂分加法来改善烧结矿性能，优化烧结工艺，具体表现为可提高烧结矿转鼓系数，降低固体燃耗，提高烧结利用系数。

随着低品质矿在烧结混合料中比例的增加，为保持烧结产量和烧结矿质量，各厂采取了多种措施，如利用综合料场稳定混合料组成、加强混合料制粒、使用在线水分测量仪精确控制混合料水分、混合料蒸汽预热、增加料层厚度、检测料面平整度、采用烧结专家系统精确控制烧结终点等。

中南大学开发了新的复合造块(CAP)工艺。该工艺将原料分成两组：一组是球团料，另一组是基料。将球团料造成8～16毫米酸性生球，基料制成3～8毫米高碱度混合料，然后二者混合后布到烧结机上。

4) 余热回收及节能

对众多烧结厂来说，通过热交换器回收冷却烧结矿烟气的余热已是一个普遍的实践。一些工厂将部分热烟气直接用作点火炉的助燃空气(热风点火)和点火炉后的保温段，起到了很好地降低点火燃气消耗和改善烧结层表面质量的效果。

在越来越多的新建烧结厂中，安装了余热发电设备来回收烧结环冷机烟气的热量。2005年，首套为两台300平方米烧结机建的17.5兆瓦发电设备在马钢建成投产。从2006年至2009年8月，共发电2.345亿千瓦时。

近年来，烧结主抽风机的变频控制(VVVF)得到应用。它通过改变风机供电的频率而不是阀门的开度来调节抽风负压，达到节电的目的。同时避免了短时停烧结机而不停风机所造成的能量浪费。据报道，一台占地400平方米烧结机配用变频控制后，节电达30%。

许多烧结厂在布料槽中采用了蒸汽预热技术，相比在混料筒蒸汽预热的方法，该技术可提高蒸汽利用率80%，预热烧结混合料温度超过65摄氏度，并保持了布料烧结机上混合料最小的温降。

在降低烧结机漏风率方面，各厂均开展了卓有成效的工作。其中，新的机头机尾密封装置能够将烧结机本体的漏风率降低到20%；复合磁性密封技术则可对烧结机两侧进行有效密封，控制漏风率在 30%以下。传统的环冷机有 30%～45%的漏风率，而新的液体密封设计能够将该处的漏风率降低到 5%以下，节约 20%的风机电耗。

5) 污染控制

近年来，烧结工序的污染控制得到了重视。机头机尾的烟气含尘量要求低于 50 米。为满足这一要求，需要采取布袋+静电除尘器的方式。

随着环保制度的完善，越来越多的烧结厂正在安装烟气脱硫装置。脱硫工艺种类繁多，包括石灰/石膏法，硫铵法，镁法，CFB(烟气循环流化床法)，浓相吸收法，MEROS(高性能烧结废气净化法)，NID(脱硫除尘一体化技术)，DFA-FGD(密相干塔烟气脱硫技术)，以及活性碳法等。SO_2 的脱除率一般可超过 90%。其中，活性碳法已于 2010 年应用到太钢一台 450 平方米烧结机上。其中，DFA-FGD 脱硫效率高，且投资费用较低，副产物可重复使用，图 1-10 所示为 DFA-FGD 工艺流程图。

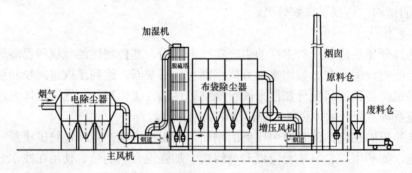

图 1-10　DFA-FGD 工艺流程图

3. 焦炭质量改进

我国是世界上最大的焦炭生产国，可支撑其巨大的炼铁生产规模。2009 年焦炭产量达到 3.53 亿吨。随着高炉容积的加大和喷煤比的提高，焦炭质量越来越成为维持高炉稳定运行的关键因素，为此采取了改进焦炭质量的 4 项措施。

1) 焦炉大型化

焦炉大型化能显著增加装煤的密度。与 4.3 米炭化室的 750 千克/立方米密度相比，7.63 米焦炉的密度平均达到 821.2 千克/立方米。大焦炉的焦炭质量更加均匀一致。

从 2005 年至 2009 年，所建的大于等于 4.3 米焦炉的总能力达到 144 兆吨/年。其中仅在 2009 年，71%的焦炉是大于等于 5.5 米的捣固焦炉和大于等于 6 米的顶装焦炉。新建的顶装焦炉的标准在 6 米以上。

2) 干熄焦

干熄焦技术在钢铁联合企业得到广泛应用。2009 年，有 90 套干熄焦装置运行。除了焦炭的显热回收，干熄焦的焦炭质量也得到改善，如 M40 提高 3%～8%，M10 降低 0.3%～1%，CSR 提高 1%～6%。

3) 煤调湿

近年来，煤调湿技术得到重视。不同的煤调湿技术得到开发与应用。太钢焦化厂利用蒸汽管旋转干燥系统，将煤的湿分从 10%降低到 6%，使工序能耗降低 9%，结焦时间缩短 1 小时，焦炭产率增加 5%，瘦煤和气煤的比例增加 9 个百分点。

4) 捣固焦

捣固炼焦技术在我国得到快速发展，总产量超过 1 亿吨/年。该技术能将炼焦煤的堆密度提高到 905～1150 千克/立方米。通常捣固炼焦能提高 M40 的百分比 1%～6%，降低 M10 的百分比 2%～4%，增加 CSR 的百分比 1%～6%。最重要的是，该技术能经济有效地利用国内煤炭资源，大幅度提高炼焦用的气煤、1/3 焦煤，以及贫瘦煤的比例。

4．高炉

1) 高炉数量及容积

据不完全统计，全国有 600 余座不同容积的高炉。其中：≥4000 立方米的高炉 13 座，3200 立方米的高炉 16 座，2500～2800 立方米的高炉 42 座，≥1000 立方米的高炉超过 200 座。

小高炉正在被大高炉所取代。现已建成 3 座 5000 立方米以上的高炉，其中 2 座 5500 立方米高炉在首钢京唐公司，1 座 5800 立方米的高炉在沙钢。

2) 工艺技术进步

(1) 高效低耗生产。

在高炉大型化的同时，各级别的高炉利用系数也在不断提高。中小高炉的普遍高系数已成为我国炼铁的突出亮点。一些大高炉实现了创纪录的生产率指标。如武钢一座 3200 立方米的高炉月平均产量 2.94 吨/立方米(2007 年 11 月)，沙钢 5800 立方米高炉则已达到月平均产量 313 吨/立方米。在过去的 10 里，高炉大型化平均利用系数增长了 15.9%。高效生产在保证炼铁总量中发挥了重要作用。

在过去的 10 年里，我国高炉的燃料比降低了 29 千克/吨，焦比降低了 60 千克/吨。一些先进高炉的燃料比达到 480～490 千克/吨，焦比约 300 千克/吨。当然，与国外先进水平相比，我国的高炉燃料比还有一定的改进空间。

(2) 高风温。

10 年里，通过采用空气和煤气双预热的措施，使平均风温水平由 1034 摄氏度提高到 1160 摄氏度。首钢京唐一座 5500 立方米的高炉预热助燃空气达到 450～600 摄氏度，高炉煤气达到 200 摄氏度，实现风温 1300 摄氏度，如图 1-11 所示。

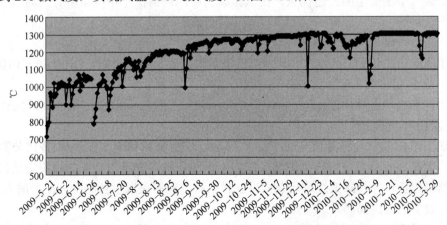

图 1-11　5500 立方米高炉投产风温变化

国内自行设计的顶燃式热风炉首先被小高炉所采用。许多新建的大高炉也采用了顶燃式结构，包括俄罗斯的卡鲁金设计。这种热风炉结构的优点在于占地少、高度低、顶温低、气流分布均匀以及投资低等。

此外，一些实用产品和技术得到开发应用。例如，格子砖的结构和质量得到不断改进，开发了一种可提高换热效率的涂料；各种自动烧炉技术得到应用，取得了缩短烧炉期和节约煤气的效果。

(3) 高炉煤气干法除尘工艺。

20世纪70年代，高炉煤气布袋干法除尘工艺首先在小高炉试用，20世纪八九十年代，在中小高炉上得到应用。越来越多的大高炉也采用了该工艺，甚至基本不设置湿式备用系统。首钢京唐采用了全干法除尘的2座5500立方米最大高炉，见表1-6。

表1-6 5500立方米高炉干法除尘设计指标

序 号	项 目	数 据
1	高炉煤气流量，立方米/时	760000(最大870000)
2	高炉顶压，兆帕	0.28(最大0.3)
3	操作温度，摄氏度	100～200
4	除尘布袋箱体数量，个	15
5	箱体直径，毫米	6200
6	布袋规格，毫米	$\phi 160 \times 7000$
7	总布袋过滤面积，平方米	21586
8	过滤负荷，立方米/(平方米·时)	14(最大16)
9	净煤气含尘量，毫克/米	≤5

与传统的湿法除尘相比，干法除尘节约了大量洗涤水，保留了煤气显热。同时，干法保持了煤气的压力，使得TRT发电量明显增加。相较于湿法的除尘污泥，干法除尘灰更便于处理和利用。干法的动力消耗也大大低于湿法。

基于煤气干法除尘的上述优点，在试验成功后，包钢在一年内将所有大高炉的湿法除尘改为干法系统。

(4) 高炉喷煤。

为了降低焦比和生产成本，我国所有的高炉均配置了喷煤设施。在1990—2010年，平均煤比不断增加，2010年达到149千克/吨，如图1-12所示。

目前许多高炉在高煤比(150～200千克/吨)运行。宝钢4000立方米的高炉保持200千克/吨长达10年之久。

喷煤工艺在多个方面得到改进，如集中喷吹工艺(制粉和喷吹在一体)替代分离喷吹工艺，单一大布袋收粉，使用热风炉烟气作为主干燥介质，取消粉仓下的螺旋输送机，以新型仓底结构代替，并联罐系统替代老式串联罐系统，输粉采取主管路加分配器的方式。

喷煤设备的改进提高。

① 立式中速磨因其制粉能力大、电耗低、密封好、噪声小，而迅速取代球磨机，应用于新建和改扩建制粉系统。

② 新型的煤粉仓仓底流化给煤器可在无机械传动的情况下，实现同时为 2～4 个喷吹罐提供煤粉。

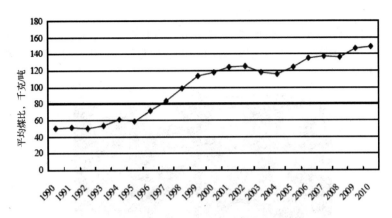

图 1-12 高炉煤比变化

③ 新的喷吹罐设计特点是带有大底流化床，上出料型，带特殊内过滤器。
④ 喷枪材质已从普通高温合金 1Cr18Ni9Ti 升级为特殊的耐热合金钢，以适应越来越高的风温水平。新的喷枪结构是直管+陶瓷内衬弯头。套筒式喷枪在一些大型高炉上得到使用。

3) 高炉设备

过去 10 年里，所有新建高炉，甚至是小高炉，均安装了无钟炉顶设备。无钟炉顶使装料制度更加灵活，改进了炉料顺行，提高了煤气利用率，同时加大了炉顶压力。国产的无钟炉顶设备已在 300～5500 立方米的高炉上得到成功应用。

铜冷却壁已被广泛应用于大高炉的炉腹炉腰。铜冷却壁的出色导热性能使该区域的渣皮易于形成且稳固性良好，从而达到对该区域的有效保护。铜冷却壁延伸到炉身的下部，对该处的炉衬起到了很好的保护作用。

一种称之为 MTC 的国产高炉渣处理设备已在 90 余座高炉上使用。该设备采取螺旋过滤器有效分离渣和水。设计渣中水含量低于 15%，最大渣处理能力为 700 吨/时。

国产的液压开口机，已成功应用于宝钢 4966 立方米的高炉。该设备的主要参数是：钻孔深度 5500 毫米，钻孔速度 0.025 米/秒，旋转压力 23 兆帕，冲击力 20 兆帕。

高炉热风阀在隔热材料和冷却方式上进行了改造升级。新的阀门仅需原水量的 30%～40%，可减少 5 摄氏度热风温度损失。

4) 监测技术

高炉炉顶煤气在线分析已被广泛应用于大型高炉。该分析能够指导布料，改进高炉煤气利用率。同时操作者根据 H_2 含量的变化，能及时发现高炉下部的冷却系统泄漏情况。

高炉料面雷达探尺被用来替代传统的机械探尺，在测量精度、可靠性以及维护量等方面均体现出先进性。

高炉炉顶摄像技术是借助于伸入炉内的红外摄像仪，在线连续监测炉顶煤气流和布料情况。高炉操作者可清楚地看到炉顶煤气流分布强弱、溜槽运动状况，以及炉料表面情况。该技术在不同容积的高炉上均得到广泛应用。

高炉冷却水高精度温差和热流强度监测技术得到开发和应用，可在线监测高炉冷却壁和风口工作状况。在一些场合下，监测结果被用来分析高炉圆周工作均匀性和冷却壁的侵蚀情况。

风口燃烧监测技术是通过安装在风口窥视孔上的专用摄像机和专用测温仪，将风口回旋区的焦炭运动、煤粉燃烧、燃烧温度、风口和喷枪状态、下生料等现象，直观准确地记录下来，指导高炉操作，如图1-13所示。

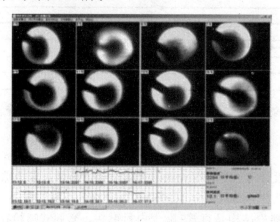

图1-13　风口监测图像

考虑到炉缸侵蚀对高炉寿命的影响，在炉缸侧壁和炉底安装了大量热电偶测点。炉缸侵蚀数学模型得到开发和应用，如图1-14所示。

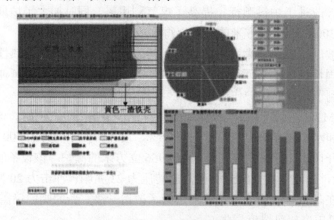

图1-14　炉缸侵蚀模拟画面

为了更全面准确地掌握炉缸热状态，铁水连续测温方法正在替代撇渣器或铁沟的电偶测温方法。最新技术是直接测量铁口处的铁(渣)流股。与撇渣器和铁沟处测量相比，该点的测量更具价值，首先，测量数据更准确，显示温度变化趋势更精准，消除了主沟和撇渣器带来的温降影响(通常后点温降10~20摄氏度)；其次，同时测量熔渣的温度；再次消除了后点测温的时间滞后(10分钟左右)，如图1-15所示。

为避免干法煤气除尘带来的布袋结露问题，开发了在线测量高炉炉顶煤气露点和水分的装置。该测量结果还有助于更全面地分析煤气利用率和监测高炉冷却系统的泄漏情况。

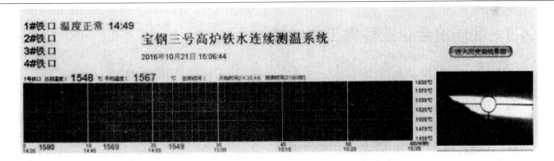

图 1-15 铁口连续测温

5) 出铁场污染控制

高炉出铁和铁沟维护所产生的污染问题正得到治理。对于大型高炉，主沟、铁沟及渣沟均被封盖，并设有从主沟到鱼雷罐的全面抽风除尘系统。通过严格控制各除尘点，实现出铁时无烟尘溢出，如图 1-16 所示。

图 1-16 唐钢高炉出铁场

储铁式主沟不仅被大高炉所接受，由于开发了防爆快速烘干浇注料，许多单铁口小高炉也都改造成储铁式主沟，不仅大大减轻了炉前劳动强度，还改善了众多小高炉出铁场的环境。

5. 直接还原和熔融还原

由于缺少天然气资源，我国的直接还原工艺只能基于煤。现已建成 5 个回转窑直接还原厂。近年来，转底炉工艺也得到开发和应用，现已建成数条生产线，包括四川龙蟒 10 万吨/年生产线，马钢 20 万吨/年生产线，日钢 2×20 万吨/年生产线，莱钢 20 万吨/年生产线。所有这些生产线均用来处理循环废料，或特殊铁矿。2 套 Corex3000 装置相继于 2007 年 11 月和 2011 年 3 月在宝钢投产。

1.4 我国冶金环境保护现状

本节重点介绍我国冶金企业在环保工作方面做出的努力，以及仍需面对的问题。

1.4.1 我国冶金企业环保工作成绩

1. 淘汰落后工艺装备

1) 落后工艺装备的定义
(1) 危及生产和人身安全,不具备安全生产条件。
(2) 严重污染环境或严重破坏生态环境。
(3) 产品不符合国家或行业规定标准。
(4) 严重浪费资源、能源。
(5) 法律、行政法规规定的其他情形。
2) 落后装备的政策认定

过去十年来,对落后装备的认定逐步从严,标准也随之提高。以炼铁、炼钢装备为例,说明如下。

《钢铁产业发展政策》(2005)规定钢铁行业需淘汰容积300立方米及以下高炉、公称容量20吨及以下转炉和电炉。

《产业结构调整指导目录(2011年本)(修正)》规定落后装备标准为400立方米及以下高炉、30吨及以下转炉和电炉。钢铁行业高度重视淘汰落后装备,在国家发改委、工业和信息化部、环境保护部等多部委的协同努力下,2005—2015年,我国累计淘汰炼铁产能2.47亿吨,炼钢产能1.72亿吨,钢铁行业淘汰落后产能取得巨大进展,如图1-17所示。

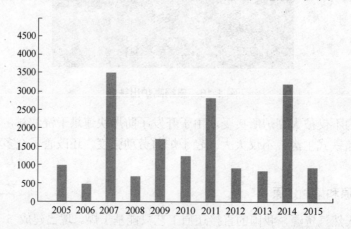

图1-17　2005—2015年我国钢铁行业炼铁淘汰落后产能情况(万吨)

通过10年的淘汰落后,钢铁企业的污染物排放水平得到大幅改善。二氧化硫、氮氧化物、烟粉尘等主要污染物分别累计减排50万吨、25万吨和75万吨。

2. 先进装备产能占比明显提升

2005—2015年,中国钢铁行业装备大型化发展趋势明显。2015年中国炼铁先进产能占比达70%以上,为2005年的2.5倍,先进产能占比指标居世界前列,如图1-18所示。高炉自动化操作水平、数学模型及过程优化系统的采用率普遍提升。

2015年我国炼钢先进产能占比达60%以上,为2005年的1.7倍。"一罐到底"铁钢界面技术、"一键式"自动化炼钢技术、真空精炼技术、高效连铸技术快速发展。

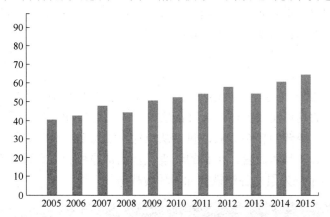

图 1-18　2005—2015 年我国钢铁行业炼钢先进产能占比情况(%)

2015 年焦炉先进产能数量较 2005 年明显提高，重点钢铁企业 5 米以上焦炉产能比例占炼焦总产能的 70%以上。

3. 环保意识提升

1) 环保新形势

2015 年 1 月 1 日起实行的新《环境保护法》，对于违法企业采取按日计罚、不设上限的处罚措施，并增加了对责任人依法刑拘的行政惩罚手段，力度空前。

钢铁行业主要污染物排放标准大幅收紧，环保约束力度进一步加大，"十三五"期间，增加了烟粉尘约束性指标、全面推行排污许可证制度，通过环保倒逼手段促使环保不达标企业尽快退出，化解高污染过剩产能。

2) 环境管理体系

ISO 14001 环境质量管理体系认证可帮助企业评估和改善环保成效，并提高生产效率。企业建立环境管理体系需要制定环境保护方针，培训员工实现规范操作。

根据中国国家认证认可监督管理委员会网站查询结果，2005 年年底，通过 ISO 14001 环境质量管理体系认证的钢铁企业仅有宝钢、太钢、鞍钢、武钢、邯钢、天津钢管等少数大中型国有钢铁企业，仅占全国粗钢产能的 25%。

随着企业环保意识的逐步增强，企业环境管理逐步规范化、制度化。到 2015 年年底，根据工业和信息化部公布的符合《钢铁行业规范条件(2012 年修订)》钢铁企业名单，有 305 家钢铁企业通过了 ISO 14001 环境质量管理体系认证，占全国钢铁产能的 90%以上。

据不完全统计，中国环境管理体系认证比例不足 30%，钢铁企业通过 ISO 14001 环境管理体系认证比例达 90%，远高于国内工业企业平均水平。

3) 环境信息公开

强化环境信息公开，通过"曝光""公益诉讼"对企业环境违法行为进行监督。明确公民享有环境知情权、参与权和监督权，各级政府、环保部门公开环境信息，及时发布环境违法企业名单，企业环境违法信息记入社会诚信档案，鼓励和保护公民举报环境违法行为，扩展了提起环境公益诉讼的社会组织范围。随着公民环保意识的不断提高和网络等新媒体的快速发展，舆论曝光将作为政府环保监管的有力补充，企业的环境违法行为将受到全方位的监督。

2005年，全国仅宝钢发布了可持续发展报告，到2015年年底，已经有宝钢、太钢、首钢、河钢、武钢、鞍钢、山钢、柳钢、重钢等钢铁企业发布了可持续发展报告或社会责任报告。

4) 环境战略

宝钢于2009年提出环境经营战略，从环境角度重新思考原有的经营理念，探求环境效益和竞争力相结合的具体实践方法，对产品实行"全生命周期"的经营管理，将新的环境经营理念贯穿于企业经营的各个方面，包括从原材料购买到产品的设计、生产、营销、消费以及废弃物回收等，具体而言，宝钢的环境经营包括绿色制造、绿色产品和绿色产业三部分。如图1-19所示，为国内各钢铁企业的环境战略示意图。

河钢集团制订绿色发展行动计划

太钢提出"1124绿色发展模式"

沙钢建设"绿色钢域"

南钢打造"绿色南钢"

图1-19 钢铁企业环境战略

越来越多的钢铁企业在发展战略中把环境战略提升到了十分重要的高度。

4. 史上最严排放标准

钢铁工业在2005年所执行的排放标准还停留于20世纪90年代，远远落后当时的环保技术水平和发达国家标准。自2003年启动新标准编制以来，历经10年，终于在2012年10月1日正式施行，涵盖《铁矿采选工业污染物排放标准》《钢铁烧结、球团工业大气污染物排放标准》等8个排放标准。特别是2015年1月1日起执行的特别排放限值，被称为"史上最严"排放标准，新标准中部分污染物的排放限值仅为老标准的十分之一。

1) 新标准的特点

(1) 系列化，覆盖钢铁企业采矿、选矿、烧结、球团、焦化、炼铁、炼钢、轧钢等所有工序。

(2) 分步实施，为现有企业改造升级提供空间，帮助其完成过渡。

(3) 查漏补缺，钢铁工业废水排放标准增加了总氮、总磷、总铅、总铬、总汞等14项污染物指标。废气排放标准增加了二噁英、氮氧化物等污染物指标。

(4) 钢铁行业污染物排放指标全面收严，新标准的全面实施可实现钢铁行业污染物排放大幅下降。

2) 对比国外钢铁行业排放标准

我国在颗粒物、二氧化硫、氮氧化物等主要污染物的排放标准上已经达到甚至优于德国、法国等发达国家。同时开展对二噁英和氟化物等污染因子的监测，设定了排放限值。

3) 清洁生产

2005年以来，为贯彻实施《中华人民共和国环境保护法》和《中华人民共和国清洁生产促进法》，提高钢铁企业清洁生产水平，于2006年10月1日正式发布钢铁行业清洁生产标准。2014年3月，国家发改委、工业和信息化部、环境保护部对钢铁行业清洁生产标准进行整合编制，发布了《钢铁行业清洁生产评价指标体系》。经过多年的持续改造与装备升级，截至2015年，全国重点钢铁企业实施清洁生产审核的比例已近100%，企业各工序清洁生产水平明显提高。

5. 持续的环保改造

10年间，中国钢铁工业飞速发展，先进环保工艺技术得到了快速推广应用，为提高钢铁企业环保水平奠定了坚实基础。

1) 烧结烟气脱硫技术

2005年仅有广钢24平方米烧结机一套烧结烟气脱硫设施，2010年增加到170余台套，脱硫面积2.9万平方米；2013年年底达到526台套，脱硫面积8.7万平方米；2015年年底，全国重点钢铁企业烧结机脱硫面积增加到13.8万平方米，安装率由19%增至88%。

2) "三干"技术

截至2015年年底，全国重点大中型钢铁企业焦化工序干熄焦普及率高达95%以上，炼铁高炉煤气干法除尘普及率已达到90%以上，炼钢转炉煤气干法除尘普及率达到20%，随着钢铁行业全面推行"三干"技术，实现了节水、节能，大幅减少了末端颗粒物排放总量。

3) 综合污水处理技术

截至2015年，重点钢铁企业综合污水处理厂配套建设比例达到75%以上，水重复利用率超过97%。大部分钢铁企业的新水耗量在逐年降低，污水处理回用比例日益增加，实现污水"近零排放"的企业数量也在逐渐上升。

4) 环保改造投入

10年间，我国重点钢铁企业环保治理资金累计投入超过1300亿元。特别是"十二五"期间，钢铁行业利润水平在持续下滑的情况下，环保投入依然保持增长。

5) 环保科技创新

针对烧结烟气多污染物协同治理、焦炉烟气脱硫脱硝等冶金行业世界性难题，中国钢铁企业也相继开展了有力地科学攻关与创新。

太钢炼铁厂烧结烟气治理采用活性焦法：脱硫、脱硝、脱二噁英、脱重金属、除尘五位一体，其副产品可制备浓硫酸，在国内烧结行业尚属首例。太钢三烧450平方米烧结机有2台主抽风机，脱硫装置于2010年8月建成投运。投运后，系统脱硫效率≥95%，出口二氧化硫浓度≤50毫克/立方米，粉尘浓度≤20毫克/立方米，脱硝效率为35.38%，污染物二噁英脱除率达79.2%，如图1-20所示。

图1-20　国内首套活性焦法污染物协同处理技术

6. 环保绩效明显改善

1) 大气污染物

钢铁行业是主要的非电二氧化硫排放源。十年间通过全面实施烧结烟气脱硫以及回收富余煤气，推进油改气、煤改气等改造项目，实现二氧化硫排放量大幅下降。10年间，吨钢二氧化硫排放量由近3千克降为0.85千克，完成了约三分之二的废气污染排放削减。

烟粉尘是钢铁行业最"直观"的大气污染物，长期以来，严重影响钢铁企业形象。经过持续不断实施除尘改造，增加除尘能力，以及通过采用布袋除尘等先进工艺，使得吨钢烟粉尘排放量从2千克降为2015年年底的0.81千克，整个行业的环保成效明显改善，如图1-21和图1-22所示。

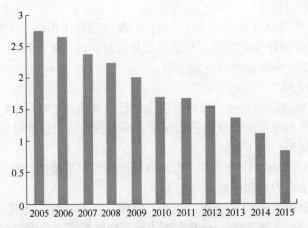

图1-21　2005—2010年吨钢二氧化硫排放量(千克)

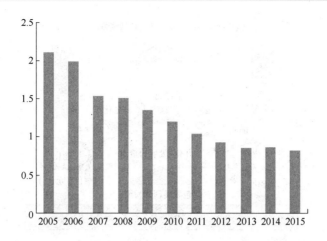

图1-22 2005—2015年吨钢烟、粉尘排放量(千克)

2) 固体废弃物

2005—2015年，我国钢铁行业固体废弃物综合利用水平稳步提升，固废综合利用率由2005年的94.8%提高至2015年的97.5%，吨钢固废产生量由2005年的628千克/吨降至2015年的585千克/吨；受原料条件等不同因素影响，吨钢固废产生量总体呈波动下降趋势。

3) 水污染物

钢铁行业通过实施"三干"等节水型清洁生产工艺，利用串接用水、分质用水，建设综合污水处理厂，减少废水排放因子，提高生产用水回用率，使得吨钢废水排放量实现了75%左右的降幅。

吨钢废水排放量由3.8立方米下降至0.8立方米，许多特别限值地区的企业实现了废水"近零排放"。

4) 花园式工厂

为实现企业与城市的共融和谐发展，唐钢将自身发展置身于唐山城市发展转型的总体布局中，以打造绿色唐钢为目标，建设三个厂区花园，实现厂在林中，林在厂中。17.8万平方米的"水系生态园"，26.33万平方米的唐钢文化广场置身于钢厂之中。50～100米的防护林带环绕在厂区周围，绿化率由原来的21%提高到50%，创下全球钢铁企业吨钢占地面积最小、绿化覆盖率最大的奇迹。

通过实施花园工厂战略，唐钢厂区环境实现了跨越式发展，成为中国绿色钢铁标杆企业和钢厂与城市共生互融的典范。

7. 进入绿色发展新纪元

2015年伊始，"史上最严"新环保法及堪比欧美发达国家的钢铁企业污染物排放新标准限值实施，钢铁行业承受着前所未有的环保治理压力。这一年，中央将"绿色化"与新型工业化、信息化、城镇化、农业现代化并列，并称"新五化"，十八届五中全会发布的《中共中央关于制定国民经济和社会发展第十三个五年规划的建议》提出了"创新、协调、绿色、开放、共享"的五大发展理念，将绿色发展提升到了新的高度，如图1-23所示。

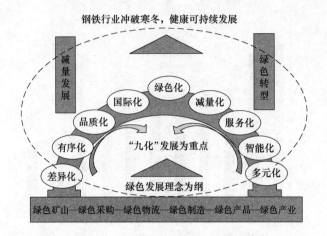

图 1-23 钢铁行业绿色发展新纪元

当前中国钢铁工业总体仍处于绿色发展的初级阶段，钢铁企业绿色发展水平参差不齐，冶金工业规划研究院积极贯彻落实绿色发展的要求，在全球钢铁行业率先提出了"绿色矿山、绿色采购、绿色物流、绿色制造、绿色产品、绿色产业"的"六位一体"钢铁绿色发展理念，为引领钢铁行业全方位提高绿色发展水平做出了顶层设计，开启了钢铁行业绿色发展新纪元。

1.4.2 我国冶金环保工作存在的问题

1. 排放标准与环保治理技术落后的矛盾突出

标准严格了，排放总量在不断降低，这就要求企业使用更高效的除尘器、脱硫脱硝设施，考虑对微细颗粒、VOC(挥发性有机物)和二噁英等特殊污染物的控制。而实际情况是：国内还缺乏成熟工艺技术和设备，如烧结烟气脱硫脱硝脱二噁英技术；电炉烟气二噁英的控制技术；转炉煤气干式除尘技术；适应性更广、除尘效率更高的塑烧板除尘器；焦化酚氰废水以及浓盐水的处理技术等。也就是说，用目前的技术装备，要全面达到新标准的要求，困难非常大，这就势必需要企业进行技术改造，而这会加大企业的生产成本。

2. 能源、环境、原料的约束

一方面，我国钢铁行业绿色低碳工艺技术开发还处于起步阶段，二氧化硫、二氧化碳减排任务艰巨。另一方面，铁矿石价格大幅上涨极大地挤压了钢铁行业的盈利空间，严重制约了钢铁行业的健康发展，也制约了企业对节能和环保的投入，限制了企业提高自身水平。

3. 企业自主创新能力不强

重点统计钢铁企业研发投入只占主营业务收入的 1.1%，远低于发达国家 3% 的水平。多数钢铁企业技术创新体系尚未完全形成，自主创新基础薄弱，缺乏高水平专家带头人才，工艺技术装备和关键品种自主创新成果不多，过程控制自动化技术和部分关键装备仍然主要依靠引进，非高炉炼铁、全氧高炉、近终形连铸连轧等前沿技术研发投入不足。

本 章 小 结

本章主要介绍了冶金环境的一些基础知识。其中，主要介绍了环境与环境保护的概念、当今面临的环境问题。讲述了当前冶金工业发展的情况及其面临的形势、冶金能耗的现状及冶金工业带来的环境问题。还概括了我国冶金环境保护工作的进展及存在的问题。

思考与习题

1. 什么是环境和环境保护？
2. 描述中国冶金行业现状。
3. 冶金行业消耗哪些资源、能源？
4. 我国冶金新工艺技术有哪些？
5. 冶金行业带来了哪些环境问题？

第 2 章 冶金行业环境污染的特征与监测技术

【本章要点】

冶金行业是国民经济重要的基础原材料工业，在其制造体系中大量的物质、产品流、废弃物、能量转换过程、多形式的排放过程都对环境造成不同层次和程度的影响。针对不同工艺产生的污染物特征及主要污染物种类，本章的运用各类监测技术、监测方法，为环境管理、污染源控制、环境规划等提供了科学依据。

【学习目标】

- 了解冶金行业环境污染的种类。
- 熟悉冶金行业环境污染的特征。
- 了解冶金行业环境监测的特点。
- 熟悉冶金行业环境监测的技术。

2.1 冶金行业环境污染的特征

冶金工业可分为黑色金属冶金和有色金属冶金。针对冶金系统主要污染物的特点，环境监测过程一般为：现场调查—监测计划设计—优化布点—样品采集—运送保存—分析测试—数据处理—综合评价。

2.1.1 黑色金属工业

目前，全球钢铁工业有两种工艺路线，一种为"长流程"的联合法，另一种为"短流程"的电弧炉(EAF)法。

联合钢铁厂必须首先炼铁，随后将铁炼成钢。这一工艺所用的原料包括铁矿石、煤、石灰石、回收的废钢、能源和其他数量不等的多种材料，例如油、空气、化学物品、耐火材料、合金、水等。来自高炉的铁在氧气顶吹转炉(BOF)中被炼成钢，经浇铸固化后被轧制成线材、板材、型材、棒材或管材。高炉 BOF 法炼钢约占世界钢产量的 60%以上，联合钢铁厂占地面积较大，通常年产 300 万吨的钢厂需占地 4~8 平方千米。现代大型联合钢铁厂的主要生产工艺及节点排污特征，如图 2-1 所示。

EAF 炼钢厂生产流程如下：在电弧炉内熔炼回收废钢铁，并通常在功率比较小的钢包炉(LAF)中添加合金元素来调节金属的化学成分。用于熔炼的能源主要是电力，但目前的趋势是以直接喷入电弧炉的氧气、煤和其他矿物燃料来代替或补充电能。与联合法相比，EAF 厂占地面积明显减小，根据国际钢铁协会统计，年产量 200 万吨的 EAF 厂最多占地

2平方千米。

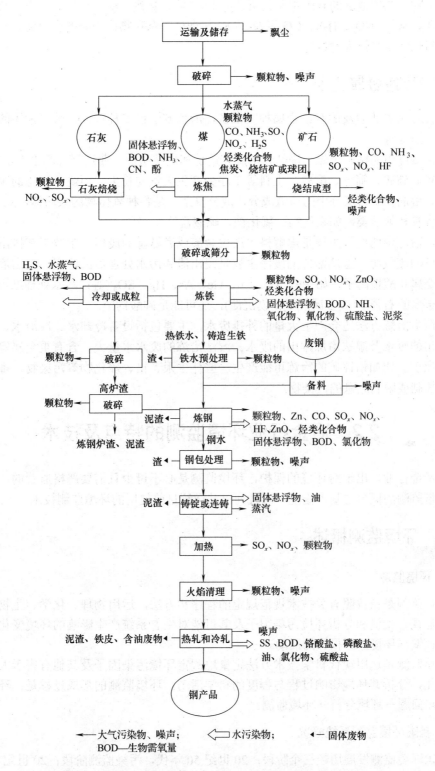

图 2-1 现代大型联合钢铁厂主要生产工艺与节点排污示意

联合钢铁厂的生产涉及一系列工序，每道工序都带有不同的投料，并排出各种各样的残料和废物，其中液态的有废水及其所含的 SS、油、氨氮、酚、氰等有毒有害物质；气态的有 CO_2、SO_2、NO_x、H_2S、CO 以及 VOC 与烟尘等颗粒物；固态的有尘泥、高炉渣、转炉渣、氧化铁皮与耐火材料等。

2.1.2 有色金属工业

有色金属工业涉及的有色金属种类很多，冶炼方法也多种多样，较多采用的是烧结冶炼和湿法冶炼等。

烧结冶炼中的精矿干燥、烧结、焙烧、熔炼和烧结精炼作业过程会产生大量的 SO_2 和烟尘；精矿破碎、筛分、配料、上料等工序会产生大量的粉尘；而烧结冶炼的废渣主要来自矿石、熔剂和燃料灰分中的造渣成分，成分复杂，是各种氧化物的共熔体，除氧化物外，还可能含有其他盐类，如氟化钙、氯化钠、硫酸盐等。

湿法冶炼中的废气主要是电解槽等产生含酸或者氨雾的废气、萃取工艺排出的废气、湿法电解的废气等。湿法冶炼的废渣主要是浸出渣和污水处理后的污泥。浸出渣一般含有少量重金属和酸根离子，如 Pb、Zn、Cu、Ge、As、Hg、SO_4^{2-}等；污水处理站污泥一般为含有重金属的石膏渣(或金属氢氧化物沉淀)，还可能是砷酸钙渣。

这两类冶炼方法还会产生大量的外排废水，主要包括设备冷却水、冲渣水、烟气净化系统排出的废水及湿法冶炼排出的废水。湿法冶炼的废水水量大，含有重金属等污染物。伴生金属矿，比如铅锌矿的冶炼可能产生一些伴生汞、铬、硫化物等污染物，都是国家目前大力控制或限制总量的污染物。

2.2 冶金行业环境监测的特点及技术

在冶金行业，出于对环境的保护，环境监测是必不可少且需要严格监管的。本节主要介绍环境监测的概念与基本概况，同时列出并详解目前使用的环境监测技术。

2.2.1 环境监测概述

1. 环境监测

环境监测是指按照有关技术规范规定的程序和方法，运用物理、化学、生物、遥感等技术，监视、检测和分析环境污染因子及其可能对生态系统产生影响的环境变化，评价环境质量，编制环境监测报告的活动。

环境监测是运用现代科学技术方法定量地测定环境污染因子及其他有害于人体健康的环境变化，分析其环境影响过程与程度的科学活动。环境监测的形成过程是：环境污染事件→环境问题→环境分析→环境监测。

2. 我国环境监测系统概况

我国环境监测发展历经三个阶段：20 世纪 50 年代，污染监测阶段；20 世纪 70 年代，主动监测阶段；20 世纪 80 年代，自动监测阶段。

改革开放以来，我国环境监测事业取得了跨越式发展，为环境保护决策和环境管理提供了大量科学、准确、及时的监测信息，为维护国家环境安全、保障人民群众健康、促进经济社会全面可持续发展做出了重要贡献。尤其近十年来，环境监测公共服务能力明显增强，监测技术水平显著提升。目前依托各类环境监测网的分级业务管理模式基本形成，以自动监测为基础的常规指标监测技术装备体系初具规模，建立了440多种国家环境监测技术标准与规范、230多种国家环境标准样品，以及数百种部门和行业的技术方法标准，每年发布多种环境监测报告，环保系统已建成2399个环境监测站，拥有近5万人的环境监测队伍。环境监测事业已经具备了进一步深化发展和实现历史性转变的基础。

2012年10月11日，于"全国空气质量新标准监测现场会"上获悉，目前国家城市环境空气质量监测网由113个重点城市扩大到338个地级市(含州盟所在地的县级市)，国控监测点位由661个增加到1436个。已建成14个国家环境空气背景监测站，正在我国南海海域新增一个背景站，即西沙国家环境背景综合监测站，该站已经进入建设阶段。建成31个农村区域环境空气质量监测站，针对区域污染物输送监测新增65个站点，基本形成覆盖主要典型区域的国家区域空气质量监测网。

2005年，水质监测网站197个，监测断面1074个，生态监测网站15个。

3. 环境监测的目的与作用

环境监测的目的是及时、准确全面反映环境质量状况及发展趋势，为环境管理、环境规划、科学研究提供依据。

环境监测的作用有：为环境管理提供技术支持；为社会公众提供环境质量信息；为企事业单位及其他社会组织提供服务；评价环境质量、监督污染源，为制定法规、标准、规划等提供依据。

4. 环境监测的分类

1) 环境质量监测

环境质量监测，是指为掌握和评价环境质量状况及其变化趋势，对各环境要素所进行的环境监测活动。

环境质量监测可以由环境监测机构，或者接受委托的其他取得环境监测资质的检测机构承担。具体委托办法由国务院环境保护主管部门制定。

环境监测网分为国家、省级、市级和县级四级。

2) 污染源监测

污染源监测，是指对向环境排放污染物或者对环境产生不良影响的场所、设施、装置以及其他污染发生源所进行的环境监测活动，包括工业污染源监测、农业污染源监测、生活污染源监测、移动污染源监测和集中式污染治理设施监测等。污染源监测分为排污单位自行监测和环境保护主管部门依法实施的监督监测。

3) 环境预警监测

环境预警监测，是指对环境监测数据进行连续性分析，预测可能发生的环境污染或者生态破坏事件的环境监测活动。

4) 突发环境事件应急监测

突发环境事件应急监测，是指发生环境污染和生态破坏等突发事件时，为向应急环管理提供依据，降低突发事件对环境造成或者可能造成的危害，减少损失所进行的环境监测活动。

5. 环境监测的对象和内容

1) 环境监测对象

环境监测的对象按自然环境要素分，可分为空气(环境空气、大气降水)；水(地表水、地下水、污废水)；土壤；生物体(植物：根、茎、叶、果、穗；动物：脏器、体液、毛发)。按物理环境要素分，可分为噪声、振动、放射性、热、光、电磁波。

环境监测对象的特点是：结构复杂、项目繁多；待测物质含量低；有毒有害；不确定性。

2) 环境监测的内容

环境监测的基本程序如图 2-2 所示。

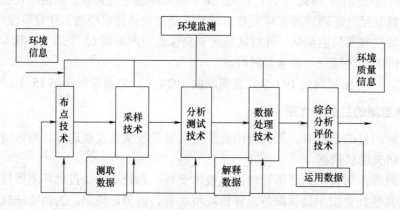

图 2-2 环境监测的基本程序

(1) 布点与采样。

布点与采样的原则是：时空的代表性、安全与便捷性、经济与节约性。

布点与采样的方法体系见以下文件。

- 《地表水和污水监测技术规范》(HJ/T 91—2002)。
- 《地下水环境监测技术规范》(HJ/T 164—2004)。
- 《水污染物排放总量监测技术规范》(HJ/T 92—2002)。
- 《近岸海域环境监测规范》(HJ 442—2008)。
- 《水质采样方案设计技术规定》(HJ 495—2009)。
- 《水质采样技术指导》(HJ 494—2009)。
- 《水质采样样品的保存和管理技术规定》(HJ 493—2009)。
- 《水污染源在线监测系统运行与考核技术规范(试行)》(HJ/T 355—2007)。
- 《水污染源在线监测系统验收技术规范(试行)》(HJ/T 354—2007)。
- 《环境空气质量自动监测技术规范》(HJ/T-193)。
- 《环境空气质量手工监测技术规范》(HJ/T-194)。
- 《固定污染源排气颗粒物测定与气态污染采样方法》(HJ/T16157—1996)。
- 《固定源废气监测技术规范》(HT 397—2007)。
- 《酸沉降监测技术规范》(HJ/T 165—2004)。

- 《室内环境空气质量监测技术规范》(HJ/T 167—2004)。
- 《大气污染物无组织排放监测技术导则》(HJ/T 55—2000)。
- 《土壤环境监测技术规范》(HJ/T 166—2004)。
- 《危险废物鉴别技术规范》(HJ/T 298—2007)。
- 《社会生活环境噪声排放标准》(GB 22337—2008)。
- 《工业企业厂界环境噪声排放标准》。

根据布点与采样的方法体系,可绘制布点图。

(2) 分析测试。

分析测试方法有四种类别:标准分析方法(GB、GB/T);统一分析方法(HJ、HJ/T、水气四版);非统一分析方法(杂志、自建等);国际标准(EPA、ISO、CEN、JIS)。

无机污染成分的分析,主要采用分光光度分析技术(SP)、离子色谱法(IC)、火焰原子吸收光谱技术(FLAAS)、石墨炉原子吸收光谱技术(GFAAS)、氢化物发生原子吸收光谱技术(HGAAS)、氢化物发生原子荧光光谱技术(HGAFS)、ICP 发射光谱技术(ICP)和 ICP-MS 技术。分析溶液的制备,主要采用高压釜酸分解技术和微波辅助酸溶解技术,试液主要采用单酸或混酸消解的前处理方法并结合其他分离富集技术来获得。

有机污染成分的分析,主要采用气相色谱技术(GC)、气相色谱-质谱联用技术(GC-MS)和高效液相色谱技术(HPLC)。有机污染成分的提取,主要采用快速溶剂萃取技术或微波辅助溶剂萃取技术;有机污染物的分离富集,主要采用精制硅藻土柱色谱净化法、Florisil 柱色谱净化法和薄层色谱分离法;待测试液的进样,主要采用吹扫-捕集技术(PT)、顶空技术(HS)和热脱附等技术。

(3) 数据处理。

检验方法主要有以下几种:Grubs 检验法,可判断最大值是否异常;Dixon 检验法,可判断最小值是否异常;t 检验法,可用于总体均值的统计检验;F 检验法,可用于总体方差的统计检验。

数据处理工作主要参考以下文件。

- 《数值修约规则》(GB 8170)。
- 《环境水质监测质量保证手册(第二版)》。
- 《水污源在线监测数据有效性判别技术规范》(HJ356—2009)
- 《固定污染源监测质量保证与质量控制技术规范》(HJ373—2007)。

(4) 综合分析技术。

综合分析技术主要由下述文件指导。

- 《河南省环境质量报告书编写技术导则(暂行)》。
- 《建设项目竣工环境保护验收相关技术规范》。
- 《环境影响评价技术导则》。

6. 环境监测的发展趋势

1) 先进的环境监测预警体系

(1) 先进的环境监测预警体系的概念。

先进的环境监测预警体系是指为服务于环境保护工作大局,组织实施环境监测活动,建立的一套先进、完整和符合国情的环境监测法规制度、业务管理、基础能力、技术标准和人才保障综合体系。

核心任务是厘清环境质量状况及变化趋势、厘清污染源排放状况、厘清潜在的环境风险。

(2) 建设目标。

到2020年，在国家环境宏观战略规划基本架构的基础上，全面改善我国环境监测网络、技术装备、人才队伍等方面薄弱的状况，重点区域、流域具备前瞻性和战略性监测预警评价能力，支撑环境监测发展的基础得到有效巩固，环境质量监管能力显著提升，全面实现环境监测管理和技术体系的定位、转型和发展。掌握环境质量状况及变化趋势，厘清污染物排放情况，对突发环境事件和潜在的环境风险进行有效预警与响应，形成监测管理全国一盘棋、监测队伍上下一条龙和监测网络天地一体化的现代化环境监测格局，建成满足环境管理需求、具有全局性和基础性公共服务能力的环境监测预警体系。

2) 监测区域与空间

监测区域与空间，一方面由单一按行政区划为主的监测站点向区域和流域联测联控转变，如对京津冀、长三角、珠三角开展空气质量的联合监测。

对于《"十二五"重点区域大气污染联防联控规划编制指南》，当中的"十二五"重点区域大气污染联防联控规划，包括"三区六群"的共九个分区规划和一个总体规划。长三角、珠三角、京津冀、辽宁中部城市群、山东半岛城市群、武汉城市群、长株潭城市群、成渝城市群、海峡西岸城市群等"三区六群"内的各地政府，要根据《"十二五"重点区域大气污染联防联控规划编制指南》的要求和当地实际情况，配合环境保护部等有关部委编制三区六群的"十二五"大气污染联防联控规划，汇编后报国务院审批。其他区域由省级环境保护厅(局)根据实际情况参照《"十二五"重点区域大气污染联防联控规划编制指南》组织编制本省区域大气污染联防联控规划，报省级人民政府审批。

另一方面，由地面监测为主向天地一体化推进。进一步拓展卫星影像和数据的综合应用领域，充分发挥卫星在水体富营养化、秸秆焚烧、沙尘暴、灰霾、赤潮等遥感监测中的应用。

3) 由城市向农村发展

由城市向农村发展，体现在社会的方方面面，如"十二五"期间，启动农村环境质量调查，开展农村环境试点监测，对已经列入中央农村环保资金"以奖促治"的村庄(乡、镇)开展环境质量监测等。

根据《全国农村环境监测工作指导意见》，"十二五"期间，政府开展了统筹城乡环境监测工作试点，不断扩大监测范围，初步建立农村环境质量监测技术体系、网络体系和预警体系，逐步摸清农村污染源、环境质量状况，掌握潜在的环境风险，发布农村环境质量状况报告，初步形成农村环境监管能力。

4) 监测方式

水、气的监测方式，走的是以连续自动监测分析技术为先导、以手工采样与实验室分析技术为主体、以移动式现场快速应急监测技术为辅助手段的自动监测，常规监测与应急监测相结合的监测技术路线。

环境噪声监测，主要运用具有自动采样功能的环境噪声自动监测仪器、积分声级计、噪声数据采集器等设备，按网格布点法进行区域环境噪声监测，按路段布点法进行道路交通噪声监测，按分期定点连续监测法进行功能区噪声监测。在大型国际空港建立航空噪声自动监控系统，在穿越大型城市的铁路枢纽站、场建立铁路噪声自动监测系统。在全国建成功能完善的城市环境噪声监测网络和重点交通源的自动监测网络系统。

固体废物监测，采用现代毒性鉴别试验与分析测试技术，以危险废物和城市生活垃圾填埋厂、焚烧厂等重点处理处置设施的在线自动监测为主导，以重点污染源排放的固体废物的人工采样—实验室常规监测分析为基础，逐步建立并形成我国完整的固体废物毒性试验与监测分析的技术体系，使我国环境监测系统具备全面执行固体废物相关法规和标准的监测技术支撑能力。

5) 监测要素

从现在的以水、气、声为主的监测，向土壤、固废、生态、生物、振动、光、热、电离辐射发展。

6) 监测信息

从现在以上报数据为主的信息平台，向涵盖水文、气象、市政、污染源动态数据系统的综合信息平台发展。

7) 监测参数

由现在覆盖地表水标准 109 项，向全面覆盖水、气、土、固废标准中所有参数发展，监测参数中有机物监测的比重越来越大。在有机物监测方面，将由现在的以挥发性有机物(VOCs)为主，向持久性污染物(POPs)、农药、杀虫剂、(抗生素、激素)药物和个人护理用品(PPCPs)方面发展。

2.2.2 冶金行业环境监测的特点

环境污染是各种污染因素本身及其相互作用的结果，污染源污染物的排放量和污染因素的强度随时间而变化。例如，冶金企业排放污染物的种类和浓度往往会随时间而变化，气象条件的改变可能造成同一污染物在同一地点的污染物浓度相差数十倍。污染物和污染因素进入环境后，随着水和空气的流动而被稀释扩散。不同污染物的稳定性和扩散速度与污染物性质有关，因此必须根据污染物的时间、空间分布特点，科学地制订监测计划，然后对监测数据进行统计分析，才能得到较全面而客观的评述。环境监测具有综合性、连续性、追踪性等特点，对监测数据进行分析时，应考虑各方面情况，使数据具有可比性、代表性和完整性。

2.2.3 冶金系统环境监测技术概述

监测技术包括采样技术、测试技术和数据处理技术。对冶金系统污染源及环境污染物的成分分析及测试多采用化学分析法和仪器分析法。如重量法常用作残渣、烟尘浓度、油类、硫酸盐等的测定。容量法则被广泛用于水中酸度、碱度、化学需盐量、溶解氧的测定。仪器分析包括光谱分析法(可见分光光度法、紫外分光光度法、红外光谱法、原子吸收光谱法)、色谱分析法(气相色谱法、高效液相色谱法、离子色谱法、色谱质谱联用技术)、电化学分析法、放射分析法等。仪器分析法被广泛用于对环境及污染源中污染物进行定性和定量的测定。

目前监测技术的发展较快,许多新技术已得到应用。如 GC-AAS(气相色谱－原子吸收光谱)联用仪,使两项技术互促互补,扬长避短,在研究有机汞、有机铅、有机砷方面体现出较大的优势。在发展大型、自动、连续监测系统的同时,研究小型便携式、简易快速的监测技术也十分重要。

1. 废水监测

水质的监测,可分为环境水体监测和水污染源监测。对于冶金行业,应对生产过程、生活设施、机器排放源排放的各类废水进行监视性检测,检测项目依据水体功能污染源类型不同而异,一般选择环境标准中要求控制的危害大、影响广,并已建立可靠分析测定方法的项目。例如,美国环境保护局(EPA)在"清洁水法"(CWA)中规定了 129 种优先监测污染物;苏联卫生部公布了 561 种有机污染物在水中的极限允许浓度;我国环境监测总站公布了 68 种水环境优先监测污染物的黑名单。

我国冶金行业外排废水的去向及主要污染物的排放量见表 2-1、表 2-2。

表 2-1 我国冶金行业外排废水主要去向

企业类型	排污口梳理		直接排入海量/万立方米		直接排入江河湖库量/万立方米		排入城市管网量/万立方米		其他/万立方米	
	厂区	矿区	厂区	矿区	厂区	矿区	厂区	矿区	厂区	矿区
钢铁企业	203	24	530.88		55405.36	877.93	3805.34	3	11872.5	
矿山企业		9				552.59				
辅助原材料企业	20	1			1907.71	6.8		0.7		
重点铁合金企业	11				986.31					
碳素企业	3				889.29					
耐火材料	6	1			32.11	6.8		0.7		

表 2-2 我国冶金行业外排废水主要污染物的排放量(2010 年)(单位:吨)

企业类型	挥发酚	氰化物	石油类	化学需要量	悬浮物	氨氮
钢铁企业	27.238	31.712	1081.887	33203.218	31446.424	2941.870
矿山企业			1.280	279.353	165.552	23.540
辅助原材料企业	0.366	1.341	29.505	835.280	995.920	37.9677
重点铁合金企业	0.302	0.093	14.593	468.197	304	36.747
碳素企业	0.064	1.248	13.861	351.724	380	
耐火材料企业			1.051	15.459	2.900	1.220

对上述地区工业废水进行监测时,采样点应设置在以下位置。

1) 车间或车间设备废水排放口

在车间或车间设备废水排放口采样点监测一类污染物,这类污染物主要有汞、镉、砷、铅的无机化合物，六价铬的无机化合物及有机氯化合物和强致癌物质等。

2) 工厂废水总排放口

在工厂废水总排放口布设采样点监测二类污染物，这类污染物主要有悬浮物、硫化物、挥发酚、氰化物、有机磷化合物、石油类、铜、锌、氟的无机化合物、硝基苯类、苯胺类等。

3) 已有废水处理设施的工厂

在处理设施的排放口布设采样点。我国《环境监测技术规范》中对向国家直接报送数据的废水排放源规定，工业废水每年采样检测2~4次。

2. 废气监测

我国冶金行业外排废气主要污染物的排放量见表2-3。

表2-3 我国冶金行业外排废气主要污染物排放量(单位：吨)

企业类型	二氧化硫	烟粉尘	氮氧化物
钢铁企业	744843.67	520144.01	361683.10
矿山企业	15437.18	6891.38	7562.58
辅助原材料企业	1355.96	3445.65	69.74
重点铁合金企业	685.79	2843.71	54.00
碳素企业	235.25	527.48	—
耐火材料企业	434.92	74.76	15.74

在工业企业排放的废气中，排放量最大的是煤和石油燃烧过程中排放的粉尘、二氧化硫、氮氧化物、一氧化碳、二氧化碳等；其次是工业生产过程中排放的多种有机和无机污染物质。冶金系统向大气排放的主要污染物有烟尘、二氧化硫、一氧化碳、氧化铁尘、氧化锰尘等。与其他环境要素中的污染物质相比较，大气中的污染物质具有随时间、空间变化大的特点。

在废气监测中，目前应用最多的方法还是分光光度法和气相色谱法。和废水监测一样，为获得准确和具有可比性的监测结果，监测方法应尽量统一和规范化。为此，许多国家根据国际标准化组织(ISO)推荐的方法，结合国情制定出本国的大气污染源监测方法。我国采集大气(空气)样品的方法可归纳为直接采样法和富集(浓缩)采样法两类。直接采样法一般包括注射器采样、塑料袋采样、采气管采样、真空瓶采样；富集(浓缩)采样法包括溶液吸收法、填充柱阻留法、滤料阻留法、低温冷凝法、自然堆积法等。

特别指出的是，美国建立了全国环境监测网，由联邦政府统一领导，分区域进行监测，把全国分为十个大气监测区域，每个监测区内的州、市和各监测点，都各自具有监测系统，但又互联成网。各监测点随时根据测定数据，通过网络向政府大气监测数据库报送并储存，由计算机进行数据处理，制出报表。为了预防大气污染，各个监测点对大气污染物都设立了报警系统。一旦发现大气中某种污染物，如二氧化硫浓度超过报警指标，警报系统就会自动发出信号，并把数据显示到政府部门，保证政府部门及时采取停止工厂生产、实行交通管制等紧急手段减轻危害。

目前我国对大气监测也实行了定位设置监测点的办法,从中央到地方均有各级监测站点,但现存的监测手段相对落后,处理数据不规范等问题亟待解决。

3. 固体废物监测

一般是根据有害特性(水浸出液是否有毒性和腐蚀性、能否与水反应并生成有害气体、有无形成易燃或爆炸性物质的性能、是否含有放射性元素等),判断其是否为固体废物。冶金行业的工业固体废物按化学性质可分为有机废物和无机废物;按形状可分为固体和泥状;工业固体废物产出量约占工业固体废物总量的10%,并以年3%的速度在增长。因此,对工业有害固体废物的管理已经成为人们关注的主要环境问题之一。我国冶金行业废渣产生量与利用率见表2-4。

表2-4 我国冶金行业废渣产生量与利用率(2010年)

企业类型	产生量/万吨	利用量/万吨	利用率/万吨
钢铁企业	27785.379	22422.241	80.70
矿山企业	5744.572	336.671	5.86
辅助原材料企业	47.828	47.688	99.71
重点铁合金企业	41.563	41.563	100.00
碳素企业	4.401	4.261	96.82
耐火材料企业	1.864	1.864	100.00

我国对于固体废物实行减量化、资源化、无害化。即通过综合利用,将有利用价值的固体废物变废为宝,实现资源的再循环利用。钢铁联合企业在生产过程中产生的固体废弃物量大、涉及面广,如对其进行资源化利用,不仅可获得好的效益,同时也解决了环保难题。

与水质污染监测、大气环境污染监测和噪声污染监测等相比,固体废物污染监测起步较晚,监测内容和方法都不够成熟。国家环境保护部于1984年组织了十多个单位,对固体废物的有害特性与监测分析方法进行了试验研究,并将研究结果编写成《工业固体废物有害特性与监测分析方法(试行)》,于1986年由国家环境保护部颁发,供全国使用。针对固体废物的有害特性,常用的监测方法有急性毒性的初筛试验、易燃性试验、腐蚀性试验、反应性试验、浸出毒性试验、放射性监测等。

在监测方法不断发展的过程中,我国的环境监测发展趋势出现了以下转变:监测重点由点源到面源监测转变;监测源由单一到多元转变,如从工业污染源监测转向工业污染、生活污染和生态环境监测并重;监测时效由被动的事后监测到主动的连续在线监测转变;监测数据由浓度监测向浓度和总量相结合转变;监测手段由原始的手工操作向科学的自动监测转变。未来的环境监测还必须是与人们的环境保护观念相融合,做到集监测、管理、保护于一体,还应按照各类污染物的特征,采用不同的监测技术,准确、及时、全面地反映环境质量现状及发展趋势,为环境管理、污染源控制、环境规划等提供科学依据。

本 章 小 结

本章主要介绍了冶金行业环境污染的一些基础知识。其中,重点介绍了冶金行业环境污染的特征;阐述了环境监测的概况、特点;还介绍了当前冶金行业环境监测的主要技术。

思考与习题

1. 冶金行业污染物有哪些?
2. 冶金行业环境污染的特征是什么?
3. 冶金行业环境监测有哪些特点?
4. 冶金行业环境监测技术有哪些?

第3章 冶金大气污染控制

【本章要点】

从这章开始将介绍冶金生产过程中对各种污染物的控制，本章主要介绍冶金大气污染控制。首先介绍了冶金与大气污染的关系；其次介绍了烟气和烟尘的治理技术；最后介绍了有机废气的治理。

【学习目标】

- 了解冶金与大气污染的关系。
- 了解大气污染的概念。
- 了解冶金工业废气是如何产生的。
- 了解我国冶金行业大气治理现状。
- 熟悉废气治理的技术。

3.1 冶金与大气污染

本节主要介绍大气污染方面的知识，列出了冶金工业废气污染源，同时介绍了我国冶金工业废气排放标准和治理现状。

3.1.1 大气污染

1. 大气污染的定义与分类

按照国际化组织(ISO)的定义，大气污染通常是指，由于人类活动或自然过程引起某些物质进入大气中，呈现出足够浓度，持续了足够时间，并因此而危害了人体的舒适、健康和福利或危害了环境的现象。自然过程包括火山喷发、森林火灾、海啸、土壤和岩石风化、雷电、动植物尸体的腐烂及大气圈空气的运动，如龙卷风、沙尘暴等。由自然过程引起的空气污染，由于自然环境的自净能力(如稀释、沉降、雨水冲洗、地面吸附、植物吸附等物理、化学及生物作用)，一般经过一段时间后会自动消除，以此维持生态系统的平衡。人类活动包括工农业生产，国家基础建设，如修桥筑路、水利设施基础建设、人居工程建设、城市建设等过程。由于人类活动相对比较集中，由此引起的大气污染物及其二次污染物、粉尘等在大气中迅速积累，超过了大气环境的自净能力，从而造成大气污染。

由于人类生产活动规模与活动范围的差别，人类生产活动引起的大气污染程度和范围也相差很大。按大气污染的范围来说，大致可以分为四类。

(1) 局部性大气污染，如受某个工厂烟囱排气的直接影响。
(2) 区域性大气污染，如工矿区域及其附近地区或整个城市大气受到污染。
(3) 涉及更广域的大气污染，如在大城市、大工业基地甚至大区域之间较大范围的大气污染。

(4) 全球性大气污染,如由于人类的活动,大气中硫氧化物、氮氧化物、二氧化碳和粉尘不断增加,造成跨国界的酸沉降或跨洲之间的气溶胶传输等。

在全球经济的飞速发展下,人们对燃料的需求剧增,而燃油、燃煤等燃料在燃烧过程中,会向大气中排放大量污染物质,如烟尘、二氧化硫、氮氧化物(NO_x)、一氧化碳、重金属铅等,从而导致燃料燃烧成为大气污染的主要源头之一。

2. 大气污染成因

大气污染是指大气中污染物(不定组分)的浓度及持续时间超过大气环境质量标准,达到了有害程度,以致破坏生态系统和人类正常生存和发展的条件,对人和动物造成危害的现象。根据大气组成可知,大气中痕量组分含量极少,但是在一定条件下,大气中出现了原来没有的微量物质,其数量和持续时间,对人的舒适感、健康和对设施或环境产生不利影响和危害时,这时的大气就被认为是污染了。

大气污染的成因可分为两类:一类来自大自然的地壳运动,为天然污染源,在目前的科学技术条件下,既无法预测,也无法防治与控制,但它相对于人类的生产活动所造成的大气污染来说程度较小,污染物的平均浓度较低,在一定时间内由于沉积、氧化、吸收而进入海洋和泥土,因而大气能自然得到净化。另一类是由于人类的生产活动和日常生活过程中人为产生的污染源,往往集中在一个比较小的地理区域内,且往往又是在人口稠密的都市,所产生的大气污染物及其对人类的危害远远超过了自然过程发生的大气污染。

1) 天然污染源

森林火灾:火灾是森林的大敌,森林火灾是许多微量气体的来源,严重地影响了受灾地区及邻近地区的大气环境。主要污染物为 NO_x、CO、CO_2、烃类、颗粒物等。

火山爆发:向大气喷洒出大量气体和颗粒物质,数量最多的物体是 SO_2、HCl 和 HF 气体。硫化物来源于熔岩中存在的硫酸盐。

地热流:地热是蕴藏在地球内部的热能,是由岩石中放射性元素在衰变过程中所释放出的能量。地热流释放出的气体有硫化物、甲烷、氨气等。

油田和天然气:开采油田和天然气,伴随的微量气体对大气产生污染,主要是有机硫化物、硫化氢、甲烷等各种烃类化合物。

其他:各种类型的植物产生几百种烃类化合物,如陆地和海洋水体中大量生物的腐烂分解产生 CO_2、NH_3、H_2S、CH_4、HCHO 等。

2) 人为污染源

燃料燃烧:即煤、原油、天然气的燃烧,主要产物为烟气流,由固体、液体和气体物质组成,其主要成分为:空气中未参与燃烧反应的氧和氮,燃烧过程的最终产物 CO_2、H_2O 和 SO_x;不完全燃烧的产物 CO、NO 和残余燃料;燃烧中的灰分渣;燃烧后生成的烟尘;燃烧反应生成的有机碳氢化合物。

工农业生产过程:工农业生产是产生工业废气的主要来源,控制大气污染主要是控制工农业生产产生的废气污染。各种生产过程都需要有能量和动力供应,而这些都来自化学燃料的燃烧。全球范围内燃料的燃烧每年释放出的 CO_2 量估计可高达 10^9 吨,成为大气中 CO_2 逐年上升的主要原因之一。几种主要工业企业产生的大气污染物见表3-1。

表 3-1　几种主要工业企业产生的大气污染物

工业部门	企业名称	排出的主要污染物
电力	火力发电厂	烟尘、SO_2、NO_x、CO
	核发电厂	放射性尘埃及放射性气体
冶金	钢铁厂	尘埃、SO_2、CO、CO_2、氧化铁粉末、氧化钙粉尘、锰尘
	选矿厂	金属氧化物粉尘、CO、CO_2
	矿山采矿场	金属氧化物粉尘、SO_2
	有色金属冶炼厂	各种有色金属粉尘、汞蒸汽、SO_2、CO、CO_2
	焦化厂	烟尘、SO_2、CO、CO_2、H_2S、苯、酚、萘、烃类
石油化工	炼油厂	烟尘、SO_2、CO、CO_2、苯、酚、烃类
	石油化工厂	烟尘、SO_2、CO、CO_2、苯、酚、烃类、氯化物、氰化物、H_2S
	化肥厂	粉尘、烟尘、CO、NH_3、酸雾、HF、SO_2、NO_x、As、硫酸气溶胶
建材	水泥厂	粉尘、烟尘、CO、CO_2
	陶瓷厂	粉尘、烟尘、CO、CO_2
	砖瓦厂	粉尘、烟尘、CO、CO_2

交通运输、城市垃圾焚烧等行业也在造成空气污染的主要原因之列，见表 3-2。全国(含港、澳、台)近年废气中主要污染物排放量，如图 3-1 所示。

2015 年，二氧化硫排放总量为 1859.1 万吨，比 2014 年下降 5.8%，比 2011 年下降 16.2%；从 2011—2014 年每年的下降率分别为 4.5%、3.5%、3.5%、5.8%，可见二氧化硫排放总量下降率是维持在一定的区间范围内。

氮氧化物排放总量为 1851.8 万吨，比 2014 年下降 10.9%，比 2011 年下降 23.0%；2011—2014 年每年的下降率分别为 2.7%、4.7%、6.7%、10.9%，可见氮氧化物排放总量的下降率是逐年增长的。

表 3-2　燃料燃烧产生的污染物

污染物	垃圾燃烧烟气(克/千克垃圾)		未做处理汽车尾气(克/千克燃料)	
	露天燃烧	多室燃烧炉	汽油	柴油
CO	50.0		165.0	
SO_2	1.5	1.0	6.8	7.5
NO_2	2.0	1.0	16.5	16.5
醛酮	3.0	0.5	0.8	1.6
总烃	7.5	0.5	33	30.0
总颗粒物	11	11	0.05	18.0

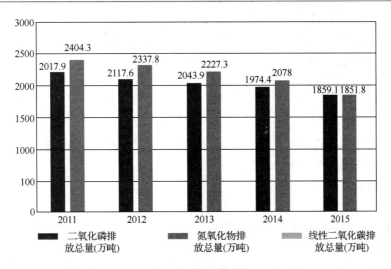

图 3-1　全国近年废气中主要污染物排放量(万吨)

3. 大气污染物分类

大气污染物种类很多，按其存在状态可概括为两大类：气溶胶状态污染物和气体状态污染物。

1) 气溶胶状态污染物

在大气污染中，气溶胶状态污染物通常指固体粒子、液体粒子或它们在气体介质中的悬浮物。

降尘：直径大于 10 微米的粒子，在大气中因自身重力，易于自然沉降到地面，被称为降尘。

飘尘：直径小于 10 微米的粒子，因它在大气中长时间漂浮而不易沉降而称为飘尘。

浮尘：粒径小于 0.1 微米。

云尘：粒径在 0.25～10 微米。

粉尘：在工业生产中由于燃料的破碎、筛分、堆放飞转运或其他机械处理方面产生直径为 1～100 微米的固体微粒称为粉尘或灰尘。煤燃烧时产生直径大于 1 微米的微粒称为煤尘；直径小于 0.1 微米的微粒称为煤烟。

烟尘：由于燃烧、熔融、蒸发、升华、冷凝等过程所形成的固体或液体悬浮微粒，其粒径大于 1 微米，称为烟尘。

烟雾：其原意是空气中的煤烟和自然界的雾气相结合的产物。近年来，人们把环境中类似于上述产物的现象通称为烟雾。

烟气：含有粉尘、烟雾及有害有毒气体成分的废气统称为烟气。

2) 气体状态污染物

气体状态污染物的种类也很多，按其成分可分为无机物和有机物两部分。

(1) 无机污染物如下。
- 硫化物：二氧化硫、三氧化硫、硫化氢。
- 碳的氧化物：一氧化碳、二氧化碳。

- 氮氧化物：氧化亚氮、氧化氮、二氧化氮等。
- 卤素及卤化物：氟化氢、氯化氢、氯、氟、四氟化硅。
- 光化学产物：臭氧、光化学氧化剂。
- 氰化物：氰化氢。
- 氨化物：氨。

(2) 有机污染物如下。
- 碳氢化合物：即甲烷、乙烷、辛烷、乙烯、丁二烯、乙炔、苯、甲苯、苯并芘。
- 脂类氧化物：即甲醛、丙酮。
- 有机酸类。
- 醇类。
- 有机卤化物：氯化氰、溴苯甲腈。
- 有机硫化物：二甲硫。
- 有机过氧化物：过氧酰基亚硝酸盐或过氧酰基硝酸盐(PAN)。

3.1.2 冶金工业废气污染源

1. 废气的来源与种类

冶金工业涉及多种金属和非金属矿产，钢铁厂的烧结、球团、炼焦、炼铁、炼钢、轧钢、锻压、金属制品与铁合金、耐火材料、碳素制品以及动力生产环节，有色金属冶炼厂的原料准备、烧结、焙烧、制粒制团、熔炼、吹炼、精炼等环节。在冶炼加工过程中，会消耗大量的矿石、燃料和其他辅助原料，产生大量的废物，特别是废气，所有的冶金窑炉都会产生废气。每生产1吨钢需要消耗6～7吨原料，其中包括铁矿石、燃料、石灰石、锰矿等，这些原料的80%，即5吨左右变为废物。全国钢铁企业每年废气排放量可达12000亿立方米左右。二氧化硫排放量仅次于电力工业，居全国第二位，钢铁工业在各工业部门中是废气污染大户之一。

钢铁及多数有色金属主要是通过火法冶金方法提取的，因此火法冶金是冶金工业废气的主要污染源。

火法冶金废气大体可分为三类：第一类是生产工艺过程化学反应中排放的废气，如在采矿、选矿、烧结、焙烧、焦化、金属冶炼、化工产品和钢材酸洗过程中产生的烟气(煤气)和有害气体；第二类是燃料在炉、窑中燃烧产生的烟气；第三类是原料、燃料运输、装卸和加工、凿岩、爆破、矿石破碎、筛除等过程产生的粉尘。钢铁冶金和有色金属冶金废气的种类和来源见表3-3、表3-4，2009年各工业行业主要废气排放及处理情况见表3-5。

钢铁冶金主要处理的是氧化铁矿，冶炼环节主要产生含CO、CO_2、N_2的烟气或煤气，但烧结和焦化过程亦产生SO_2、氮氧化物烟气。有色金属冶金主要处理的是硫化矿，冶炼过程包含氧化、氯化等化学反应，冶炼环节主要产生含SO_2、氮氧化物、氟、氯、铅、锌、汞等一种或多种成分的烟气。

表 3-3 钢铁冶金废气的种类和来源

生产工艺	主要污染物	排放源
原料处理	粉尘	原料堆场
	粉尘	原料运输机转运
	粉尘	矿石破碎筛分设备
	粉尘	煤粉碎设备
烧结(球团)	烟尘、二氧化硫	烧结机机尾
	烟尘、二氧化硫	带式(或竖炉)球团设备
	粉尘	烧结机机尾
	粉尘	烧结矿筛分系统
	粉尘	贮矿槽
	粉尘	粉焦粉碎系统
炼铁	粉尘	炉前原料贮存槽
	粉尘	原料转运站
	烟尘	高炉出铁场
	烟尘	高炉煤气放散
	烟尘	铸铁机
	烟尘	混铁炉
炼钢	烟尘、二氧化硫	平炉(吹氧平炉)
	烟尘	转炉(顶吹氧转炉)
	烟尘	连铸、火焰清理机
	烟尘	电炉
	烟尘	炉外精炼炉
	烟尘	化铁炉
	烟尘	混铁炉
	烟尘	铁水脱硫
	粉尘	散状料转运站
	粉尘	辅助物料破碎
连铸	烟尘、二氧化硫	加热炉(烧煤)
	粉尘	钢坯火焰清理机
	粉尘	机械清理机
	粉尘	热带连轧、精轧机
铁合金	烟尘	冷带连轧、双平整机
	粉尘	敞开式电炉
	烟尘	封闭式电炉
	烟尘	精炼电弧炉
	烟尘	回转窑
	烟尘	熔炼炉

续表

生产工艺	主要污染物	排 放 源
炼焦	烟尘	焦炉装煤设备
	烟尘	出焦设备
	烟尘	熄焦设备
	烟尘	焦炉
	烟尘	煤及焦粉碎、筛分、转运点
耐火	烟尘	竖窑
	烟尘	回转窑
	烟尘	隧道窑
	粉尘	破碎、筛分设备
	粉尘	运输系统
碳素制品	烟尘	煅烧炉
	烟尘	焙烧炉
	烟尘	石墨化炉
	烟尘	浸焙炉
	粉尘	原料破碎、筛分转运点
机修	烟尘	化铁炉
动力	烟尘、二氧化硫	锅炉
辅助原料加工	烟尘	石灰窑
	烟尘	白云石窑
	粉尘	矿石破碎、筛分、转运点

表 3-4 有色金属合金废气的种类和来源

主要来源		主要污染物	主要排放物
采选工业废气	采矿场	粉尘、柴油机尾气	采矿爆破、装运
	选矿厂	粉尘	碎石破碎、筛分、运输
冶炼废气	轻金属冶炼	粉尘、烟尘、含硫烟气、沥青烟、含硫废气等	原料制备、熟料烧结、氢氧化铝煅烧和铝电解、碳素材料和氟化盐制渣
	重金属冶炼	粉尘、烟尘、含硫烟气、含汞、砷、铬废气等	原料制备、精矿烧结和熔烧、熔炼、吹炼和精炼、含硫烟气回收、制硫酸
	稀有金属(半金属)冶炼	粉尘、烟尘、含氯烟气	原料制备、精矿熔烧和氯化、还原和精制过程
有色金属加工废气		粉尘、烟尘、含酸、碱和油雾烟气	原料制备、金属熔化和轧制、洗涤和精制过程

表 3-5 2009 年各工业行业主要废气排放及处理情况(万吨)

行 业	工业二氧化硫		工业烟尘		工业粉尘	
	排放量	去除量	排放量	去除量	排放量	去除量
黑色金属矿采选业	5.45	1.51	1.84	10.28	3.78	14.63
有色金属矿采选业	12.30	58.33	1.21	12.63	1.16	4.95
黑色金属冶炼及压延加工业	170.18	126.30	51.84	1244.78	84.15	2649.43
有色金属冶炼及压延加工业	66.09	783.15	12.28	420.96	8.84	370.75
其他行业	1.10	1.01	1.29	6.27	5.90	53.15

在废气中，冶炼炉窑产生的含污染物质的气体，通称为"烟气"；烟气中有利用价值的生产原料经过净化回收后排放的气体，称为"尾气"。例如，冶炼厂的含硫烟气，通常叫作"二氧化硫烟气"；二氧化硫浓度在 2%以上的烟气，经过净化回收制成硫酸后排放的气体，叫作"二氧化硫尾气"。

2. 主要污染物

1) 含二氧化硫烟气

对于所排放的 SO_2 控制，已成为人们十分关心的问题。我国是一个以煤为主要能源的国家，2006 年原煤产量为 23.25 亿吨，煤炭占商品能源总消费的 73%，但同时也造成了严重的大气污染。

据统计，2006 年，全国废气中二氧化硫排放量为 2588.8 万吨，比上年增加 1.5%。其中，工业二氧化硫排放量为 2234.8 万吨，占二氧化硫排放总量的 86.4%，比上年增加 3.1%；生活二氧化硫排放量 354.0 万吨，占二氧化硫排放总量的 13.6%，比上年减少 7.1%。

工业燃料燃烧二氧化硫排放达标率和工业生产工艺二氧化硫排放达标率分别为 82.3%和 81.0%，分别比上年增加 1.4%和 10.0%。

有色金属冶炼属 SO_2 烟气污染大户，虽经多年努力，有色金属冶炼 SO_2 的排放强度有所降低，但仍在五大重污染行业中排名第三。

由于大多数有色金属矿为硫化矿，所以在有色金属冶炼的焙烧、烧结、熔炼、精炼、钢铁冶炼的烧结、焦化过程等环节中均有含二氧化硫烟气排出。烟气中 SO_2 一般用于制酸，所以要求烟气 SO_2 浓度尽可能高。某些冶炼工序或设备的烟气 SO_2 浓度见表 3-6。

表 3-6 某些冶炼工序或设备的烟气 SO_2 浓度

冶金工序或设备	烟气 SO_2 浓度(%)
敞开式鼓风炉炼钢	SO_2 浓度低，环境十分恶劣，烟气无法制酸
反射炉炼钢	0.5%~1%，难以回收利用，污染环境严重，烟尘率达 2%
电炉炼钢	SO_2 浓度低，应用日渐萎缩
密闭鼓风炉熔炼	>3.5%，炉子漏风少，烟气 SO_2 浓度显著提高，可以经济生产硫酸，消除烟气污染，但能耗高，原料中硫利用率低以及环境污染问题仍未彻底解决

续表

冶金工序或设备	烟气 SO_2 浓度(%)
白银炼钢法	3%(双室炉)和3%～4%(单室炉)
奥托昆普闪速炉	8%～11%，烟尘率 7%，烟气 SO_2 浓度高，有利于生产硫酸，机械自动化水平高，生产能力强，可实现清洁生产，缺点是设备庞大，原料准备复杂，烟尘率高，炉渣含铜高，须进行贫化处理
大冶冶炼厂诺兰达炉	19%
铅精矿烧结焙烧	3%～4.5%
水口山炼铅法	>10%
氧化焙烧锌精矿(沸腾焙烧炉)	>10%
金川公司硫化镍电路熔炼	7%左右

2) 含氟和沥青烟气

氟化物的溶解度差别很大，20 摄氏度时，氟化钙的溶解度只有 40 毫克/升，而氟化钠则达到 40.54 毫克/升。氟化物较高的溶解度使它广泛存在于土壤、水体和动植物体中，是生物必需的微量元素。当其超过一定临界浓度时，成为生物的有毒污染元素。

环境中氟化物的主要来源是钢铁、铝电解、化学化工、玻璃、陶瓷、氟化工等工业和燃煤过程中排放出的含氟废物。工业过程排放主要是使用冰晶石(Na_3AlF_6)、萤石(CaF_2)、磷矿石[$Ca_3(PO_4)_2$]，CaF_2 和 HF 的企业排放的。

电解铝企业主要使用冰晶石作为电解质，以 NaF、CaF_2、AlF_3 为添加剂，在高温电解过程中产生 HF 气体及含氟粉尘。每生产 1 吨铝要排放 15 千克 HF 气体。

某些稀有金属的冶炼过程也有含氟气体的排出。氟和氟化物主要来源于精矿中所含的氟及采用氢氟酸作为反应剂的过程。如包头精矿氯化废气中含氟 6.45 千克/立方米，稀土精矿用硫酸焙烧时焙烧窑尾气产生的含氟废气达 14 克/立方米。在钽铌冶炼中，氟化氢为主要污染物。煤中含氟 0.034～0.26 毫克/立方米，煤燃烧时有 78%～100%的氟排出。

3) 含铅烟气

铅加热熔化时产生大量铅蒸气，它在空气中可生成铅的氧化物微粒。废气中含有铅蒸气极细小的氧化铅微粒，成为铅烟。

铅的氧化物包括氧化二铅、一氧化铅、二氧化铅、三氧化二铅和四氧化铅。

铅精炼废气中的颗粒物则主要是铅熔化所产生的蒸气和冷凝形成的铅烟，其颗粒微细，对人体危害较大，但其产生浓度一般不大，在 1000 毫克/立方米以下。

铅烟气的主要源头是人类活动所产生的铅烟、铅尘。

铅污染的主要来源如下。

(1) 含铅矿石的开采和冶炼，使铅尘、铅烟进入空气。
(2) 燃烧煤和油所产生的飘尘中含铅。
(3) 铅的二次熔化和加工产生铅烟、铅尘。
(4) 汽油燃烧时所含的烷基铅排入大气。
(5) 含铅油漆、涂料在生产和使用中产生烟、尘，油漆脱落使铅进入空气中。
(6) 铅化合物与铅合金在生产中产生含铅烟尘。

4) 含汞烟气

自然界进入大气中的汞主要是由岩石风化和火山爆发等产生的，每年达 15 万吨。

人为来源主要是层砂采矿、汞冶炼和汞的生产过程，由于设备不严密而漏失的汞分裂成极小的颗粒并渗入地面缝隙或土壤中，且随着温度升高，汞的气化速率急剧增加，从而造成汞蒸气污染。

在汞精矿电热回转窑焙烧中，蒸馏出的汞蒸气除尘冷凝后排出的冷凝废气含汞约 15 毫克/立方米，沸腾炉炼汞烟气量为 420~570 立方米/吨矿，出炉烟气成分为：0.024% Hg、0.8% SO_2、14% H_2O、15% CO_2、2.1% O_2，其余为 N_2，高炉还原炼汞亦排出含汞烟气，另外在混汞法提金过程中也有汞的挥发与泄漏。

据资料介绍，人为排出汞每年约为 5000 吨。

5) 煤气

煤气主要来源于碳作还原剂的还原熔炼过程(如高炉炼铁，铅、锌、镍氧化焙砂还原)以及炼钢过程。

高炉炼铁产出大量含 CO、CO_2 的荒煤气，高炉冶炼每吨生铁可产生 1600~3500 立方米煤气，煤气量随着焦比水平和鼓风含氧量的不同而变化。

焦化过程则产生焦炉煤气，每吨干精煤可产生焦炉煤气 290~350 立方米。煤气中除含有可燃成分外，还含有大量炉尘，需进行煤气除尘。

不同铁种煤气及焦炉燃气成分及发热值见表 3-7。

表 3-7 高炉冶炼不同铁种煤气及焦炉燃气成分及发热值

		炼钢生铁	铸造生铁	锰铁	焦炉煤气
体积/%	CO	21~26	26~30	33~36	5~8
	CO_2	14~21	11~14	4~6	2~4
	H_2	1~2	1~2	2~3	50~60
	CH_4	0.2~0.8	0.3~0.8	0.2~0.5	20~30
	N_2	55~57	58~60	57~60	3~8
千焦/立方米	低位发热值	3200~3800	3600~4200	4600~5000	16700~18800

6) 氮氧化物烟气

氮氧化物的种类很多，包括 NO、N_2O、NO_3、NO_2、N_2O_3、N_2O_4、N_2O_5 等，而造成大气污染的主要是 NO 和 NO_2。

一氧化氮是无色、无臭、不活泼的气体，在标准状况下密度为 1.3403 千克/立方米。

二氧化氮是棕红色、有刺激性臭味的气体，在标准状况下密度为 2.05665 千克/立方米；二氧化氮能溶于水、碱液和二氧化碳中。

自然界的雷电、森林和枯草的失火都会产生氮氧化物。人为来源主要有重油、煤和天然气的燃烧以及空气中的氮被氧化，如热风炉煤气高温燃烧过程会产生氮氧化物。

3. 冶金工业废气的危害

1) 烟粉尘的危害

冶金工业烟尘一般多为极细的微粒，能在空中飘浮较长时间，容易进入人的呼吸系统。

由于飘尘几乎不能被上呼吸道表面体液截留并随痰排出，所以很容易直接进入肺部并在肺泡内沉积，因此对人体的危害最大。

侵入肺部没有被溶解的沉积物会被细胞所吸收，损伤并破坏细胞，最终侵入肺组织而引起尘肺，如吸入煤灰形成的煤肺，吸入金属粉尘形成的铁肺、铝肺，吸入硅酸盐粉尘形成的矽肺等。

如果沉积物被溶解，则会侵入血液，并送至全身，造成血液系统中毒。例如妨碍血红蛋白生成的铅烟尘可以引起急性中毒或慢性中毒，其症状是精神迟钝、大脑麻痹、癫痫，甚至死亡。仅钢铁企业内部，每年就会增加"矽肺"患者1800～2000人，死亡人数每年达数百人，高于同期生产事故死亡人数。

烟粉尘危害程度取决于固体颗粒物的粒径、种类、溶解度以及吸附的有害气体的性质等。烟粉尘颗粒物的毒性随粒径减小而增大。

粒径大于10微米的颗粒物因其自身的重力作用而易于沉降，被吸入呼吸道的概率减小，对人类健康的不利影响相对较小。

粒径小于10微米的烟粉尘颗粒物一般不易于沉降，可以被吸入呼吸道，对人类健康的不利影响比较大。

粒径在2微米左右或小于2微米的颗粒物，90%～100%可以到达肺泡区，对人体健康的不利影响最大。

烟尘还具有很强的吸附力，很多有害气体，如二氧化硫、氟等都能以烟尘微粒为载体被带入人的肺部，沉积于肺泡中或被吸收到血液、淋巴液中，促成急性或慢性病的发生。

烟尘最终沉积到植物表面或土壤中，积累一定程度也会造成污染。

2) 有害气体的危害

(1) 一氧化碳的危害。

一氧化碳为无色、无臭、难溶于水、毒性很大的气体。CO 在空气中的体积分数为 0.06 时即有害于人体，0.2 时可使人知去知觉，0.4 时可致人死亡，也就是所谓的煤气中毒。空气中允许的 CO 浓度为 0.02 克/立方米。

CO 与血液中血红蛋白也有较强的亲和力，比氧与血红蛋白的亲和力高 200～300 倍。由呼吸道吸入并进入血液的 CO 与血红蛋白结合后，生成碳氧血红蛋白，降低了血液输送氧气的功能。而碳氧血红蛋白的分解速度非常慢，不到氧和血红蛋白的万分之三，这更加剧了血液中的缺氧程度，所以 CO 中毒会出现各种缺氧症状。当血液中碳氧血红蛋白占总血红蛋白的百分比浓度为2%～5%时，中枢神经受到影响，出现眩晕、头痛等症状，降低人对各种意识(如时间、视觉、亮度等)以及运动和分辨能力；浓度超过 5%，则影响心肺功能，可能引起心血管痉挛；超过 10%会出现昏迷、呼吸困难，甚至导致窒息死亡。

(2) 氮氧化物的危害。

NO 和 NO_2 都是有毒气体，其中 NO_2 比 NO 的毒性高 4～5 倍。

NO 与血液中血红蛋白的亲和力非常强，生成亚硝基血红蛋白或亚硝基铁血红蛋白，降低血液输氧能力，引起组织缺氧和中枢神经麻痹。一般正常人的 NO 容许最高体积百分数为 25×10^{-6}。

NO_2 刺激呼吸系统后会引起急性或慢性中毒，主要表现为对肺的损害，此外还对心、肝、肾及造血组织等产生影响。由于 NO_2 不易溶于水，因而能进入呼吸道内部组织，溶解成亚硝酸或硝酸后产生刺激和腐蚀作用。若发生高浓度 NO_2 的急性中毒，则会迅速产生肺水肿，甚至导致窒息死亡；慢性中毒引发的是慢性支气管炎和肺水肿。

与 SO_2 相似，NO_2 与气溶胶颗粒物具有协同作用。NO_2 与 SO_2 和悬浮颗粒物共存时，其对人体的危害远大于 NO_2 单独存在时，而且也大于各自污染物的影响之和。

自然环境中的 NO_2 除了与碳氢化合物反应形成光化学烟雾外，还能抑制植物的光合作用，使植物发育受阻，生长受到损害。

N_2O 是温室气体，能引起温室效应。此外，还能促使形成酸性降雨，即酸雨。

(3) 二氧化硫的危害。

二氧化硫是一种无色不可燃的有毒气体，具有强烈的辛辣、刺激性气味。

通常大气对流层中 SO_2 的平均本底体积分数约为 0.2×10^{-9}，当空气中 SO_2 的体积分数达到 $(1 \sim 5) \times 10^{-6}$ 时，就会对人体健康产生明显危害，鼻腔和呼吸道黏膜都会有刺激感。

若体积分数超过 10×10^{-6} 时，能够引起支气管收缩与声带痉挛，进而还会发生鼻腔出血、呼吸困难等现象，还会诱发支气管炎、肺水肿、肺硬化等疾病，甚至死亡。

此外，SO_2 还可增强致癌物苯并芘的致癌作用。

$SO_2(SO_3)$ 能形成硫酸雾和硫酸盐，直接危害人体健康和农作物生长，并腐蚀金属器材和建筑物。硫酸雾也能促使形成酸性降雨，即酸雨。

通常，在酸雨形成过程中，硫酸占 60%～70%，硝酸占 30%，盐酸占 5%，有机酸占 2%。NO_2 和 SO_2 是酸雨的主要成分。

酸雨的危害极大，主要表现如下。

① 酸雨使水生生态系统酸化，浮游植物和动物减少，影响鱼类繁殖、生存。当 pH 小于 5.5 时，大部分鱼类难以生存；当 pH 小于 4.5 时，水生生物大部分死亡。

② 酸雨使陆生生态系统酸化，土壤中的营养元素钾、镁、钙、硅等不断流失和有毒元素溶出，抑制了微生物固氮和分解有机质的活动，加速了土壤贫瘠化过程，影响各种绿色植物的生存及产量。

③ 酸雨腐蚀建筑材料和金属制品等各种材料，尤其对主要化学成分为 $CaCO_3$ 的大理石所构建的文物古迹，如古代建筑、雕刻、绘画等有强大的腐蚀性。

④ 酸雨间接影响和危害人体健康，如果饮用由于酸雨的溶侵作用，使地下水中 Al、Cu、Gd 等金属元素的浓度超出正常值几十、上百倍的水，或食用酸性水体中被食物链的富集作用污染的鱼类等，必然对人体健康造成伤害。

(4) 氟污染。

氟污染主要来自矿石、萤石和冰晶石。包钢的白云鄂博铁矿，其矿石含氟量高达 4%，冶炼过程中排出大量氟化氢和尘氟，对当地大气有较大影响。铝电解车间亦排出含氟烟气。氟化氢对人体的危害比 SO_2 大 20 倍，对植物的危害比 SO_2 大 10～100 倍。氟化氢由废气排放进入大气后，可在环境中积蓄，通过食物影响人体和动物，造成骨骼、牙齿病变，骨质疏松、变形，并影响植物的生长。

(5) 二噁英及多环芳烃。

二噁英是毒性很强的一类三环芳香族有机化合物。主要是以烟尘形式进入大气，部分沉降到排放源的下风处地表。研究表明，二噁英在环境中有很强的"持久性"，难以被生物降解，可能以数百年的时间存在于环境中。

二噁英微量摄入人身不会立即引起病变，由于其稳定性极强，一旦摄入，则不易排出，如长期食用含二噁英的食品，这种有毒成分会蓄积下来，最终对人身造成危害。

焦化厂、碳素厂、炼钢厂的焦油砖车间、叠轧薄板厂、焦油加工、沥青加工等生产过程产生的多环芳烃是强烈致癌物质，经常接触煤焦油、沥青和某些焦化溶剂等类物质的人员，患皮肤癌、阴囊癌、喉癌、肺癌的概率相当高。据中华全国总工会劳动保护部提交的报告，某些重点钢厂的焦化厂在生产过程中大量排放苯并芘，其职工癌症发病率比一般地区高几十倍。

(6) 硫化氢。

硫化氢是无色、具有浓厚腐蛋气味的有毒气体，易溶于水。空气中 H_2S 的体积分数为 0.04 时便有害于人体健康，0.1 时就可致人死亡，大气中允许的硫化氢浓度为 0.01 克/立方米。

H_2S 的刺激性作用能引起结膜炎；如果侵入血液中能与血红蛋白结合，生成硫化血红蛋白而使人缺氧，进而窒息死亡。

(7) 二氧化碳。

二氧化碳(CO_2)虽然没有毒性，但却是温室气体，特别是以焦炭为主要冶金能源和还原剂的钢铁冶金企业每年排出大量 CO_2，从而引起地球温室效应。

(8) 汞。

汞能引起植物神经功能紊乱，使人易怒、心悸、出汗，并出现皮肤花纹症，甚至使人出现肌肉颤抖、手指颤抖和颜面痉挛等症状。而经过呼吸道吸入的汞蒸气或汞化合物比其他途径进入人体的汞要吸收得快，而且以较高的速率沉积于脑神经中，从而对神经系统、呼吸系统和生殖系统产生影响。

3.1.3 我国冶金工业废气排放标准

为贯彻《中华人民共和国环境保护法》《中华人民共和国大气污染防治法》《中华人民共和国海洋环境保护法》《国务院关于落实科学发展观加强环境保护的决定》等法律、法规和《国务院关于编制全国主体功能区规划的意见》，保护环境，防治污染，促进炼钢工业生产工艺和污染治理技术的进步，制定了新版本钢铁企业大气污染排放量标准。

标准规定了炼钢生产企业大气污染物的排放限值、监测和监控要求。为促进地区经济与环境协调发展，推动经济结构的调整和经济增长方式的转变，引导炼钢工业生产工艺和污染治理技术的发展方向，标准规定了大气污染物特别排放限值。炼钢生产企业排放的水污染物、恶臭污染物、环境噪声适用相应的国家污染物排放标准，产生固体废物的鉴别、处理和处置适用国家固体废物污染控制标准。

标准实施之日起，炼钢生产企业大气污染物的排放控制按新标准的规定执行，不再执行《大气污染物综合排放标准》(GB 16297—1996)和《工业炉窑大气污染物排放标准》(GB 9078—1996)中的相关规定。

新标准规定：自 2012 年 10 月 1 日起至 2014 年 12 月 31 日止，现有企业执行新的大气污染物排放限值，见表 3-8。

自 2012 年 10 月 1 日起，新建企业执行新的大气污染物排放限值，见表 3-9。

表 3-8 现有企业大气污染物排放限值

单位：毫克/立方米(二噁英类除外)

污染物项目	生产工序或设备	限值	污染物排放监控位置
颗粒物	转炉(一次烟气)	100	车间或生产设施排气筒
	混铁炉及铁水预处理(包括倒灌、扒渣等)、转炉(二次烟气)、电炉、精炼炉	50	
	连铸切割及火焰清理、石灰窑、白云石窑焙烧	50	
	钢渣处理	100	
	其他生产设施	50	
二噁英类(纳克毒性当量值/立方米)	电炉	1	
氟化物(以 F 计)	电渣冶金	6	

表 3-9 新建企业大气污染物排放浓度限值

单位：毫克/立方米(二噁英类除外)

污染物项目	生产工序或设备	限值	污染物排放监控位置
颗粒物	转炉(一次烟气)	50	车间或生产设施排气筒
	混铁炉及铁水预处理(包括倒灌、扒渣等)、转炉(二次烟气)、电炉、精炼炉	20	
	连铸切割及火焰清理、石灰窑、白云石窑焙烧	30	
	钢渣处理	100	
	其他生产设施	20	
二噁英类(纳克毒性当量值/立方米)	电炉	0.5	
氟化物(以 F 计)	电渣冶金	5	

根据环境保护工作的要求，在国土开发密度已经较高、环境承载能力开始减弱，或环境容量较小、生态环境脆弱，容易发生严重环境污染问题而需要采取特别保护措施的地区，应严格控制企业的污染物排放行为，在上述地区的企业执行新的大气污染物特别排放限值，见表 3-10。

执行大气污染物特别排放限值的地域范围、时间，由国务院环境保护行政主管部门或省级人民政府规定。

企业颗粒物无组织排放执行新的限值，见表 3-11。

在现有企业生产、建设项目竣工环保验收及其后的生产过程中，负责监管的环境保护行政主管部门，应对周围居住、教学、医疗等用途的敏感区域环境空气质量进行监测。建设项目的具体监控范围为环境影响评价确定的周围敏感区域；未进行过环境影响评价的现有企业，监控范围由负责监管环境保护的行政主管部门，根据企业排污特点和规律及当地的自然、气象条件等因素，参照相关环境影响评价技术导则确定。地方政府应对本辖区环境质量负责，采取措施确保环境状况符合环境质量标准要求。

表 3-10 大气污染物特别排放限值(单位：毫克/立方米(二噁英类除外))

污染物项目	生产工序或设备	限值	污染物排放监控位置
颗粒物	转炉(一次烟气)	50	车间或生产设施排气筒
	混铁炉及铁水预处理(包括倒灌、扒渣等)、转炉(二次烟气)、电炉、精炼炉	15	
	连铸切割及火焰清理、石灰窑、白云石窑焙烧	30	
	钢渣处理	100	
	其他生产设施	15	
二噁英类(纳克毒性当量值/立方米)	电炉	0.5	
氟化物(以 F 计)	电渣冶金	5	

表 3-11 现有和新建企业颗粒物无组织排放浓度限值(单位：毫克/立方米)

序号	无组织排放源	限值
1	有厂房生产车间	8
2	无完整厂房车间	5

产生大气污染物的生产工艺装置必须设立局部气体收集系统和集中净化处理装置。所有排气筒高度应不低于 15 米。排气筒周围半径 200 米范围内有建筑物时，排气筒高度还应高出最高建筑物 3 米以上。

对于石灰窑、白云石窑排气，应同时对排气中氧含量进行监测，实测排气筒中大气污染物排放浓度应按公式(3-1)换算为含氧量8%状态下的基准排放浓度，并以此作为判定排放是否达标的依据。在国家未规定其他生产设施单位产品基准排气量之前，暂以实测浓度作为判定大气污染物排放是否达标的依据。

$$C_{基} = \frac{21-8}{21-O_{实}} C_{实} \tag{3-1}$$

式中：$C_{基}$——大气污染物基准排放浓度，毫克/立方米；

$C_{实}$——实测的大气污染物排放浓度，毫克/立方米；

$O_{实}$——实测的石灰窑、白云石窑干烟气中含氧量，%。

3.1.4 我国冶金行业大气治理现状

1. 全国大气污染防治工作取得积极进展

党中央、国务院高度重视大气污染防治工作。党的十七大从战略和全局的高度,指出我国经济增长所付出的资源环境代价过大,强调要全面推进社会主义经济建设、政治建设、文化建设、社会建设以及生态文明建设,确定了新时期环保工作思路。各级政府及有关部门坚持以科学发展观为统领,认真贯彻落实大气污染防治法,扎实推进环境保护工作,全民环境意识进一步提高,大气污染防治工作取得了积极进展。在经济快速发展的情况下,全国大气环境质量基本稳定,部分城市有所好转。

1) 主要大气污染物排放总量得到有效控制

国务院成立了应对气候变化及节能减排工作领导小组,时任总理温家宝担任组长,批复了《"十一五"期间全国主要污染物排放总量控制计划》,印发了《节能减排综合性工作方案》以及污染减排统计、监测、考核办法等文件,批准了《国家酸雨和二氧化硫污染防治"十一五"规划》。受国务院委托,环境保护部与各省(区、市)、五大电力集团公司分别签订了减排目标责任书,落实了减排责任。中办、国办组成联合督查组,对污染减排工作进行了专项督查。各地区、各部门强化目标责任考核,加大工程减排、结构减排、管理减排的工作力度,出台脱硫优惠电价等经济激励政策,推动减排工作深入开展。到 2008 年年底,全国已建成脱硫设施的火电装机累计达 3.63 亿千瓦,形成年脱硫能力约 1000 万吨。与 2005 年相比,脱硫装机占火电总装机的比例由 12%上升到 60.4%,二氧化硫排放总量减少了 8.95%,实现"时间过半完成任务过半",污染减排取得重要进展。

2) 城市大气环境综合整治不断加强

各地区优化城市产业布局,一大批重污染企业实施了搬迁改造。积极推动燃煤锅炉清洁能源改造,鼓励发展热电联产、集中供热,较好地解决了面源污染问题。2008 年,全国集中供热面积达到 30 亿平方米。鼓励发展城市公共交通,全国大中城市普遍设立了公共交通专用线,北京、上海、广州等城市轨道交通建设取得较大进展。国家先后颁布实施 83 项机动车环保标准,出台补贴政策加速老旧车辆淘汰进程,彻底禁用含铅汽油。与 2000 年相比,2008 年我国新生产的轻型汽车的单车污染物排放量下降了 90%以上。城市园林绿化工作得到加强,城市人均公园绿地面积由 2005 年的 6.5 平方米增加到 2008 年的 8.98 平方米,有效抑制了城市扬尘污染。为切实解决与百姓日常生活息息相关的大气污染问题,有关部门出台了餐饮油烟管理规定和排放标准,启动了加油站油气污染治理工作,京津冀地区有 1976 座加油站已完成治理。与 2000 年相比,2008 年全国城市空气中二氧化硫、可吸入颗粒物和二氧化氮年均浓度分别下降 28.5%、33.3%和 31.5%,空气质量达到国家二级以上标准的城市比例由 35.6%提高到 76.8%,增长了 41 个百分点。

3) 积极探索大气污染区域联防新机制

经国务院批准,环境保护部与北京、天津、河北、山西、内蒙古、山东等 6 省(区、市)以及各协办城市建立了大气污染区域联防联控机制,实行统一规划、统一治理、统一监管,取得了很好的效果。奥运会和残奥会期间,北京市空气质量达标率为 100%(其中 12 天达到一级标准),创造了近 10 年来北京市和华北地区空气质量最好水平,完全兑现了奥运会空气质量承诺。除上海市出现一天轻微污染外，天津、沈阳、青岛和秦皇岛等奥运协办城市空气质量全部优良，达到了奥运会空气质量的要求。北京奥运会空气质量保障工作得到了国内外的肯定和赞誉，为我国环境空气质量全面改善积累了宝贵经验。

4) 产业结构调整力度进一步加大

有关部门先后出台《促进产业结构调整暂行规定》《产业结构调整指导目录》，限制高排放、高耗能行业盲目扩张。建立更加严格的环境准入制度，提高了铁合金、焦化、电石等十多个行业的环境准入条件。建立了落后产能退出机制，实施经济补偿政策，进一步加大淘汰落后生产能力的工作力度。2007—2008年，全国共淘汰落后生产能力水泥1.05亿吨、炼铁6000万吨、炼钢4300万吨、焦化6445万吨、土焦4700万吨、火电装机3107万千瓦，有力地促进了产业结构优化，使工业大气污染物排放强度持续下降。与2000年相比，2008年单位GDP二氧化硫、烟尘、工业粉尘排放量分别下降了57%、76%和82.8%。为应对国际金融危机，国务院先后批准了汽车、钢铁等10个行业的产业调整和振兴规划，明确提出严格环境准入要求，严防"两高一资"项目的盲目扩张和低水平重复建设，在保增长的同时，坚持环境保护的基本国策不动摇。

5) 清洁能源利用和节能工作扎实推进

发展清洁能源、提高能源使用效率是改善大气环境质量的重要措施。国家制定了可再生能源中长期发展规划，出台了可再生能源电价补贴和配额交易方案，先后实施了"西气东输""西电东送"等清洁能源重点工程，积极鼓励核电发展。与2005年相比，2008年全国水电、核电和风电的使用量增长了37.2%，天然气的使用量增长了61.4%，新增的清洁能源替代了约1.1亿吨标准煤。能源节约工作取得阶段性进展，全国单位GDP能耗逐年下降。与2005年相比，2008年全国单位GDP能耗下降10.08%，相当于近3年累计节约能源约2.9亿吨标准煤，减少二氧化硫排放329万吨。2006年以来，国家已安排170亿元支持农村沼气建设，建成农村户用沼气达3050万户。

6) 大气污染防治法制建设和执法工作不断深入

1987年，全国人大颁布了大气污染防治法，并先后于1995年和2000年进行了两次修订，全面推动了我国大气污染防治工作。国务院及其有关部门制定了一系列配套法规，实施了200多项大气环境标准，初步形成了较为完备的大气污染防治法规标准体系。有关部门已连续5年开展整治违法排污企业保障群众健康环保专项行动，查处环境违法企业12万多家(次)，取缔关闭违法排污企业2万多家，维护了人民群众的环境权益。严格实施"区域限批"政策，集中解决了一批突出环境问题，促进了区域产业结构调整和环境质量改善。对脱硫设施运行不正常的违法企业给予严厉处罚，确保减排工程真正发挥减排效益。

7) 污染防治基础能力建设力度不断加大

2007年，全国污染治理投资3387.6亿元，比上年增加32%，占当年GDP的1.36%。近两年，环保能力建设投资超过150亿元，全国环境空气质量监测网络基本形成，地级以上城市共建成911套空气质量自动监测系统，配备主要环境监测仪器设备4.5万台(套)，648个环境监察机构通过了标准化建设验收，3000多家重点企业安装了在线自动监控设备。沙尘暴监测网络初步建成，基本实现沙尘暴实时预报。2008年，我国成功发射了两颗环境与灾害监测卫星，为大区域高精度开展大气环境监测奠定了基础。

2. 大气污染防治工作存在的问题

随着国民经济的持续快速发展，能源消费的不断攀升，发达国家历经近百年出现的环境问题在我国近二三十年集中出现，呈现区域性和复合型特征，存在发生大气严重污染事件的隐忧，大气环境保护形势非常严峻。

1) 以煤为主的能源结构导致大气污染物排放总量居高不下

长期以来，以煤为主的能源结构是影响我国大气环境质量的主要因素，煤炭在我国能源消费中的比例占70%左右，是大气环境中二氧化硫、氮氧化物、烟尘的主要来源，煤烟型污染仍是我国大气污染的重要特征。2006—2008年，我国煤炭消费量增加了6亿多吨，其中火电行业增加了4亿多吨，尽管《国民经济和社会发展第十一个五年规划纲要》确定的二氧化硫减排目标有望实现，到2010年二氧化硫排放总量为2200万吨左右。

2) 城市大气环境形势依然严峻

2008年，全国23.2%的城市空气质量未达到国家二级标准；113个重点城市中，有48个城市空气质量未达到二级标准，城市空气中的可吸入颗粒物、二氧化硫浓度依然维持在较高水平。另据部分城市灰霾和臭氧污染监测试点表明，灰霾和臭氧污染已成为东部城市空气污染的突出问题。上海、广州、天津、深圳等城市的灰霾天数已占全年总天数的30%～50%。灰霾和臭氧污染不仅直接危害人体健康，而且造成大气能见度下降，蓝天日屈指可数，造成了公众的极度不满。我国目前的空气质量评价指标仅包括二氧化硫、二氧化氮和可吸入颗粒物三项污染物，尚不能完全反映大气污染的实际状况，使空气质量评价结果与公众直观感受不一致。

3) 区域性大气污染问题日趋明显

我国长三角、珠三角和京津冀三大城市群占全国6.3%的国土面积，消耗了全国40%的煤炭、生产了50%的钢铁，大气污染物排放集中，重污染天气在区域内大范围同时出现，呈现明显的区域性特征。在辽宁中部城市群、湖南长株潭地区以及成渝地区等城市密度大、能源消费集中的区域也出现了区域性大气污染问题。但目前城市大气污染治理"各自为战"，尚未建立有效的区域空气联防联控机制，难以从根本上解决区域和城市的大气环境问题。

4) 机动车污染问题更加突出

2008年，我国汽车保有量超过6400万辆，汽车尾气排放成为大中城市空气污染的重要来源，空气污染开始呈现煤烟型和汽车尾气复合型污染的特点，加剧了大气污染治理的难度。汽车排放的污染物主要集中在城市道路两侧和交通密集区域，与人群距离近，严重危害人民群众身体健康。此外，我国目前的车用燃油标准与汽车排放标准还不同步，虽然全国已经普遍实施了机动车国Ⅲ标准，北京、上海提前实施了国Ⅳ标准，但汽车燃油品质明显落后于汽车技术进步，制约了我国机动车污染防治工作的开展。

5) 环境法规和保障体系有待进一步加强

现行的大气污染防治法规在排污许可证、机动车污染防治、区域性大气污染防治等方面尚不能满足工作需要。环境违法成本低、守法成本高的问题仍然存在。相关经济激励政策体系不完善，排污收费标准偏低，企业开展污染治理缺乏主动性。大气环境监管能力相对薄弱，环境管理人员不足、能力不强的问题依然突出。环保执法权威尚未有效树立，执法难的问题较为严重。有法不依、执法不严、违法不究的现象仍然存在。

3.2 冶金行业烟气脱硫技术

烟气脱硫(Flue Gas Desulfurization，FGD)主要是指从燃烧后的烟气中或者其他工业废气中除去硫氧化物的工艺技术。根据在烟气脱硫技术中使用的脱硫剂的种类可分为湿法烟气脱硫技术(WFGD)、干法烟气脱硫技术(DFGD)和半干法烟气脱硫技术(SDFGD)三类。

3.2.1 湿法烟气脱硫技术

1. 湿式石灰石/石灰-石膏法

这种方法实质上就是喷雾干燥法脱硫的湿法，烟气经电除尘后进入脱硫反应吸收塔，石灰石制成石灰浆液后用泵打入吸收塔，吸收塔结构和形制颇多，有单塔也有双塔，有空塔也有填料层塔。不管哪种形式的反应塔，都由吸收塔和塔底浆池两部分组成。脱硫过程分别在吸收塔和浆池的溶液中完成，其反应式如下：

$$SO_2+H_2O \rightarrow H^++HSO_3^-$$
$$H^++HSO_3^-+1/2O_2 \rightarrow 2H^++SO_4^{2-}$$
$$CaCO_3+2H^++SO_4^{2-}+H_2O \rightarrow CaSO_4 \cdot 2H_2O+CO_2$$

浆池中形成的 $CaSO_4 \cdot 2H_2O$ 由专用泵抽至石膏制备系统，在石膏制备系统中经浓缩脱水成含水10%以下的石膏制品。

该脱硫方法技术比较成熟，生产运行安全可靠，脱硫率高达90%～95%。为此，在国外烟气脱硫装置中占主导地位，一般应用于大型发电厂。但这种方法系统复杂、设备庞大、耗水量大、一次性投资大，脱硫后排烟温度低，影响大气扩散，为此，系统中必须安装加热烟气的气-气加热器。副产品石膏质量不高，销售困难，废弃和长期堆放又会产生二次污染。石灰石膏法最大的缺点是系统复杂，设备投资大(占电站总投资的15%～20%)，为此，必须简化系统和优化设备。在简化系统方面，可采用除尘、吸收、氧化一体化的吸收塔、烟囱组合型吸收塔等，这些简化系统都是由日本川崎重工和三菱重工开发的。另一个庞大的设备是气-气加热器，如果排烟温度能达到80摄氏度，或者吸收塔至烟道、烟囱材料允许低温排放，则可不设气-气加热器。

2. 氧化镁法

氧化镁法在美国的烟气脱硫系统中也是较常用的一种方法，目前美国已有多套MgO法装置在电厂运转。

烟气经过预处理后进入吸收塔，在塔内 SO_2 与吸收液 $Mg(OH)_2$ 和 $MgSO_3$ 反应：

$$Mg(OH)_2+SO_2 \rightarrow MgSO_3+H_2O$$
$$MgSO_3+SO_2+H_2O \rightarrow Mg(HSO_3)_2$$

其中 $Mg(HSO_3)_2$ 还可以与 $Mg(OH)_2$ 反应：

$$Mg(HSO_3)_2+Mg(OH)_2 \rightarrow 2MgSO_3+2H_2O$$

在生产中常有少量 $MgSO_3$ 被氧化成 $MgSO_4$，$MgSO_3$ 与 $MgSO_4$ 沉降下来时都呈水合结晶态，其晶体大而且容易分离，分离后再送入干燥器制取干燥的 $MgSO_3/MgSO_4$，以便输送到再生工段,在再生工段,$MgSO_3$ 在煅烧中经 815.5 摄氏度高温分解,$MgSO_4$ 则以碳为还原剂进行反应:

$$MgSO_3 \rightarrow MgO + SO_2$$
$$2MgSO_4 + C \rightarrow 2MgO + 2SO_2 + CO_2$$

从煅烧炉出来的 SO_2 气体经除尘后送往制硫或制酸,再生的 MgO 与新增加的 MgO 一道,经加水熟化成氢氧化镁,循环送去吸收塔。

MgO 法比较复杂,费用也比较高,但却是有生命力的。这主要是由于该法脱硫率较高(一般在 90%以上),且无论是 $MgSO_3$ 还是 $MgSO_4$ 都有很大的溶解度,因此也就不存在如石灰/石灰石系统常见的结垢问题,终产物采用再生手段既节约了吸收剂又省去了废物处理的麻烦,因此这种方法在美国颇受青睐。

3. 双碱法

双碱法是由美国通用汽车公司开发的一种方法,在美国也是一种主要的烟气脱硫技术。它是利用钠碱吸收 SO_2、石灰处理和再生洗液,取碱法和石灰法二者的优点而避其不足,是在这两种脱硫技术改进的基础上发展起来的。双碱法的操作过程分三段:吸收、再生和固体分离。吸收常用的碱是 NaOH 和 Na_2CO_3,反应如下:

$$Na_2CO_3 + SO_2 \rightarrow Na_2SO_3 + CO_2$$
$$2NaOH + SO_2 \rightarrow Na_2SO_3 + H_2O$$

美国再生过程中的第二种碱多用石灰,反应如下:

$$Ca(OH)_2 + Na_2SO_3 + H_2O \rightarrow 2HaOH + CaSO_3 \cdot H_2O$$

副反应:

$$Ca(OH)_2 + Na_2SO_3 + 12O_2 + 2H_2O \rightarrow 2NaOH + CaSO_4 \cdot 2H_2O$$

其中 NaOH 可循环使用。

双碱法的优点在于生成固体的反应不在吸收塔中进行,这样避免了塔的堵塞和磨损,提高了运行的可靠性,降低了操作费用,同时提高了脱硫效率。它的缺点是多了一道工序,增加了投资。

4. 海水烟气脱硫

海水呈碱性,碱度 1.2～2.5 毫摩尔/升,因而可用来吸收 SO_2 达到脱硫的目的。海水洗涤 SO_2 发生如下反应:

$$SO_2 + H_2O \rightarrow H_2SO_3$$
$$H_2SO_3 \rightarrow H^+ + HSO_3^-$$
$$HSO_3^- \rightarrow H^+ + SO_3^{2-}$$

生成的 SO_3^{2-} 使海水呈酸性,不能立即排入大海,应鼓风氧化后排入大海,即:

$$SO_3^{2-} + 1/2O_2 \rightarrow SO_4^{2-}$$

生成的 $2H^+$ 与海水中的碳酸盐发生下列反应:

$$H^+ + CO_3^{2-} \rightarrow HCO_3^-$$
$$HCO_3^- + H^+ \rightarrow H_2CO_3 \rightarrow CO_2 \uparrow + H_2O$$

产生的 CO_2 也应驱赶尽,因此必须设曝气池,在 SO_3^{2-} 氧化和驱尽 CO_2 并调整海水 pH 值达标后才能排入大海。净化后的烟气再经气-气加热器加温后,由烟囱排出。海水脱硫的优点颇多，吸收剂使用海水，因此没有吸收剂制备系统，吸收系统不结垢不堵塞，吸收后没有脱硫渣生成，这就不需要脱硫灰渣处理设施。脱硫率可高达 90%，投资运行费用均较低。因此，世界上一些沿海国家均用此法脱硫，其中以挪威和美国用得最多，我国深圳西部电厂应用此法脱硫，效果良好。

5. 柠檬酸钠法

柠檬酸钠法是 20 世纪 80 年代初由华东化工学院开发的，1984 年在常州化工二厂实现了工业化。一般认为用水溶液吸收 SO_2，吸收量取决于水溶液的 pH 值，pH 值越大，吸收作用越强。但 SO_2 溶解后会形成亚硫酸根离子(HSO_3^-)，降低了溶液 pH 值，限制了对 SO_2 的吸收。但采用柠檬酸钠溶液作吸收剂，由于该溶液是柠檬酸钠和柠檬酸形成的缓冲溶液，能抑制 pH 值的降低，可吸收更多的 SO_2。其吸收反应过程可用下列溶解和离解平衡式表示：

$$SO_2(g) \rightleftharpoons SO_2(l)$$
$$SO_2(l) + H_2O \rightleftharpoons H^+ + HSO_3^-$$
$$C_i^{3-} + H^+ \rightleftharpoons HC_i^{2-}$$
$$HC_i^{2-} + H^+ \rightleftharpoons H_2C_i^-$$
$$H_2C_i^- + H^+ \rightleftharpoons H_3C_i$$

式中，C_i 表示柠檬酸根。含 SO_2 的烟气从吸收塔下部进入，与从塔顶进入的柠檬酸钠溶液逆流接触，烟气中的 SO_2 被柠檬酸钠溶液吸收，脱除 SO_2 的烟气从塔顶经烟囱排空，吸收了 SO_2 的柠檬酸钠溶液由吸收塔底部排出，经加热器加热后进入解析塔排出 SO_2，解析出来的 SO_2 气体经脱水、干燥后压缩成液体 SO_2 进入储罐，从解析塔底部出来的柠檬酸钠溶液冷却后返回吸收塔重复使用。

柠檬酸钠法具有工艺和设备简单、占地面积小、操作方便、运转费用低、污染少等特点，但对进口烟气的含尘浓度有比较高的要求，比较适合于化工等行业的综合开发利用，在其他行业则要考虑解决硫酸的再利用问题，电站煤粉锅炉还要求有非常高的除尘效率。

6. 磷铵复合肥法

这种脱硫方法是我国独创的，它是活性炭法的延伸。活性炭一级脱硫：

$$2SO_2 + O_2 + H_2O \rightarrow H_2SO_4 (浓度 30\%)$$

磷灰石经酸处理获得 10% 浓度的 H_2PO_4，加 NH_3 得 $(NH_4)_2HPO_4$：

$$Ca_{10}(PO_4)_6F_2 + 10H_2SO_4 + 20H_2O \rightarrow 6H_3PO_4 + 2HF\uparrow + 10CaSO_4 \cdot 2H_2O\downarrow$$
$$H_3PO_4 + 2NH_3 \rightarrow (NH_4)_2HPO_4$$

用 $(NH_4)_2HPO_4$ 溶液进行第二级脱硫：

$$(NH_4)_2HPO_4 + SO_2 + H_2O \rightarrow (NH_4)_2H_2PO_4 + NH_4HSO_3$$

通过空气氧化并加入 NH_3 中和生成复合肥料磷酸氢二铵和硫铵：

$$2(NH)_4H_2PO_4 + 2NH_4HSO_3 + O_2 + 2NH_3 \rightarrow 2(NH_4)_2HPO_4 + 2(NH_4)_2SO_4$$

经干燥成粒，就成为含 N+P_2O_5 在 35% 以上的磷铵复合肥料。上述反应经两次脱硫后总脱硫率可达 95%。此项脱硫技术，在我国豆坝电厂中试处理 5000 米/时烟气，运行可靠，效果良好。此法回路中无堵塞现象，副产品复合肥料也有较好的销售市场，但系统较复杂，投资也比湿式石灰石膏法大。

3.2.2 干法烟气脱硫技术

1. 电子束照射脱硫

电子束照射脱硫法工艺由烟气冷却、加氨、电子束照射、粉体捕集四道工序组成。温度约为150摄氏度的烟气经预除尘后再经冷却塔喷水冷却到60～70摄氏度，在反应室前端根据烟气中的 SO_2 及 NO_x 的浓度调整加入氨的量，然后混合气体在反应器中经电子束照射，排气中的 SO_2 和 NO_x 受电子束强烈氧化，在很短时间内被氧化成硫酸(H_2SO_4)和硝酸(HNO_3)分子，并与周围的氨反应生成微细的粉粒(硫酸铵和硝酸铵的混合物)，粉粒经集尘装置收集后，洁净的气体排入大气。

该工艺能同时脱硫脱硝，具有进一步满足我国对脱硝要求的潜力；系统简单，操作方便，过程易于控制，对烟气成分和烟气量的变化具有较好的适应性和跟踪性；副产品为硫铵和硝铵混合肥，对我国目前硫资源缺乏、每年要进口硫黄制造化肥的现状有一定吸引力。但在是否存在二氧化硫污染物转移、脱硫后副产物捕集等问题上有待进一步讨论，另外厂耗电率也比较高。

2. 荷电干式吸收剂喷射脱硫系统

荷电干式吸收剂喷射脱硫系统(CDSI)是美国最新的专利技术，它通过在锅炉出口烟道喷入干的吸收剂(通常用熟石灰)，使吸收剂与烟气中的二氧化硫发生反应产生颗粒物质，被后面的除尘设备除去，从而达到脱硫的目的。

干式吸收剂喷射是一种传统技术，但存在两个技术问题没能得到很好的解决，因此效果不明显，工业应用价值不大。一个技术难题是反应温度与滞留时间，在通常的锅炉烟气温度(低于200摄氏度)条件下，只能发生慢速亚硫酸盐化反应，充分反应的时间在4秒以上。而烟气的流速通常为10～15米/秒，这样就需要在烟气进入除尘设备之前至少要有40～60米的烟道，无论从占地面积还是烟气温度下降等方面考虑均是不现实的。另一个技术难题是即使有足够长的烟道，也很难使吸收剂悬浮在烟气中与 SO_2 发生反应。因为粒度再小的吸收剂颗粒在进入烟道后也会重新聚集在一起形成较大的颗粒，这样反应只发生在大颗粒的表面，反应概率大大降低；并且大的吸收剂颗粒会由于自重而落到烟道的底部。对于传统的干式吸收剂喷射技术来说，这两个技术难题很难解决，因此脱硫效率低，很难在工业上得到应用。

CDSI利用先进技术使这两个技术难题得到解决，从而使在通常烟气温度下的脱硫成为可能。其荷电干式吸收剂喷射脱硫系统包括一个吸收剂喷射单元、一个吸收剂给料系统(进料控制器、料斗装置)等。吸收剂以高速流过喷射单元产生的高压静电晕充电区，使吸收剂得到强大的静电荷(通常是负电荷)。当吸收剂通过喷射单元的喷管被喷射到烟气流中时，由于吸收剂颗粒都带同一符号电荷，因而相互排斥，很快在烟气中扩散，形成均匀的悬浮状态，使每个吸收剂粒子的表面都充分暴露在烟气中，与 SO_2 完全反应的机会大大增加，从而提高了脱硫效率，而且吸收剂粒子表面的电晕还大大提高了吸收剂的活性，降低了同 SO_2 完全反应所需的滞留时间，一般在2秒左右即可完成慢硫化反应，从而有效地提高了二氧化硫的去除效率。工业应用结果表明：当Ca/S为1.5左右时，系统脱硫效率可达60%～70%。

除提高吸收剂化学反应速率外，荷电干式吸收剂喷射脱硫系统对小颗粒(亚微米级 PM10)粉尘的清除也很有帮助。带电的吸收剂粒子把小颗粒吸附在自己的表面，形成较大颗粒，提高了烟气中尘粒的平均粒径，这样就提高了相应除尘设备对亚微米级颗粒的去除效率。

荷电干式吸收剂喷射脱硫系统的优点是投资小、收效大、脱硫工艺简单有效、可靠性强；整个装置占地面积小，不仅可用于新建锅炉的脱硫，而且更适合对现有锅炉进行技术改造；CDSI 是纯干法脱硫，不会造成二次污染，反应生成物将与烟尘一起被除尘设备除去后统一运出厂外。其缺点是对脱硫剂要求太高，一般的石灰难以满足其使用要求，而其指定的可用石灰则售价过高，限制了其推广使用。

3. 脉冲电晕等离子体法

脉冲电晕等离子体法(PPCP 法)是在 ER 法的基础上研制的，是靠脉冲高压电源在普通反应器中形成等离子体，产生高能电子(5～20 电子伏特)，由于它只提高电子温度，而不提高粒子温度，能量效率比 EB 高 2 倍。其优点是设备简单、操作简便，投资仅是 EB 法的60%，因此，脉冲电晕等离子体法成为国际上干法脱硫脱硝的研究前沿。

3.2.3 半干法烟气脱硫技术

1. 循环流化床烟气脱硫(CFB)

烟气循环流化床脱硫工艺近几年发展迅速，是一种适用于燃煤电厂的新干法脱硫工艺。它以循环流化床为原理，通过物料在反应塔内的内循环和高倍率的外循环，形成含固量很高的烟气流化床，从而强化了脱硫吸收剂颗粒之间、烟气中 SO_2、SO_3、HCl、HF 等气体与脱硫吸收剂间的传热传质性能，将运行温度降到露点附近，并延长了固体物料在反应塔内的停留时间(达 30～60 分钟)，提高了 SO_2 与脱硫吸收剂间的反应效率、吸收剂的利用率和脱硫效率。在钙硫比为 1.1～1.5 的情况下，系统脱硫效率可达 90%以上，完全可与石灰石-石膏湿法工艺相媲美，是一种性价比很高的干法或半干法烟气脱硫工艺。

2. 喷雾干燥法脱硫(SDA)

这种方法是把脱硫剂石灰乳 $Ca(OH)_2$ 喷入烟气中，使之生成 $CaSO_3$，被热烟气烘干呈粉末状进入除尘器捕集下来，由于 $Ca(OH)_2$ 不可能得到完全反应，为了提高脱硫效率，可将吸收塔和除尘器中收集下来的脱硫渣返回料浆槽，与新鲜补充石灰浆混合循环使用，国内外均有用电石渣[$Ca(OH)_2$ 达 92%]代替石灰乳作为脱硫剂使用的情况，其脱硫效果较好。由于回收系统简单，投资小，运行费用也不高，对中大型工业锅炉和电站锅炉改造较适用。我国白马、黄岛电厂均用此法脱硫。这种脱硫方法的关键设备是吸收塔，而吸收塔中 $Ca(OH)_2$ 和 SO_2 的传质过程的好坏，完全取决于脱硫剂的雾化质量和雾化后与 SO_2 的混合情况。为了提高脱硫剂浆液的雾化质量，如用机械雾化，则其出口喷射速度不能太低，但又因为脱硫剂浆液是飞灰和石灰浆的混合液，因此喷嘴的磨损应特别注意。可以使用超声波雾化浆液的技术，这样，喷嘴的磨损会有所改善。

3. 移动床活性炭吸附法(BF/FW)

活性炭具有高度活性的表面，在有 O_2 存在时，它可促使 SO_2 转化为 SO_3，烟气中有 H_2O

存在时，SO_3 和 H_2O 化合生成 H_2SO_4 并吸附在活性炭微孔中。这种方法的脱硫效率可达 90%，这种脱硫方法的再生过程也比较简单，常用的是热再生，活性炭在吸附 SO_2 后移动进入再生塔，用惰性气体作热载体，将热量带给要再生的活性炭，产生如下反应：

$$2H_2SO_4+C \rightarrow 2SO_2\uparrow+2H_2O+CO_2$$

脱吸后的 SO_2 送入专门的车间制成硫制品，脱吸后的活性炭则返回吸收塔再吸附烟气中的 SO_2。这种方法很方便，但要消耗部分活性炭，因此，运行中要添加活性炭，其量约为吸收 SO_2 重量的 10%。另一种方法是洗涤再生，将活性炭微孔中的 H_2SO_4 用水洗涤出来，这种方法虽方便，但所得副产品为稀 H_2SO_4，浓缩到有实用价值的 92%以上浓 H_2SO_4 需要消耗能源。

3.3 烟尘治理技术

就冶金工业当前实际情况来说，烟尘占据污染大气污染物首位，它量大面广，几乎在所有的生产工艺中都会产生。烟尘一般指燃烧排放的颗粒物，一般情况下含有未燃烧的炭粒，冶金炉排放的烟尘，其粒度大部分在 1 微米以下。废气量大、粒度细、温度高、成分复杂等因素给烟尘控制技术带来很大困难。据国外对钢铁工业排放的灰尘量分析认为：物料运输占 30.9%，炼钢占 25.3%，炼焦占 16.7%，烧结占 12.9%，其他占 14.2%。

转炉炼钢及电炉炼钢烟尘的产生量分别为 7～15 千克/吨和 10～20 千克/吨。炼钢烟尘具有排放量大、污染面广、类型复杂、颗粒细小等特点。治理炼钢烟尘的任务重、难度大，但从资源综合利用角度来看，炼钢烟尘成分丰富，很多细微粉尘往往能作为原材料，并且含有各种金属元素，可以回收或直接循环利用。

炼钢烟尘的综合治理基本上可以分为炉外处理及炉内治理。

1. 炉外处理

炉外处理是当前的主流趋势，即烟尘产生并经排放后进行处理或回收利用。

1) 钢铁系统内的循环利用

(1) 在烧结生产中的应用。

转炉尘泥含铁量在 56%左右，CaO 和 MgO 含量较高，烟尘一般采用水力除尘器进行净化。转炉尘泥的加工流程是将热瓦斯灰按比例配入转炉尘泥中，进入一段搅拌机混合后，吸收水分并产生蒸气，使块状尘泥变软且呈松散小块，通过运输皮带再进入二段搅拌机混合使粒度细化，制成粉粒状物料。

在生产使用情况方面，烧结生产中该加工物料一般配比 4%，有效加快了烧结速度，同时生产出的烧结矿物料熔点低，烧结条件好，成品率高，强度大，转鼓指数(>5 毫米)达 80.67%，燃料消耗下降。从经济效益看，使用加工物料生产烧结矿，每吨烧结矿成本可降低 9.52 元，节省固体燃料 17 千克，可改善环境，减少污染。

(2) 在球团生产中的应用。

对于高炉来说，如果入炉料中总含锌量过多就会在高炉内生成锌附着物，影响高炉操作，因此必须限制原料中的含锌量，含锌量高的粉尘不能作为高炉原料使用。日本君津厂选择 RHF 粉尘处理工艺，该工艺具备脱锌功能，脱锌率达到 90%。在生产过程中，开发了粉尘原料的造粒、成型、反应条件控制及废气处理等稳定操作技术，在世界上首次实现了粉尘在高炉上的回收利用。转炉粉尘在具有脱锌功能的粉尘处理设备上进行处理，见图3-2。

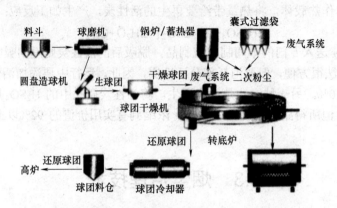

图3-2 粉尘回收利用设备工艺流程

粉尘回收利用设备正式投入运行以来，其生产的还原球团直接用于高炉生产。随着还原球团使用量的增加，高炉燃料比呈下降趋势，取得了预期效果。高炉每使用30千克/吨的还原球团就能降低燃料比约7千克/吨。

(3) 在电弧炉炼钢中的应用。

英国南部的ASWSheerness钢铁公司处于环境保护要求非常严格的地区，为了达到"零排放"的标准，该公司回收炼钢厂布袋除尘器中所有的粉尘及轧钢厂轧制过程中产生的油性氧化物5000吨，然后喷吹到90吨电弧炉中。

喷吹料的配比为：油性氧化铁皮20%～80%、电炉灰0%～60%、碳粉15%～25%、石灰0%～10%。

自该工艺实施以来，不仅没有给电炉炼钢工艺和钢的质量带来不利影响，反而提高了钢的产量。

(4) 不锈钢粉尘提取有价金属循环利用。

冶炼不锈钢时产生的粉尘中含大量镍、铬，它们是我国匮乏的宝贵金属资源。直接在炼钢过程中处理这些粉尘，是一个自还原和自回收的过程。回收有价金属是一种经济实用的方法。

中南大学的研究人员采用中频炉模拟电弧炉，进行了直接还原回收工艺的探索，将粉尘与还原剂碳均匀混合，加入适当的黏结剂制粒，然后将球团直接在炼钢过程的还原期返回电弧炉中，并进一步添加金属还原剂从炉渣中回收粉尘中难以还原的金属，使粉尘中的金属以合金元素的形式回收于钢产品中；通过检测还原过程气相成分、熔体温度和调整供电以控制炉温，使实验条件贴近生产实际。

研究发现：Ni的还原是完全由球团中的还原剂碳完成的，进行得较彻底。Fe和Cr的还原一部分由碳完成，一部分依靠金属还原剂从炉渣中还原。对Fe和Cr还原回收影响较大的为金属还原剂的加入量和石灰加入量，因此在生产实际中可适当提高金属还原剂的加入量和石灰的加入量，尤其是提高石灰加入量不仅可提高有价金属的回收率，还可降低钢中的含硫量。

2) 钢铁系统外的处理利用

(1) 填埋弃置。

对含锌量很低的电炉粉尘的经济处理方法是不回收资源,而是加入固化剂使粉尘稳定化后,形成不渗透的固体,随后填埋。如将石灰、燃煤的飞灰和电炉粉尘混合后生成不渗透基体,把粉尘颗粒包裹起来,使粉尘内有毒物质不能渗出,符合环境法规要求后再填埋。

国际固化有限公司使用的拥有专利权的固化剂是一种活性很大的络合物,无论是油污泥、矿尾砂、海砂、废弃污泥、电镀废弃物等用固化工艺得到的固体无机物均是无毒、无渗出物的稳定材质。

(2) 在水泥生产中的应用。

采用电炉除尘灰代替铁矿粉生产水泥,可降低生产成本,节约含铁资源,防止二次污染,具有较高的环境效益和经济效益。

上海五钢电炉除尘灰中氧化铁含量大于 50%,且成分波动较小,符合水泥生产用铁质校正原料要求氧化铁含量大于 40%的技术条件。实验室试配和生产性试验表明,利用电炉灰配烧的熟料理化性能及水化产物与正常熟料基本相同,所生产的水泥质量符合国家标准,此类电炉除尘灰用于水泥生产在技术上是可行的。

(3) 在有价金属粗制取中的应用。

锌、铅、镉等金属的沸点较低,在高温还原条件下,它们的氧化物被还原并气化挥发变成金属蒸气,随着烟气一起排出,使它们与固相主体分离。而在气相中,这些金属蒸气又很容易被烟气中的一氧化碳重新氧化,形成金属氧化物颗粒,同烟尘一起在烟气处理系统中被收集下来。收集的烟尘中锌的含量在 50%左右,可作为粗锌出售或深加工成氧化锌产品。

2. 炉内治理

炉内治理还处于研究阶段,包括对炉内处理新系统新设备的研究及减少烟尘排放的新工艺的研究。

1) 日本 JRCM 开发不产生粉尘的电炉系统

日本 JRCM 从 1998 年开始进行"不产生粉尘电炉系统"的开发研究。在 1 吨规模的小型设备上成功进行了试验,铁和锌的分离回收率达 99%,建立了其余 1%循环再利用系统。

2001 年 3 月在爱知制钢公司知多厂内设置小型中试设备,对制造不产生粉尘的电炉系统进行研究。该系统将高温电炉排气通过炭材过滤器和重金属冷凝器,在此过程中直接回收铁和锌是关键技术。在炭材过滤器内,利用还原作用进行铁和锌氧化物的还原和铁的吸附分离。在后面工序的金属冷凝器内,含在蒸汽中的锌成分吸附在落下的氧化铝球上进行金属锌回收。在炭材过滤器内铁分离回收率、在金属冷凝器中锌分离回收率达目标 80%以上,而最终目标是铁和锌分离回收效率达 99%。

2) 探索开发减少粉尘产生的炼钢新工艺

北京科技大学近年一直探究在冶炼过程中既不影响冶炼的正常进行,又能降低烟尘产生的炼钢新工艺。并认为在氧气吹炼过程中,射流区火点局部高温是烟尘产生的主要原因。如能降低氧气射流火点区的温度,就可控制铁的挥发及含铁烟尘的排放。在实验中发现:随着氧气射流中二氧化碳比例的升高,烟尘的产生量逐步减少,当二氧化碳达到某一定值时，烟尘基本不产生，仅剩高温烟气排放。

如利用 CO_2 减少炼钢过程中烟尘排放的工艺得到实施，炼钢烟尘产生量下降 30%，即吨钢降低 5 千克的排放量。按国内年产 5 亿吨钢计算，烟尘产生量减少 400 万吨，直接经济效益将达到 160 亿元。如在喷吹的氧气中添加 3%的 CO_2，一个 5000 万吨钢铁企业将回收利用 CO_2 达到几十万吨。这将是一举两得的节能环保新技术，经济效益和社会效益不可低估。

钢铁生产消耗大量的能源和资源，同时也产生了大量的副产品。这些副产品如果不进行处理就直接排放，将对环境产生较大的影响，同时也是对可回收利用资源的浪费。我国钢铁行业的进一步发展，面临资源、能源和环境的制约，钢铁企业对炼钢烟尘的综合治理，不仅起到减少污染、改善环境的作用，而且通过回收利用烟尘中的金属资源制造各种产品，创造了可观的经济效益，有利于节约资源、保护环境，值得大力推广。

3.4 其他烟气治理

除了烟气脱硫技术与烟气治理技术，还有一些常见的烟气治理方法，如含氯烟气、含氟烟气、含铅烟气、含汞烟气等的治理。

3.4.1 含氯烟气

治理含氯废气主要是根据氯的有关化学性质来选择吸收剂，并尽量把含氯废气资源化转化为有用物质。一般采用水吸收法、碱吸收法、氯化亚铁溶液吸收和铁屑反应法等。

1. 水吸收法

氯气溶于水后，溶解的氯气与水达成平衡。

$$Cl_2(aq) + H_2O \longleftrightarrow HOCl + H^+ + Cl^-$$

据有关研究表明，通过增加氯气分压和降低吸收温度有利于氯气的吸收。因此，该法一般是带压工作，对设备要求较高，腐蚀严重，一般只应用于低浓度的含氯废气的吸收。

2. 碱吸收法

碱吸收法是目前我国含氯废气处理中应用最多的一种方法，采用碱性的物质有 NaOH、$Ca(OH)_2$ 和纯碱等。

$$Cl_2 + 2NaOH \rightarrow NaOCl + NaCl + H_2O$$

$$Cl_2 + Na_2CO_3 \rightarrow NaOCl + NaCl + CO_2$$

或者：

$$2Cl_2 + 2Ca(OH) \rightarrow Ca(ClO)_2 + 2H_2O + Q$$

$$Ca(ClO)_2 \longleftrightarrow Ca(ClO_3)_2 + 2CaCl_2 - Q$$

前一个反应放热，后一个反应吸热，但总体是放热的，所以整个反应体系温度升高。当温度大于 75 摄氏度时，反应向 $Ca(ClO_3)_2$ 方向进行，当温度低于 50 摄氏度时，向 $Ca(ClO)_2$ 方向进行，在这两个温度之间，则为 $Ca(ClO_3)_2$ 与 $Ca(ClO)_2$ 的混合物。

从上述反应式可看出，只要有足够的 OH⁻ 浓度，就能一直溶解和吸收氯，因而该法效率高，吸收率可达 99.9%。吸收后的物质一般通过转化为副产品的方法来回收利用。

(1) 制氯酸钾、高氯酸钾和二水氯化钡。

氯与碱的"热"溶液反应生成氯化物和氯酸盐。由于石灰乳的吸收速度较快，所以可以用石灰乳作为吸收剂：

$$6Cl_2+6Ca(OH)_2 \rightarrow Ca(ClO_3)_2+5CaCl_2+6H_2O$$

吸收液经浓缩后，再加入 KCl，发生复分解反应：

$$Ca(ClO_3)_2+2KCl \rightarrow 2KClO_3+CaCl_2$$

在不同的温度下 $KClO_3$ 将发生不同的歧化反应，在接近 400 摄氏度时，发生如下反应：

$$KClO_3 \rightarrow 4KClO_4+KCl$$

当反应温度高于 400 摄氏度时，发生如下反应：

$$2KClO_3 \rightarrow 2KCl+3O_2 \text{ 和 } 2KClO_4 \rightarrow 2KCl+4O_2$$

而温度过低时，歧化反应又进行得不完全。所以在制高氯酸时，将 $KClO_3$ 粗品去杂纯化后，于歧化反应锅中用熔点为 140 摄氏度、沸点为 680 摄氏度的 KNO_3-$NaNO_3$ 熔盐进行加热，控制一定的反应温度和时间，使其发生 $KClO_3$ 转化为 $KClO_4$ 和 KCl 的歧化反应，从而可以制得 $KClO_4$ 精品。

而生成的 $CaCl_2$ 则可通过与 BaS 反应生成二水氯化钡：

$$CaCl_2+BaS \rightarrow BaCl_2+CaS$$

(2) 制漂白剂。

工业上利用 $Ga(OH)_2$ 吸收含氯废气制取 3 种不同氯含量的漂白剂：漂白液、漂白粉和漂白精。

$$2Ca(OH)_2+2Cl_2 \rightarrow Ca(ClO)_2+CaCl_2+2H_2O$$

漂白液是用石灰乳吸收废气中的氯制作而成。在漂白塔内石灰乳塔顶向下喷射，与逆流而上的含氯废气接触，经多次循环吸收，直至 CaO 含量仅为 2～4 克/升为止，澄清后的上清液即为漂白液产品，漂白粉是用含水 4%左右的消石灰[$Ca(OH)_2$]在漂白粉机或漂白塔中吸收(吸着)含氯废气中的氯制作而成。漂白精则用每 100 份水中含有 40 份 NaOH 和 18.5 份 $Ca(OH)_2$ 的混合悬浮液在 10～16 摄氏度吸收含氯废气制作而成：

$$4NaOH+Ca(OH)_2+3Cl_2+9H_2O \rightarrow Ca(ClO)_2 \cdot NaClO \cdot 12H_2O+2NaCl$$

3. 氯化亚铁溶液吸收和铁屑反应法

用铁屑或氯化亚铁溶液吸收氯可以制得氯化铁产品，同时消除污染。主要方法有两步氯化法和一步氯化法。

1) 两步氯化法

两步氯化法是先用铁屑与浓盐酸或 $FeCl_2$ 溶液在反应槽中发生反应生成中间产品氯化亚铁水溶液，再用氯化亚铁溶液吸收废氯的方法。

$$2FeCl_3+Fe \rightarrow 3FeCl_2$$
$$2HCl+Fe \rightarrow FeCl_2+H_2$$
$$2FeCl_2+Cl_2 \rightarrow 2FeCl_3$$

由于两步氯化法工艺流程较复杂，消耗能量大，且不能回收利用，因此开发出了一步氯化法新工艺。

2) 一步氯化法

一步氯化法是将废氯直接通入装有水和铁屑的反应塔中,将铁、水和氯直接反应生成三氯化铁溶液:

$$2Fe+3Cl_2 \rightarrow 2FeCl_3+Q$$

这是一个强烈的放热反应,自然反应的温度可升到 120 摄氏度左右,致使溶液沸腾,反应速度快。虽然反应原理很简单,但实际反应过程比较复杂,是一个气、液、固多相化学反应,在不发生水解的情况下,反应过程为:

$$Fe+Cl_2 \rightarrow FeCl_2$$

$$2FeCl_2+Cl_2 \rightarrow 2FeCl_3$$

$$2FeCl_3+Fe \rightarrow 3FeCl_2$$

4. 其他净化方法

其他净化方法主要有氢氧化钙—硫酸法、二氧化硫或盐酸法。

1) 氢氧化钙—硫酸法

该法先用石灰乳吸收含氯的废气得到次氯酸钙和氯化钙,然后用硫酸分解得到的次氯酸钙和氯化钙制取纯氯气:

$$Ca(ClO)_2+CaCl_2+2H_2SO_4+2H_2O \rightarrow 2Cl_2+2CaSO_4 \cdot 2H_2O$$

2) 二氧化硫或盐酸法

$$2SO_2+O_2 \rightarrow SO_3$$

$$Ca(ClO)_2+2SO_2+CaCl_2 \rightarrow 2CaSO_4+2Cl_2$$

此方法能从氯含量极少的废气中回收得到有用的纯氯气,能用工厂中的废盐酸、废硫酸,或用水处理含氯化氢废气而得到 18%～20%的稀盐酸作分解剂,不会造成二次污染。

3.4.2 含氟烟气

含氟废气通常是指含有气态氟化氢、四氟化硅的工业废气。主要来自化工、冶金、建材、热电等行业对含氟矿石在高温下的煅烧、熔融或化学反应过程。

含氟废气对人体的危害,有直接性感官刺激伤害,有体内的积累性毒害,如侵入人体的氟约有 50%在牙齿和骨骼中沉积。高浓度含氟气体对人的呼吸道和眼睛黏膜有刺激损伤作用,严重时可引起支气管炎、肺炎、肺水肿,发生呕吐、腹痛、腹泻等胃肠道疾患或中枢神经系统中毒症状,甚至使人窒息死亡。长期接触低浓度含氟气体会造成慢性中毒,表现为鼻出血、齿龈炎、氟斑牙、牙齿变脆等症状,还可见持久性消化道、呼吸道疾病。

含氟废气的扩散、转移,包括夹杂在酸雨中的沉降,形成对大气、水体、土壤的污染,以及对建筑物、设备的腐蚀和臭氧层的破坏等。因此,工业生产所产生的含氟废气必须净化合格才能排放。

常用的治理净化方法有吸收净化法和吸附净化法。

1. 吸收净化法

HF 极易溶于水而生成氢氟酸,能和许多碱性物质发生反应生成氟化盐,如与氨有以下反应：
$$NH_3+HF \longrightarrow NH_4F$$
SiF$_4$ 也极易溶于水，生成氟硅酸和硅胶，反应式为：
$$3SiF_4+2H_2O \longrightarrow 2H_2SiF_6+SiO_2\downarrow$$
SiF$_4$ 还能和许多碱性物质发生反应生成氟硅酸盐和硅胶，如与氨水有以下反应：
$$3SiF_4+4NH_3+(n+2)H_2O \longrightarrow 2(NH_4)_2SiF_6+SiO_2 \cdot nH_2O\downarrow$$
因此，采用水或碱液吸收的方法，能很容易地脱除废气中的 HF 和 SiF$_4$。

1) 水吸收

水吸收含氟废气多用于磷肥的生产，因加工磷矿时氟是以 SiF$_4$ 气体形式逸出，将其用水吸收即得氟硅酸，故在处理废气的同时可回收氟资源，继而生产氟硅酸钠及其他氟化物。由于磷肥品种、生产方法和含氟尾气的气量、温度组成不同，水吸收脱氟的流程及设备亦有不同，一般包括除尘、吸收、除雾、排空等步骤，同时水溶液脱吸后将循环使用。

因 HF 及 SiF$_4$ 都极易溶于水，所以水吸收液相阻力小，维持低温有利于提高吸收率，并且选择喷洒式吸收设备(如喷射塔)较为合适。通常，普钙厂所排废气中含氟量高(28~32 克/立方米)，温度低(75~80 摄氏度)，粉尘少，一般水洗前不设除尘装置，而采用拨水轮作一级吸收，文丘里作二级吸收，氟吸收率可达 98%；也有采用"一室加一塔"(拨水轮吸收室+湍球塔或旋流板塔)、"二室加一塔"流程的，可使氟吸收率高达 99.9%。而钙镁磷肥厂高炉所排废气中粉尘较多，成分复杂，温度高(250~400 摄氏度)，但含氟量较低(1~3 克/立方米)，净化难度要大些，所以一般先经重力或旋风除尘，然后进行降温，再经旋喷水吸收后排空，脱氟率约为 90%。

水吸收净化法比较经济，水价廉易得，且脱氟率较高。但存在两个缺点，一是腐蚀性强，这是由于产物氢氟酸、氟硅酸所致，因此设备及管道需采用聚氯乙烯或玻璃钢制作；二是硅胶析出后沉积易堵塞设备和管道，且在沉清池排放硅胶时会夹带氟硅酸，造成氟资源的流失。

2) 碱液吸收

碱液吸收含氟废气中的 HF 和 SiF$_4$，常以氨水、石灰乳和纯碱、烧碱溶液作吸收剂，脱氟率较高，且能将有害物质转化为有用物质，吸收液可再生循环使用。由于碱液吸收的产物为盐类，故可减轻对设备管道的腐蚀作用，还可直接制取各种氟盐，这是碱液吸收优于水吸收之处。碱液吸收净化法在冶金、化工企业应用较广。

在电解铝厂烟气脱氟中，采用碳酸钠溶液作吸收剂时，是以 Na$_2$CO$_3$ 吸收 HF 生成 NaF，然后与氢氧化铝(由加入溶液的铝酸钠水解析出)反应合成冰晶石：
$$2Al(OH)_3+12NaF+3CO_2 \longrightarrow 2Na_3AlF_6+3Na_2CO_3+3H_2O$$
反应伴生的 Na$_2$CO$_3$ 再参与吸收液循环，母液经沉降、过滤、干燥得成品冰晶石，脱氟后的气体经除雾排空。

磷肥厂含氟废气的处理，在用氨水作吸收剂时，NH$_4$OH 与废气中的 SiF$_4$ 和 HF 作用，生成氟硅酸铵或氟化铵，再先后与硫酸铝和硫酸钠作用，制成冰晶石。一般需经过除尘、洗涤吸收、氧化、氨化、过滤、合成、离心分离、烘干等步骤。

2. 吸附净化法

吸附净化法用于含氟废气的净化,是利用吸附剂对氟的选择性吸附来实现脱氟,适用于处理含氟量不高的废气。

常用的工业吸附剂有活性炭、活性氧化铝、分子筛、硅胶、硅藻土、沸石等。脱氟吸附剂的选择,主要是看对氟是否有较强的吸附能力或亲和力,比表面积大,并且固体表面微孔不易被堵塞等。活性氧化铝是一种极性吸附剂,白色粉末状,无毒,不导电,机械强度好,且对蒸汽和多数气体稳定,循环使用后,其性能变化很小,并可在移动床中使用,而且在烟气处理中,Al_2O_3 对 HF 的吸附优先于 SO_2,因此常用于对含氟废气的吸附。氧化铝在将 HF 或 SiF_4 吸附下来后,生成三氟化铝等氟化物,或仅将其吸附于自身表面,再生后循环使用。

电解铝废气中 HF 含量较低(20~40 毫克/立方米),适合采用吸附法进行净化。电解铝厂采用吸附法脱氟,直接用其生产原料氧化铝作吸附剂,将 HF 吸附后,氧化铝一部分作循环吸附使用,另一部分回归电解使用,无须专门的吸附剂制作、再生设备及相应工艺,降低了净化成本。从吸附过程来看,当气相中 HF 分子接近 Al_2O_3 表面时发生化学反应,生成表面化合物 AlF_3。该化学吸附的反应速度很快,总吸附速率取决于吸附过程的内、外扩散影响,因而采取改善气固两相接触状况、氧化铝表面不断更新等手段,可强化吸氟过程。

相对于湿法吸收,干法吸附既没有水吸收法的严重腐蚀及废水处理问题,也没有碱吸收法需制备和回收碱液的问题,且脱氟效率高,工艺流程简单。合适的吸附装置有流态化沸腾床、管道输送床,前者净化率达 95%~99%,能使气体氟质量浓度≤2 毫克/立方米;后者净化率为 95%~98%,能耗小。

3.4.3 含铅烟气

在铅、银及锌等含铅金属矿的开采、选矿过程中,会产生含铅粉尘;在炼制铅锭、铅条制品的焊接和熔割过程中,都会产生大量含铅烟气;在蓄电池厂、铅合金轴瓦厂的产品中会产生含铅废气;在使用铅化物的塑料厂、化工厂也会有含铅废气的产生,如图 3-3 所示。

图 3-3 含铅烟气的污染

不同来源的含铅废气产生的废气粒径、稳定性等都不同。含铅废气治理根据来源不同、性质不同、污染程度不同,采用的净化手段也不同。含铅废气治理方法包括物理除尘法、化学吸收法及覆盖法三类。

1. 物理除尘法

物理除尘法主要针对含铅自然矿物及铅物品的粉碎、研磨等工艺过程及其他工艺过程中产生大量的铅尘的净化。一般采用布袋过滤、静电除尘、气动脉冲除尘等工艺，对细小粒子有较高的净化效率，常用于净化浓度高、气量大的含铅粉尘和烟气，此外，文丘里管、泡沫吸收塔都有好的效果，但设备体积较大，需要考虑场地。

2. 化学吸收法

化学吸收法对铅烟中微细颗粒的铅蒸气具有较好的净化效果。基于铅的颗粒溶于硝酸、醋酸和碱液，一般常用吸收剂稀醋酸和氢氧化钠溶液，也有采用有机溶剂加水的方法。在使用化学吸收法时，一般前置配合物理除尘效果更好。在实际工程应用中，一般配置布袋除尘器，后置采用 0.25%～0.3%的稀醋酸吸收塔，生成的醋酸铅可用于生成颜料、催化剂和药剂等。常用的有以下两种。

1) 乙酸吸收法

铅加热到 400～500 摄氏度时即产生大量的铅蒸气(俗称铅烟)。在不同温度下，铅蒸气可以与氧反应生成 PbO 和 PbO_2。

采用乙酸水溶液作吸收剂，其反应式如下：

$$2Pb+O_2=2PbO$$
$$Pb+2HAc=PbAc_2+H_2$$
$$PbO+2HAc=PbAc_2+H_2O$$

该方法若配合物理除尘效果更好，一般第一级用袋式滤尘器去除较大颗粒，第二级用化学吸收再次除尘和净化。

此方法装置简单、操作方便、净化效率高。

2) 碱吸收法

以 1%NaOH 水溶液作吸收剂，其反应式如下：

$$2Pb+O_2=2PbO$$
$$PbO+2NaOH=Na_2PbO_2+H_2O$$

此法也常用于含铅烟气的处理。

3. 覆盖法

覆盖法是对铅在二次熔化工艺中，会大量向空气中蒸发而污染环境采取的一种物理隔挡方法。具体做法是在熔融的铅液液面上撒一层覆盖粉末来防止铅的蒸发。覆盖剂的密度要比铅小，熔点比铅高，差别越大越好，所有覆盖剂中以石墨粉效果最高，覆盖厚度达 125px 时，覆盖效率可达 100%。此法可直接购买覆盖剂后自行操作，无须庞大的设备，不消耗能源与动力，既减少铅的污染，又减少铅原料的损失。

3.4.4 含汞烟气

含汞烟气的污染源主要是人类活动。
(1) 含汞矿物的矿山开采生产及其冶炼过程。

(2) 汞的有机和无机化合物等生产、运输和使用过程。
(3) 氯碱厂生产高质量烧碱时,解汞器产生的含汞氢气,槽产生的含汞废气。
(4) 生产水银温度计、气压计、汞灯等仪器仪表过程。
(5) 镏金作业中的制钟厂、造纸厂。

含汞烟气污染如图 3-4 所示。

含汞烟气处理的方法主要有湿法、固体吸附法、气相反应法、冷却法及联合净化法五类。

1. 湿法

湿法即采用不同性能的液体作为汞的吸收剂,常用吸收剂有高锰酸钾、漂白粉、次氯酸钠及热浓硫酸等,采用一定的设备与工艺对空气中的汞蒸气进行吸收以达到净化的目的。采用高锰酸钾是利用其强氧化性氧化成氧化汞,其中二氧化锰再次与汞蒸气接触生产汞锰络合物;次氯酸钠同样也是利用其氧化性,原理与高锰酸钾相同;浓硫酸本身具有氧化性,而热的浓硫酸氧化性更强,将汞氧化成硫酸汞沉淀净化;硫酸-软锰矿溶液吸收法原理利用 Mn 的变价氧化能力与 SO_4^{2-} 强大的作用力联合夺取空气中的汞并通过电热蒸馏炉来回收 Hg;碘络合法投资较大,运行费用高,只适合含汞矿物冶炼过程中的含汞烟气。

图 3-4 含汞烟气污染

1) 高锰酸钾溶液吸收法

此法多用于汞极法氯碱厂及仪表电器厂等行业的含汞废气治理,其机理是利用高锰酸钾的强氧化性将汞迅速地氧化成氧化汞,生成的二氧化锰还可以与汞继续反应生成汞锰配合物。

$$2KMnO_4 + 3Hg + H_2O \rightarrow 2KOH + 2MnO_2 + 3HgO$$

$$MnO_2 + 2Hg \rightarrow Hg_2MnO_2$$

另一种适用于处理含汞废气的方法是次氯酸钠溶液吸收法,所用吸收剂是次氯酸钠(氧化剂)和氯化钠(络合物),除可生成 HgO 之外,还可生成汞氯配离子 $[HgCl]^{2-}$。

2) 硫酸-软锰矿溶液吸收法

汞的冶炼与含汞有色金属的冶炼烟气中，都含有大量的汞蒸气及含汞化合物，吸收液为含软锰矿(粒度为110目，约130微米，含MnO_2 68%左右)100克/升、硫酸3克/升左右的悬浮液。

$$2Hg + MnO_2 \rightarrow Hg_2MnO_2$$
$$Hg_2MnO_2 + 4H_2SO_4 + MnO_2 \rightarrow 2HgSO_4 + 2MnSO_4 + 4H_2O$$
$$HgSO_4 + Hg \rightarrow Hg_2SO_4$$

2. 固体吸附法

固体吸附法就是采用不同性能的固体吸收剂进行含汞废气吸附。采用充氯活性炭吸附法，预先用氯气处理活性炭表面，汞与氯气反应生成的$HgCl_2$附着停留在活性炭表面；多硫化钠-焦炭吸附法原理与前方法相同，每4~5天向焦炭表面喷多硫化钠一次，以提高除汞效率。

在实际应用中因固体吸附法运行时间短，运行成本高，一般厂家不会采用，对于含汞废气的处理都是在基于湿法的基础上再结合其他工艺来操作。

3.5 有机废气治理

本节主要梳理有机废气的概念并阐明其危害，同时探讨如何治理有机废气。

3.5.1 有机废气的概念及危害

有机废气(VOC)主要指挥发性有机废气(VOCs)。

1. VOCs 的定义

VOCs的学术定义是指在正常状态下(20℃，101.3kPa)，蒸气压在0.1毫米Hg(13.3Pa)以上、沸点在260℃(500℉)以下的有机化学物质。

2. VOCs 的特性

均含有碳元素，还含有H、O、N、P、S及卤素等非金属元素。
熔点低，易分解，易挥发，均能参加大气光化学反应，在阳光下能产生光化学烟雾。
常温下大部分为无色液体，具有刺激性或特殊气味。
大部分不溶于水或难溶于水，易溶于有机溶剂。
种类达数百万种，大部分易燃易爆，部分有毒甚至剧毒。
相对蒸气密度比空气重。

3. VOCs 的分类

VOCs按其化学结构可分为：烃类(烷烃、烯烃和芳烃)、酮类、酯类、醇类、酚类、醛类、胺类、腈(氰)类等。

4. VOCs 的主要危害

1) 危害环境

VOCs 会在阳光和热的作用下参与氧化氮反应形成臭氧，导致空气质量变差，是夏季光化学烟雾、城市灰霾的主要成分；VOCs 是形成细粒子(PM2.5)和臭氧的重要前提物质，大气中 VOCs 在 PM2.5 中的比重占 20%~40%，还有部分 PM2.5 由 VOCs 转化而来；VOCs 大多为温室效应气体——导致全球范围内的升温。

2) 危害健康

VOCs 超过一定浓度时，会刺激人的眼睛和呼吸道，导致皮肤过敏、咽痛与乏力；VOCs 很容易通过血液到达大脑，损害中枢神经；VOCs 伤害人的肝脏、肾脏、大脑和神经系统。同时有致癌性、致畸作用和生殖系统毒性。

3.5.2 有机废气的治理

有机废气主要包括各种烃类、醇类、醛类、酸类、酮类和胺类等。选择有机废气的处理方法，总体上应考虑以下因素：有机污染物的类型及其浓度、有机废气的排气温度和排放流量、颗粒物含量以及需要达到的污染物控制水平。

下面介绍七种 VOC 废气处理的主要技术。

1. VOC 废气处理技术——热破坏法

热破坏法是指直接和辅助燃烧有机气体，也就是 VOC，或利用合适的催化剂加快 VOC 的化学反应，最终达到降低有机物浓度，使其不再具有危害性的一种处理方法，如图 3-5 所示。

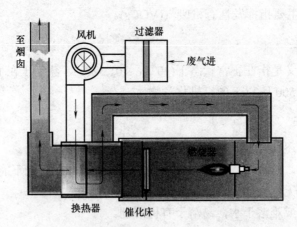

图 3-5 热破坏法工艺流程

热破坏法对于浓度较低的有机废气处理效果比较好，因此，在处理低浓度废气中得到了广泛应用。这种方法主要分为两种，即直接火焰燃烧和催化燃烧。直接火焰燃烧对有机废气的热处理效率相对较高，一般情况下可达到 99%。而催化燃烧指的是在催化床层的作用下，加快有机废气的化学反应速度。这种方法比直接燃烧用时更少，是高浓度、小流量有机废气净化的首选技术。

2. VOC 废气处理技术——吸附法

吸附法主要适用于低浓度、高通量有机废气。现阶段，这种有机废气的处理方法已经相当成熟，能量消耗比较小，但处理效率非常高，而且可以彻底净化有害有机废气。

但这种方法也存在一定缺陷，需要的设备体积比较庞大，工艺流程比较复杂，如果废气中有大量杂质，还容易导致工作人员中毒。所以，使用此方法处理废气的关键在于吸附剂，当前大多使用活性炭，主要是因为活性炭细孔结构比较好，吸附性比较强。

此外，经过氧化铁或臭氧处理，活性炭的吸附性能将会更好，使得对有机废气的处理更加安全和有效，如图 3-6 所示。

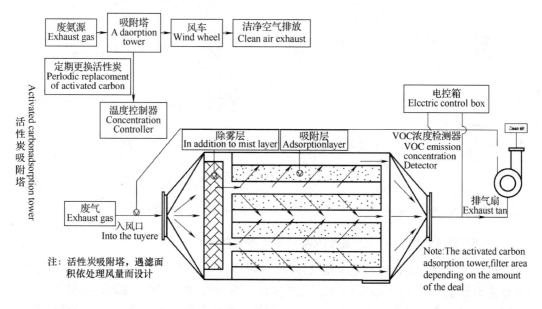

图 3-6 吸附法工艺流程

3. VOC 废气处理技术——生物处理法

生物处理法净化 VOC 废气是近年发展起来的空气污染控制技术，它比传统工艺投资少，运行费用低，操作简单，应用范围广，是最有望替代热破坏法和吸附法的新技术。从处理的基本原理上讲，采用生物处理法处理有机废气，是使用微生物的生理过程把有机废气中的有害物质转化为简单的无机物，比如 CO_2、H_2O 和其他简单无机物等。这是一种无害的有机废气处理方式。

生物净化法实际上是利用微生物的生命活动将废气中的有害物质转变成简单的无机物 (如二氧化碳和水) 以及细胞物质等，主要工艺有生物洗涤法、生物过滤法和生物滴滤法，如图 3-7 所示。

不同成分、浓度及气量的气态污染物各有其有效的生物净化系统。生物洗涤塔适宜于处理净化气量较小、浓度大、易溶且生物代谢速率较低的废气；对于气量大、浓度低的废气可采用生物过滤床；而对于负荷较高以及污染物降解后会生成酸性物质的则以生物滴滤床为最佳。

生物法处理有机废气是一项新的技术，由于反应器涉及气、液、固相传质，以及生化降解过程，影响因素多而复杂，有关的理论研究及实际应用还不够深入广泛，许多问题需要进一步探讨和研究。

一般情况下，一个完整的生物处理有机废气过程包括三个基本步骤：有机废气中的有机污染物首先与水接触，在水中可以迅速溶解；在液膜中溶解的有机物，在液态浓度低的情况下，可以逐步扩散到生物膜中，进而被附着在生物膜上的微生物吸收；被微生物吸收的有机废气，在其自身生理代谢过程中将会被降解，最终转化为对环境没有损害的化合物质。

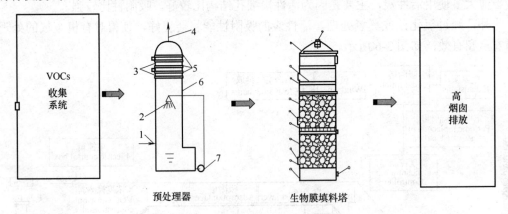

图 3-7　生物处理法工艺流程

1—离心风机压入；2—喷淋头；3—脱水；4—排气；5—脱水；6—净化塔；7—循环水泵

4. VOC 废气处理技术——变压吸附分离与净化技术

变压吸附分离与净化技术是利用气体组分可吸附在固体材料上的特性，在有机废气与分离净化装置中，气体的压力会出现一定的变化，通过这种压力变化来处理有机废气。

PSA 技术主要应用的是物理法，通过物理法来实现有机废气的净化，使用材料主要是沸石分子筛。沸石分子筛在吸附选择性和吸附量两方面有一定优势。在一定温度和压力下，这种沸石分子筛可以吸附有机废气中的有机成分，然后把剩余气体输送到下个环节中。在吸附有机废气后，通过一定工序将其转化，保持并提高吸附剂的再生能力，进而可让吸附剂再次投入使用，然后重复上步骤工序，循环反复，直到有机废气得到净化，如图 3-8 所示。

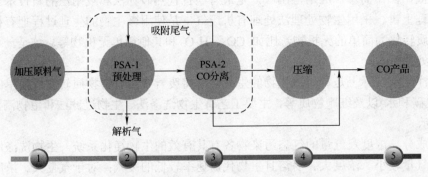

图 3-8　变压吸附分离与净化技术工艺流程

近年来，该技术开始在工业生产中应用，对于气体分离有良好效果。该技术的主要优势有：能源消耗少、成本比较低、工序操作自动化及分离净化后混合物纯度比较高、环境污染小等。使用该技术对于回收和处理有一定价值的气体效果良好，市场发展前景广阔，将成为未来有机废气处理技术的发展方向。

5. VOC废气处理技术——氧化法

对于有毒、有害，且不需要回收的VOC，热氧化法是最适合的处理技术和方法。氧化法的基本原理：VOC与O_2发生氧化反应，生成CO_2和H_2O。

从化学反应方程式上看，该氧化反应和化学上的燃烧过程相类似，但其由于VOC浓度比较低，在化学反应中不会产生肉眼可见的火焰。一般情况下，氧化法通过两种方法可确保氧化反应的顺利进行：①使用催化剂，如果温度比较低，则氧化反应可在催化剂表面进行；②加热，使含有VOC的有机废气达到反应温度。所以，有机废气处理的氧化法分为以下两种方法。

1) 催化氧化法

现阶段，催化氧化法使用的催化剂有两种，即贵金属催化剂和非贵金属催化剂。贵金属催化剂主要包括Pt、Pd等，它们以细颗粒形式依附在催化剂载体上，而催化剂载体通常是金属或陶瓷蜂窝，或散装填料；非贵金属催化剂主要是由过渡元素金属氧化物，比如MnO_2，与黏合剂经过一定比例混合，然后制成的催化剂。为有效防止催化剂中毒后丧失催化活性，在处理前必须彻底清除可使催化剂中毒的物质，比如Pb、Zn和Hg等。如果有机废气中的催化剂毒物、遮盖质无法清除，则不可使用这种催化氧化法处理VOC。

2) 热氧化法

热氧化法当前分为三种：热力燃烧式、回收式、蓄热式。三种方法的主要区别在于热量的回收方式。这三种方法均能用催化法结合，降低化学反应的反应温度。

(1) 热力燃烧式热氧化器。

热力燃烧式热氧化器，一般情况下是指气体焚烧炉。这种气体焚烧炉由助燃剂、混合区和燃烧室三部分组成。其中，助燃剂，比如天然气、石油等是辅助燃料，在燃烧过程中，焚烧炉内产生的热混合区可对VOC废气预热，预热后便可为有机废气的处理提供足够空间、时间，最终实现有机废气的无害化处理。

在供氧充足的条件下，氧化反应的反应程度——VOC去除率主要取决于"三T条件"：反应温度(Temperature)、时间(Time)、湍流混合情况(Turbulence)。这"三T条件"是相互联系的，在一定范围内，一个条件的改善可使另外两个条件降低。热力燃烧式热氧化器的缺点是，辅助燃料价格高，导致装置操作费用比较高。

直燃式废气处理炉的特点是所需温度——700~800摄氏度；对应废气种类——所有；废气净化效率在99.8%以上；搭配废气机热回收系统可有效降低工厂营运成本，如图3-9所示。

催化式废气处理炉(RCO)的特点是所需温度——300~400摄氏度；根据废气浓度而启动的自燃性；系统设计利用前处理剂和触媒清洁可延长设备使用年限；可在前端配置各种吸附材料。

RCO处理技术特别适用于热回收率需求高的场合，也适用于同一生产线上因产品不同，废气成分经常发生变化或废气浓度波动较大的场合。尤其适用于需要热能回收的企业或烘干线废气处理，可将能源回收用于烘干线，从而达到节约能源的目的。

RCO 的优点有：工艺流程简单、设备紧凑、运行可靠；净化效率高，一般均可达 98% 以上；与 RTO 相比，燃烧温度低；一次性投资低，运行费用低，其热回收效率一般均可达 85% 以上；整个过程无废水产生，净化过程不产生 NO_x 等二次污染；可与烘房配套使用，净化后的气体可直接回收到烘房，达到节能减排的目的。

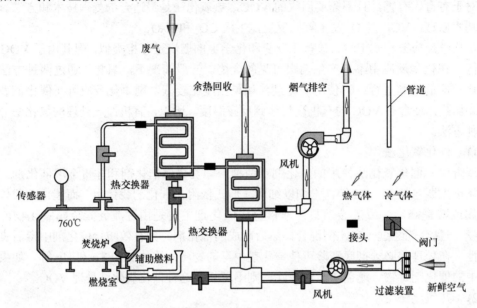

图 3-9　直燃式废气处理炉

RCO 的缺点有：催化燃烧装置仅适用含低沸点有机成分、灰分含量低的有机废气的处理，对含油烟等黏性物质的废气处理则不宜采用；处理有机废气浓度在 20% 以下。

(2) 蓄热式废气处理炉。

蓄热式废气处理炉(RTO)的特点是所需温度——800～900 摄氏度；低于 500ppm 的甲苯浓度可以启动自燃性系统设计；可与 RCO 配合使用。

RTO 处理技术适用于大风量、低浓度，有机废气浓度在 100～20000ppm 之间的废气。其操作费用低，有机废气浓度在 2000ppm 以上时，RTO 装置不需添加辅助燃料；净化率高，两床式 RTO 净化率能达到 98% 以上，三床式 RTO 净化率能达到 99% 以上，并且不产生 NO_x 等二次污染；全自动控制、操作简单；安全性高。

RTO 的优点有：在处理大流量低浓度有机废气时，运行成本非常低。

RTO 的缺点有：较高的一次性投资，燃烧温度较高，不适合处理高浓度的有机废气，有很多运动部件，需要较多的维护工作。

RTO 浓缩及废热回收系统可将低浓度、大风量的 VOCs 废气浓缩为高浓度、小风量的废气，然后高温燃烧，并将储热体的热量重新回收，利用在废气预热和热转换设备上，如图 3-10 所示。

(3) 回收式热力焚烧系统。

回收式热力焚烧系统(TNV)，利用燃气或燃油直接燃烧加热含有有机溶剂的废气，在高温作用下，有机溶剂分子被氧化分解为 CO_2 和水，产生的高温烟气通过配套的多级换热装置来加热生产过程需要的空气或热水，充分回收利用氧化分解有机废气时产生的热能，降低整个系统的能耗。因此，TNV 是在生产过程需要大量热量时，对含有有机溶剂废气高效、理想的处理方式，对于新建涂装生产线，一般采用 TNV 回收式热力焚烧系统。

TNV 由三大部分组成：废气预热及焚烧系统、循环风供热系统、新风换热系统，如图 3-11 所示。

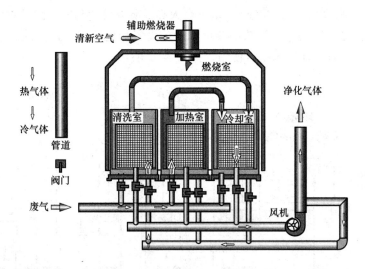

图 3-10　RTO(蓄热式热力焚烧技术)浓缩及废热回收系统

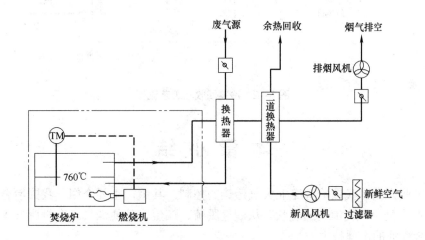

图 3-11　TNV 回收式热力焚烧系统

TNV 的优点有：有机废气在燃烧室的逗留时间为 1~2s；有机废气分解率大于 99%；热回收率可达 76%；燃烧器输出的调节比可达 26∶1，最高可达 40∶1。

TNV 的缺点有：在处理低浓度有机废气时，运行成本较高；管式热交换器只是在连续运行时才有较长寿命。

6. VOC 废气处理技术——冷凝回收法

在不同温度下，有机物质的饱和度不同，冷凝回收法便是利用有机物这一特点来发挥作用，通过降低或提高系统压力，把处于蒸汽环境中的有机物质通过冷凝方式提取出来。冷凝提取后，有机废气便可得到比较高的净化。其缺点是操作难度比较大，在常温下也不容易用冷却水来完成，需要给冷凝水降温，所需费用较高。

这种处理方法主要适用于浓度高且温度比较低的有机废气处理。通常适用于VOC含量高(百分之几)，气体量较小的有机废气的回收处理，由于大部分VOC是易燃易爆气体，受到爆炸极限的限制，气体中的VOC含量不会太高，所以要达到较高的回收率，需采用很低温度的冷凝介质或高压措施，这势必会增加设备投资和处理成本，因此，该技术一般是作为一级处理技术并与其他技术结合使用，如图3-12所示。

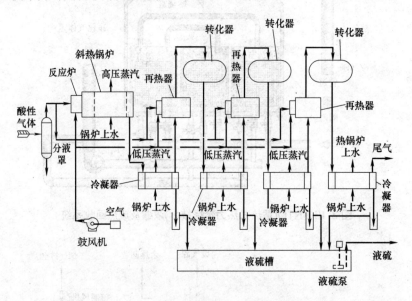

图3-12 冷凝回收法工艺流程

本 章 小 结

本章主要介绍了我国冶金工业大气污染的控制。其中，主要介绍了我国冶金工业废气排放的基本情况、大气治理的现状。从烟气脱硫、烟尘、其他烟气、有机废气等方面全面介绍了冶金行业的治理技术。

思考与习题

1. 大气污染源及冶金工业废气污染源有哪些？
2. 冶金行业烟气脱硫技术有哪些？
3. 各类烟气治理技术有哪些？
4. 有机废气的来源及治理工艺是什么？

第4章 冶金废水污染控制

【本章要点】

本章主要介绍冶金废水污染控制。本章从水污染的概念、现状及危害讲起，延伸到我国冶金工业生产过程中废水污染的种类、特点及其危害；重点介绍废水处理的基本原理和方法。

【学习目标】

- 了解水体污染的概念、特点。
- 了解我国水体污染的现状、发展趋势。
- 了解水体污染的治理方法。

4.1 水污染概述

本节主要介绍水体污染的概念、我国水体污染的现状及其所带来的危害。

4.1.1 水体污染的概念

本小节主要讲述水体和水体污染的概念。

1. 水体的概念

水体是指地面水(河流、湖泊、沼泽、水库)、地下水和海洋的总称。其中陆地水体，尤其是与人类生活密切相关的河流、湖泊、水库和地下水是主要研究对象。

在环境科学领域，水体是完整的生态系统或完整的自然综合体。不仅包括水本身，还包括水中的溶解物质、悬浮物、胶体物质、底质(泥)和水生生物等。

在环境污染的研究中，区分"水"和"水体"两个概念十分重要。例如，在河流重金属污染的研究中，通过各种途径进入水体的重金属污染物易于从水中转移到底泥里。水中的重金属含量一般不高，但底沉积物中很容易积累重金属。若着眼于水，似乎水污染并不严重，但是从整个水体看，污染就可能很严重了。可见，水体污染不仅是水污染，还包括底泥污染和水生生物污染。

2. 水体污染

1) 水体污染的分类

所谓水体污染，就是指大量污染物进入水体，其含量超过了水体的本底值或水体的自净能力，造成水质恶化，从而破坏了水体的正常功能。

水体污染的分类，如图4-1所示。

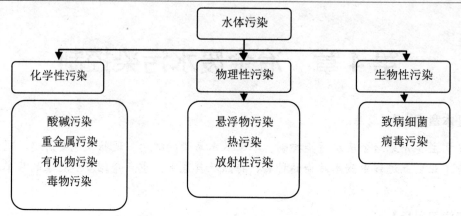

图 4-1 水体污染分类

(1) 悬浮物：是污水中呈固体状的不溶性物质，它是水体污染的基本指标之一。悬浮物降低水的透明度，降低生活和工业用水的质量，影响水生生物的生长。

(2) 有机物：由于有机物的组成比较复杂，要分析测定各种有机物的含量比较困难，通常用生物化学需氧量、化学需氧量和总有机碳三个指标来表示有机物的浓度。

生物化学需氧量简称为生化需氧量，用 BOD 表示，是指水中的有机污染物经微生物分解所需的氧气量。BOD 越高，表示水中需氧有机物越多。

有机物经微生物分解的过程通常为两个阶段。

第一阶段：有机物→CO_2、H_2O、NH_3 等。如，

$$RCH(NH_2)COOH+O_2=RCOOH+CO_2+NH_3$$

第二阶段：$NH_3 \to NO_2^- \to NO_3^-$。如，

$$2NH_3+3O_2=2HNO_2+2H_2O$$
$$2HNO_2+O_2=2HNO_3$$

其中，第二阶段对环境的影响较小，废水的 BOD 通常只指第一阶段有机物生物氧化所需溶解氧的数量。

在 20 摄氏度时，一般生活污水需 20 天左右才能基本完成第一阶段的分解过程。一般有机物的 5 日生化需氧量约占第一阶段生化需氧量的 75%，目前普遍以 5 天作为测定 BOD 的标准时间，所测定值称为 5 日生化需氧量(BOD_5)，两阶段生化需氧量曲线如图 4-2 所示。

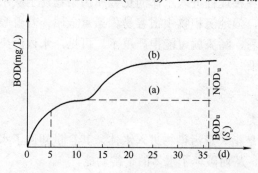

图 4-2 两阶段生化需氧量曲线

化学需氧量(COD)是指用化学氧化剂氧化水中有机物时，所需氧化剂的数量，用 O_2 毫克/升表示。常用的化学氧化剂有高锰酸钾和重铬酸钾，前者测定值通常低于后者。COD 不受水质条件的影响，测定费时少，但因不能完全氧化有机物以及不能正确反映生物氧化时的耗氧量，因此不如 BOD 确切。

总有机碳(TOC)表示水体中所有有机污染物的含碳量，也是评价水体中有机污染物的一个综合指标。

总需氧量(TOD)表示水体有机物中 C、H、N、S 全部被氧化时即生成 CO_2、H_2O、SO_2 和 NO 时所需氧气的量。

(3) pH 值：污水的 pH 值对污染物的迁移转化、污水处理厂的污水处理、水中生物的生长繁殖等均有很大的影响，因此成为重要的污水指标之一。

(4) 细菌：一部分细菌是无害的，另一部分细菌对人、畜是有害的。

(5) 有毒物质：各国都根据实际情况制定出地面水中有毒物质的最高容许浓度的标准。有毒物质包括无机有毒物质(主要是重金属)和有机有毒物质(主要是指酚类化合物、农药等)。

除了上述五种表示水体污染的指标外，还有温度、颜色、总氮(TN)、总磷(TP)、放射性物质浓度等，也是反映水体污染的指标。

2) 水体污染源

水体污染源分为自然污染源和人为污染源两大类型。自然污染源，指自然界本身的地球化学变化异常释放有害物质或造成有害影响的场所；人为污染源，即工业废水、生活污水、农药化肥等对水体的污染。后一种是比较严重的，但也是可以控制的。

水污染主要是由人类活动产生的污染物造成的，它包括工业污染源、农业污染源和生活污染源三大部分。工业废水是水域的重要污染源，具有量大、面积广、成分复杂、毒性大、不易净化、难处理等特点。农业污染源包括牲畜粪便、农药、化肥等。农药污水中，一是有机质、植物营养物及病原微生物含量高，二是农药、化肥含量高。生活污染源主要是城市生活中使用的各种洗涤剂和污水、垃圾、粪便等，多为无毒的无机盐类，生活污水中含氮、磷、硫多，致病细菌多。据调查，1998 年中国生活污水排放量达 184 亿吨。

4.1.2 水体污染的现状及危害

据环境部门监测，全国城镇每天至少有 1 亿吨污水未经处理直接排入水体。全国七大水系中一半以上河段水质受到污染，全国 1/3 的水体不适于鱼类生存，1/4 的水体不适于灌溉，90%的城市水域污染严重，50%的城镇水源不符合饮用水标准，40%的水源已不能饮用，南方城市总缺水的 60%～70%是由于水源污染造成的。

在我国只有不到 11%的人饮用符合卫生标准的水，而高达 65%的人饮用浑浊、苦碱、含氟、含砷、工业污染、传染病的水。2 亿人饮用自来水，7000 万人饮用高氟水，3000 万人饮用高硝酸盐水，5000 万人饮用高氟化物水，1.1 亿人饮用高硬度水。

1. 水污染现状

1) 中国七大流域水污染现状

我国江河流域普遍遭到污染，且呈日趋加剧的发展趋势。对全国 5.5 万千米河段的调查表明，水污染严重而不能用于灌溉(即劣于V类)的河段占 23.3%；2.4 万千米的河段鱼虾绝迹，占45%；不能满足Ⅲ类水质标准的河段占85.9%，生态功能严重衰退。

我国七大流域普遍受到污染，其中辽河、海河较为严重，珠江长江较为良好。相对来说，北方的水污染比南方严重。各流域的主要污染物为有机物、氨氮和挥发酚，其次为重金属，特别是累积在沉积物中的重金属；还发现了有致癌、致畸、致突变的"三致"性合成有机物。

调查表明，海河、辽河的干流，均有一半河流的水质劣于Ⅴ类。松花江水系每年接纳含汞、氰化物、联苯胺、苯、石油类等污染物的废水量为30亿立方米。珠江水质较好，1997年全干流监测断面中仅8.3%属于Ⅴ类及劣于Ⅴ类，其余河段基本以Ⅱ类及Ⅲ类为主，但广州段干流较为特殊，均以Ⅴ类及劣于Ⅴ类为主。长江水质总体比较良好，但长江流域收纳工业废水及生活污水量分别占全国总量的45%和35%，城市附近的岸流已经出现了严重污染，对周边城市生活的用水造成了很大的威胁。

在水质变化上，北方的河流污染居高不下，污染程度远高于南方。20世纪90年代以来所有河流都遭到不同程度的污染，其中海河有机物污染最重，辽河污染较重，黄河、淮河干流基本符合Ⅲ到Ⅴ类水要求，长江和珠江基本符合Ⅱ类水要求。

然而，随着中国人口的不断增加，经济不断发展，以及城市化加快等因素，生活污水的排放越来越严重，工业废水不经处理直接排放，农业生产产生大量的农药和化肥以及城市生活垃圾的堆放造成的水污染更加严重，到21世纪，中国流域水污染的危害已经远远超过洪涝、干旱等灾害。2009年七大水系水质污染情况如图4-3所示。

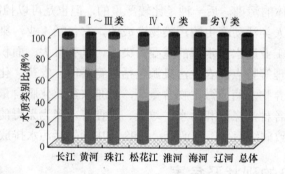

图4-3 2009年七大水系水质类别比例

从图4-3中可以看出，长江、珠江水质总体较好，Ⅰ～Ⅲ类水均占近80%，黄河Ⅰ～Ⅲ类水占62%左右，松花江和辽河Ⅰ～Ⅲ类水占35%左右，淮河和海河的水质最差。

2) 湖泊水污染现状

我国大量的湖泊也遭受了严重的水污染。其中以水体富营养化和外界污水的大量排入最为严重。在我国35个较大湖泊中，有17个已遭严重污染，在20世纪70年代我国呈现富营养化的湖泊占总湖泊面积的5%，而1989年的调查结果显示，富营养化湖泊占总湖泊面积的35.7%，到90年代我国东部的湖泊几乎全部富营养化，可见湖泊的污染面积在30年来的增长之快。

全国的大型湖泊和城市湖泊均达重度污染或中度污染，大型湖泊的污染由重到轻依次是滇池、南四湖、洪泽湖、太湖、洞庭湖、镜泊湖。滇池氮磷污染严重，水体富营养化突出，全湖水质均劣于Ⅴ类。巢湖的氮磷污染也十分严重，西半湖区呈现重富营养化状态，全湖水质均劣于V类。太湖的有机污染前几年有所下降,但是近几年氮、磷污染和乡镇污染仍然十分严重,全湖呈现中富营养化状态。巢湖每天要吞进来自城镇的污水达50万吨,其中80%来自合肥市,其每天排出污水40.1万吨,另外,还有来自农田的部分,巢湖四周均为农田,农民施用的化肥、农药,雨后随着水土流进巢湖,每年有20万~25万吨。由于巢湖浅而含氧丰富,总氮总磷超标过多,湖水富营养化十分严重。富营养化的巢湖养肥了湖内100多种水藻。从20世纪60—80年代,各类水藻成倍增长,每到夏秋两季,以惊人的速度滋生疯长,聚集成湖靛。水藻繁殖得快,死得也快,死后便腐烂发臭,造成湖水二次污染,严重败坏水质,影响湖中各类生物的正常生长。最严重时湖水呈黏稠状,渔船难行,水波不兴,形成"冻湖"。2000年7月,太湖还出现过有史以来最严重的一次蓝藻暴发,可见这些湖泊的污染程度已经远远超出了想象。

2012年的调查如下,滇池为重度富营养化,达赉湖和白洋淀等为中度富营养化,洪泽湖、南四湖和太湖等为轻度富营养化,鄱阳湖和洞庭湖等为中度营养化,抚仙湖和泸沽湖等为贫营养化,如图4-4所示。

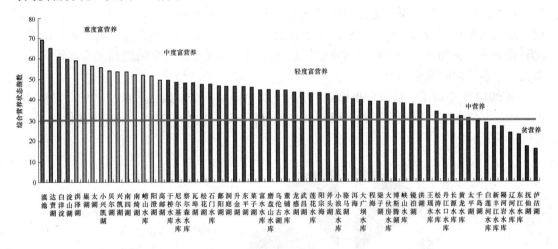

图4-4 2012年重点湖泊(水库)富营养化状态

3) 海洋水污染现状

我国的海洋水污染现状是全国近岸海域水质总体为轻度污染——近海大部分海域为清洁海域;远海海域水质保持良好。

2008年,近岸海域监测面积共281012平方千米,其中Ⅰ、Ⅱ类海水面积212270平方千米,Ⅲ类为31077平方千米,Ⅳ类、劣Ⅳ类为37665平方千米。按照监测点位计算,全国近岸海域水质与上年相比略有上升,Ⅰ、Ⅱ类海水比例为70.4%,比上年上升7.6个百分点;Ⅲ类海水占11.3%,与上年持平;Ⅳ类、劣Ⅳ类海水占18.3%,下降7.1个百分点。

四大海区近岸海域中,黄海、南海近岸海域水质良,渤海水质一般,东海水质差。北部湾海域水质优,黄河口海域水质良,Ⅰ、Ⅱ类海水比例在90%以上;辽东湾和胶州湾海域水质差,Ⅰ、Ⅱ类海水比例低于60%且劣Ⅳ类海水比例低于30%;其他海湾水质极差,劣Ⅳ类海水比例均占40%以上,其中杭州湾最差,劣Ⅳ类海水比例高达100%。

海洋污染的日益加重,主要表现在赤潮发生的次数上升和范围扩大。20世纪60年代,我国渤海发生过3次赤潮,70年代9次,80年代上升到74次,而到了1990年,一年居然发生了 34 次，1999 年则出现了前所未有的赤潮大爆发，赤潮面积达到 6300 平方千米，且持续时间长达 9 天。

海洋污染的原因主要有两方面，包括陆地污染和海洋内部污染两大类。陆地污染主要是入海河流夹带了大量的污染物直接进入海洋，除此之外还有沿海城市生活污水的直接排放和工业农业污水的排放；而海洋内部污染主要是海洋石油的开采和油轮造成的，近海渔业的养殖也会带来一定的污染。

4) 地下水水污染现状

为满足不断增加的用水需求，中国地下水开采量以每年 25 亿立方米的速度递增，由于地下水占到水资源总量的 1/3，全国城市供水中有 30%的人饮用地下水，北方城市有 59%的供水源于地下水。北方城市饮用地下水多于南方城市，因此北方地下水开采比较严重，造成了大量的地下水漏斗，由于该地区比周围地区地势低，在压力和重力的作用下周围的水流向该区域，也就更容易遭到污染。据称全国有 90%的地下水遭受了不同程度污染，60%的地下水遭受到严重污染。

目前最容易受到污染的是浅层的地下水，由于地表水的污染比较普遍，自然造成浅层地下水污染也比较普通。地下水的污染由浅到深、由点到面，由城市向农村扩张，污染情况日益加重。再加上一些工业将污水打压到深层地下，深层地下水治理起来难度很大，需要花几千年的时间甚至更长。

据 2012 年中国国土资源公报调查情况分析，全国地下水中极差用水占 17%，较差用水占 40%，二者将近占据一半比例；较好用水占 4%，良好用水占 27%，优良用水仅占 12%，如图 4-5 所示。

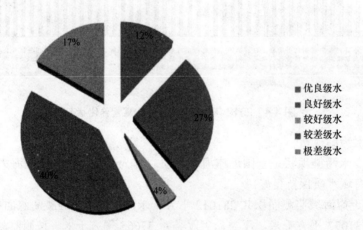

图 4-5　2012 年全国地下水污染状况

2. 水污染危害

1) 威胁人的生命健康

水是人体新陈代谢过程中必不可少的物质，人在成年时期，水分约占人体的 75%。水中所富含的有毒物质会通过饮用被人体吸收，对人的生命健康造成威胁。科学研究证明，饮用污水患癌症的概率要比饮用清洁水高出 61.5%。因此，水质的清洁影响人的生命安全。世界卫生组织的调查显示，人类 80%的疾病都是由水污染引起的，全世界 50%的儿童因饮用污染水而致死。全世界因水污染而引发霍乱、痢疾、疟疾的人数超过 500 万。水污染会埋下健康隐患，引发癌症、心脑血管硬化、结石、氟中毒等多种疾病。国内外从水中检测到的 2000 多种有机污染物中，有 100 多种含有"致癌，致畸，致突变"的物质，水污染当之无愧地成为"世界头号杀手"。

2) 影响工农业生产

相对于城市生活用水，工农业生产用水量是巨大的，因此水污染对工农业生产的影响是巨大而深远的。水污染对工业生产的影响主要在于破坏工业设备，严重降低产品质量。污水还会对化工、制药、酿酒、发电、造纸等许多行业造成危害，尤其对食品的生产有致命的伤害。这些工厂必须根据需要定期对器件去垢和维修，并且对污水进行处理，增加生产成本。

水污染对农业生产的影响有两方面。一方面是对种植业的影响，长期用 pH 值过高的水灌溉农田，易使土地盐渍化，改变土壤结构，使土壤板结，无法耕作。灌溉水中的硝酸盐含量过高，会减弱农作物的抗病力，降低作物的质量和等级。粮食作物吸收过量的硝酸盐会降低粮食中蛋白质的含量，使营养价值下降；另外，如果受污染的井水中硫酸盐、氯离子含量过高，还会抑制农作物的生长，造成大面积减产。另一方面是对畜牧业的影响，牲畜饮用被污染的水导致掉膘、生病和死亡。

3) 破坏生态环境

排放的生活污水中含有大量的氮、磷、钾物质，其释出的营养元素会使得水体富营养化，藻类疯狂生长，造成水体通气不良和缺氧的后果，致使大量水生生物死亡，打破生物链的平衡，破坏整个生态环境。污染物既加剧了水污染程度，也使得水质退化、衰老，水功能下降。举例如下。

2006 年，素有"华北明珠"之称的白洋淀发生大面积的死鱼事件。经调查，是因水体污染较重，水中溶解氧过低，从而造成鱼类大量窒息而死。

2007 年，江苏无锡的太湖地带因水体富营养化严重，导致蓝藻的提前爆发，并严重影响了附近居民的饮用水安全。

2013 年，河北沧县小朱庄村惊现红色水井事件。经调查，河北建新化工股份有限公司排出的水中苯胺含量为 4.59 毫克/升，超出排污标准一倍多。当地一养殖用户的肉鸡先后死亡 700 只，疑红色井水所致。

4.2 我国冶金工业废水污染

本节主要介绍冶金工业废水的分类及各自特点，同时介绍冶金工业废水的主要来源。

4.2.1 冶金工业废水的种类和特点

钢铁工业用水量很大，每生产 1 吨钢，要用水 200～250 立方米。钢铁工业产生的废水主要来源于生产工艺过程用水、设备与产品冷却水、烟气洗涤和场地清洗水等，其中 70%的废水来源于冷却水。2007 年，冶金工程黑色金属矿采选业汇总 1077 个企业，废水排放总量为 16030 万吨；黑色金属冶炼及压延加工业汇总 3678 个企业，废水排放总量为 156862

万吨，占全国工业废水排放总量的 7.83%。钢铁工业废水中主要含有酸、碱、酚、氰化物、石油类及重金属等有毒有害物质，如果处理得不达标就排放，将造成严重的环境污染。

1. 钢铁工业废水种类

钢铁工业废水的水质，因生产工艺和生产方式的不同而有很大差异，有时即使采用同一种工艺，水质也会有很大不同。冶金工程如氧气顶吹转炉除尘废水，在同一炉钢不同吹炼期，废水的 pH 可在 4～14 变化，悬浮物可在 250～2500 毫克/升变化。

钢铁工业废水根据所含的主要污染物性质，可分为含有机污染物为主的有机废水和含无机污染物(主要为悬浮物)为主的无机废水。例如焦化厂的含酚氰污水属于有机废水，炼钢厂的转炉烟气除尘污水属于无机废水。根据所含污染物的主要成分，可分为含酚氰污水、含油废水、含铬废水、酸性废水、碱性废水和含氟废水等。根据生产和加工对象分类，可分为采选矿废水、烧结废水、炼铁废水、焦化废水、炼钢废水、轧钢废水、铁合金废水等。

2. 有色金属工业废水分类

在有色金属工业从采矿、选矿、冶炼到成品加工的整个生产过程中，几乎每一道工序都要用水，因此均有废水排放。据统计，全国有色金属工业废水的排放量为 7.52×10^8 立方米，已占全国废水总排放量的 3.41%。由于有色金属种类繁多，矿石原料品位贫富有别，冶金工艺技术先进与落后并存，生产规模大小不同，所以生产单位产品的排污指标及排水水质的差别很大。

3. 冶金工业废水特点

主要特点有：废水量大；废水流动性介于废气和固体废物之间，主要通过地表水流扩散，造成对土壤、水体的污染；废水成分复杂，污染物浓度高，不易净化。常由悬浮物、溶解物组成，COD 高，含重金属多，毒性较大，有时含放射性物质。处理过程复杂，治理难度大；带有颜色和异味、臭味或易生泡沫，呈现使人厌恶的外观。

4.2.2 冶金工业废水的来源

金属经过一系列的工艺步骤，从未开发的矿石转变成为可以使用的金属制品，在这一过程中或多或少地会产生废水。废水根据来源、所生产产品和加工对象不同，可分为采矿废水、选矿废水、冶炼废水及加工区废水。在有色金属工业从采矿、选矿到冶炼以至成品加工的整个生产过程中，所有工序都要用水，也都有废水排放。冶炼废水可分为重有色金属冶炼废水、轻有色金属冶炼废水和稀有有色金属冶炼废水。按废水中所含污染物主要成分，有色金属冶炼废水可分为酸性废水、碱性废水、重金属废水、含氰废水、含氟废水、含油类废水和含放射性废水等。

有色金属工业废水造成的污染主要有无机固体悬浮物污染、有机耗氧物质污染、重金属污染、石油类污染、醇污染、碱污染、热污染等。冶金工业是用水大户，1997 年，我国钢铁工业废水排放总量为 30.7×10^8 立方米，占全国工业废水排放总量的 10.5%；有色金属工业废水的年排放量为 6.1×10^8 立方米，占全国废水总排放量的 2.35%。冶金工业产生的污染物的数量大、毒性强、品种多，造成的环境问题极为严重，与化工、轻工等并列被称为环境污染大户。

1. 采矿过程中废水污染源

采矿是冶金工业的主要生产环节之一，人们把矿物从自然环境中开采出来并运送到选矿场或使用地点的全部作业称为"采矿"。普遍采用的开采方法有露天开采法和地下开采法，此外还有溶解开采法、水力开采法、挖掘船开采法等。开采矿石必须剥离围岩，而有些矿石的金属品位较低，开采过程中必然会排放大量的废石。以铜为例，用含铜1%的铜矿生产1吨金属铜所需要的矿石量约为200吨，排放废石量多达400吨。废石中含有少量的金属与非金属有害元素，这些废石露天堆放，其中的溶解性重金属离子及砷、氟等有毒有害物质会被雨水淋溶，随径流进入地表水体或渗入地下而造成水体污染。若采用溶解开采法，则可能产生大量的泥飞浆。泥浆排放会污染周围环境，造成水体污染。采矿的矿井水除了含有重金属外，还含有硫、氟、砷、悬浮物等有害物质，水质多呈酸性，是采矿过程中的一个重要污染源。可见，在采矿过程中，或多或少都会引起水体污染，其中以水力开采导致的水污染最为突出。固体废物中的重金属也有可能会污染地下水和地表水，任意排放将严重破坏生态环境。

2. 选矿过程中的废水污染源

为了保证金属的质量，将矿石中含有的一些有害的或不需要的杂质进行分选除去的过程便是选矿。较常用的选矿方法有重力选矿法、浮选法、磁选法。在这些选矿方法中常用水作为选矿的介质，这样就会产生大量的废水，废水中可能含有重金属、有机溶剂等；尾矿及废水中可能含有重金属和浮选剂。这些废水最好能循环利用，以提高水的利用率，同时减少污染。对一些不能循环利用的废水，应当进行适当的处理后再进行排放，减轻环境负荷量。

选矿废水排放量很大，含有多种金属离子和非金属有害元素，有的还含有有毒的选矿药剂。尾矿颗粒很细，尾矿浆容易流散或被雨水冲走污染水体和土壤。废水中重金属离子主要有铜、锌、铅、镍、钡、铬以及砷和稀有元素等。在选矿过程中加入的浮选药剂有：①捕集剂，如黄药($RocssMe$)、黑药$[(RO)_2PSSMe]$、白药$[CS(NHC_6H_5)_2]$；②抑制剂，如氰盐（KCN、$NaCN$）、水玻璃（Na_2SiO_3）；③起泡剂，如松节油、甲酚（$C_6H_4CH_3OH$）；④活性剂，如硫酸铜（$CuSO_4$）、重金属盐类；⑤硫化剂，如硫化钠；⑥矿浆调节剂，如硫酸、石灰等。

3. 冶炼过程中的废水污染源

黑色金属冶炼和有色金属的冶炼过程不同，产生的废水性质也不同。在烧结、焦化、炼铁、炼钢、轧钢各冶炼过程及有色金属冶炼中，都会产生一定的废水。主要有设备冷却水(直接冷却水比间接冷却水的污染要严重得多)、湿式除尘器水、冲洗水、炼焦煤带入的废水、回收及精制产品排出的废水、高炉煤气的洗涤废水、炉渣粒化过程中的废水、酸洗废水以及在这些生产过程中由于凝结、分离或溢出而产生的废水等。由于水用途的不同，产生的废水性质也有很大差异，这些水都应进行循环利用，如需外排必须预先进行处理。

在有色金属冶炼过程中，除用矿石或精矿外，还要加入一些辅助材料溶剂(或熔剂)和化学药品，使本身就很复杂的矿石成分在冶炼过程中释出很多有毒性和危害性的污染物。冶炼工艺过程中排出的废水都含有一定数量的重金属离子和其他的有害物质，这些废水不仅会造成大量金属流失，也严重污染水源和水资源，威胁着人的身体健康。

4.3 我国冶金行业废水处理的基本原理

废水根据来源可分为生活污水和工业废水两大类。前者是人类生活活动过程中产生的废水，后者是工业生产活动中产生的废水。此外，由城镇排出的废水称作城市污水，既包括生活污水，也包括工业废水，就我国目前的情况来讲，其中还包括初期的雨水。

工业废水是在工业企业区内产生的生产生活废水的总称。在工业生产或产品的加工过程中，都不可避免地产生大量废水。工业废水由于生产过程、原料和产品的不同，而具有不同的性质和成分，一种废水往往含有多种成分。按照污水中物质的性质，又可将污水分为无机废水、有机废水、混合废水和放射性废水。

生活污水来自城市、医院、工厂生活区和福利区，主要的污染成分为生活废料和人的排泄物，一般不含有毒物质，但含有大量的细菌和病原体。

污水处理与利用的基本方法就是采用各种技术与手段，将污水中所含的污染物质分离去除、回收利用，或将其转化为无害物质，使水得到净化的过程。现代污水处理技术按原理可分为物理处理法、化学处理法、物理化学处理法和生物处理法四类。

4.3.1 物理处理法

污水的物理处理法是依靠重力、离心力、机械拦截等作用去除水中杂质，或按废水中污染物的沸点和结晶点的差异特性净化废水的方法。物理处理法是最常用的一类净化治理工业污水的技术，经常作为污水处理的一级处理或预处理。它既可以作为单独的治理方法使用，也可以用作化学处理法、生物处理法的预处理方法，甚至成为这些方法不可分割的一个组成部分。有时还是三级处理的一种预处理手段。物理处理法主要用来分离或回收废水中的悬浮物质，在处理的过程中不改变污染物质的组成和化学性质。根据其原理不同，有沉降与上浮、拦截与过滤、蒸发与结晶等常用方法。

1. 沉降与上浮

利用废水中不同成分密度的不同，在重力或离心力的作用下，将水中密度不同的物质分离出来。根据水中悬浮物的密度、浓度及凝聚性，重力分离法可分为自由沉淀、重力浮选、气浮或浮选。当悬浮物的密度大于水时，在重力的作用下，悬浮物下沉形成沉淀物，称为自由沉淀。当悬浮物的密度小于水时，就上浮，称为重力浮选。当密度与水相近的悬浮物难以形成自然沉降或上浮时，必须靠通入空气或进行机械搅拌，以形成大量的气泡，利用高度分散的微小气泡作为载体，将乳化微粒吸附到水面，与水进行分离，这样的强制性上浮又称为气浮或浮选。气浮法广泛应用于分离地面水中的细小悬浮物、藻类及微絮体；回收工业废水中的有用物质，如造纸厂废水中的纸浆纤维及填料等；代替二次沉淀池，分离和浓缩剩余活性污泥，特别是用于那些膨胀的生化处理工艺中；分离回收含油废水中的悬浮油和乳化油；分离回收以分子或离子状态存在的目的物，如表面活性物质和金属离子。

物理处理法常用构筑物有：重力分离——沉砂池、沉淀池、隔油池、气浮池等；离心分离——离心机、旋流分离器等；机械拦截——格栅、筛网、微滤机、滤池等。

1) 沉淀

沉淀也称沉降，是利用废水中悬浮成分的密度大于水的密度，在重力作用下，将水中杂质分离出来的方法。根据废水中可沉物质的浓度高低和絮凝性能的强弱，沉降有 4 种基本类型，如图 4-6 所示。

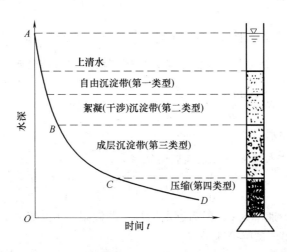

图 4-6 颗粒沉降

(1) 自由沉降。自由沉降也称离散沉降，是一种无絮凝倾向或弱絮凝倾向的固体颗粒在稀溶液中的沉降。由于悬浮固体浓度低，而且颗粒间不发生聚合，因此在沉降过程中颗粒的形状、粒径和比重都保持不变，各自独立地完成沉降过程。

(2) 絮凝沉降。絮凝沉降是一种絮凝性颗粒在稀悬浮液中的沉降。虽然废水中的悬浮固体浓度也不高，但在沉降过程中各颗粒之间互相聚合成较大的絮体，因而颗粒的物理性质和沉降速度不断发生变化。

(3) 成层沉降。成层沉降也称集团沉降。当废水中的悬浮物浓度较高，颗粒彼此靠得很近时，每个颗粒的沉降都受到周围颗粒作用力的干扰，但颗粒之间相对位置不变，成为一个整体的覆盖层共同下沉。此时，水与颗粒群之间形成一个清晰的界面，沉降过程实际上就是这个界面的下沉过程。由于下沉的覆盖层必须把下面同体积的水置换出来，二者之间存在着相对运动，水对颗粒群形成不可忽视的阻力，因此成层沉降又称为受阻沉降。在化学混凝中，絮体的沉降及活性污泥在二次沉淀池中的后期沉降即属于成层沉降。

(4) 压缩过程。当废水中的悬浮固体浓度很高时，颗粒之间便互相接触，彼此支撑。在上层颗粒的重力作用下，下层颗粒间隙中的水被挤出界面，颗粒相对位置发生变化，颗粒群被压缩。活性污泥在二次沉淀池中及浓缩池内的浓缩即属于此过程。

自由沉淀可用牛顿第二定律表述，为方便分析，假设颗粒为球形：

$$m\frac{du}{dt} = G - F - f \tag{4-1}$$

式中：m——颗粒质量；

u——颗粒沉降速度，m/s；

G——颗粒受到的重力，$G = \frac{\pi d^3}{6} g \rho_g$；

F——颗粒受到的浮力；

f——颗粒下降过程中受到水流的阻力：$f = \dfrac{C\pi d^2 \rho_y u^2}{8} = C\dfrac{\pi d^2}{4}\rho_y \dfrac{u^2}{2} = CA\rho_y \dfrac{u^2}{2}$；

ρ_g——颗粒的密度；

ρ_y——液体的密度；

C——阻力系数，是球形颗粒周围液体绕流雷诺数的函数，由于污水中颗粒直径较小，沉速不大，绕流处于层流状态，可用层流阻力系数公式：$C = \dfrac{24}{Re}$；

Re——雷诺数，$Re = \dfrac{du\rho_y}{\mu}$；

μ——液体的黏滞度。

把上列各关系式代入式(4-1)，整理后得式(4-2)：

$$m\dfrac{du}{dt} = g(\rho_g - \rho_y)\dfrac{\pi d^3}{6} - C\dfrac{\pi d^2}{4}\rho_y \dfrac{u^2}{2} \tag{4-2}$$

颗粒下沉时，起始速率为0，然后逐渐增加，摩擦阻力 f 也随之增加，当重力与阻力达到平衡时，加速度为0，颗粒等速下沉。

此时式(4-2)可写为：

$$u = \left(\dfrac{4}{3}\dfrac{g}{C}\dfrac{\rho_g - \rho_y}{\rho_y}d\right)^{\frac{1}{2}} \tag{4-3}$$

将公式 $C = \dfrac{24}{Re}$ 及 $Re = \dfrac{du\rho_y}{\mu}$ 代入上式整理得：

$$u = \dfrac{\rho_g - \rho_y}{18\mu}gd^2 \tag{4-4}$$

式(4-4)称为斯托克斯(Stokes)公式。由斯托克斯公式可以得出以下结论。

(1) 密度差 $(\rho_g - \rho_y)$ 是颗粒沉速的决定因素，$\rho_g - \rho_y > 0$，$u > 0$，颗粒下沉，$\rho_g - \rho_y < 0$，$u < 0$，颗粒上浮，$\rho_g - \rho_y = 0$，$u = 0$，颗粒悬浮于水中。

(2) 沉速与颗粒的直径平方成正比，所以提高颗粒直径可以有效地提高上浮或下沉速度。

(3) 沉速与 μ 值成反比，由于 μ 值与液体性质和温度有关，水温度低则 μ 值大，温度高则 μ 值小，所以高温条件利于颗粒的上浮或下沉，而水中有机性溶解物和胶体浓度越大，黏滞度也会越大。

(4) 式(4-4)不能直接用于计算，需进行非球形修正。

2) 上浮法

上浮法一般指的是浮力上浮法。借助于水的浮力，使废水中密度小于1或接近于1的固态或液态的原生悬浮污染物浮出水面而加以分离。也可以分离密度大于1，而在经过一定的物理化学处理后转化为密度小于1的次生悬浮物。

浮力上浮法一般分为自然上浮法、气泡上浮法和药剂浮选法。

(1) 自然上浮法。

利用污染物与水之间自然存在的密度差，使其浮到水面并加以去除的方法，称为自然上浮法。其分离对象主要是废水中直径较大的粗分散性可浮油。这种技术也称为隔油。

废水中的油类物质可分为三类：分散性可浮油，即在 2 小时的静置条件下，能浮在水面上的油珠；乳化油，粒径很小，难以在 2 小时内浮在水面的油珠；溶解油，以分子状态溶于水中的油(5~15 毫克/升)。自然上浮用于分离分散油，分离的粒径一般大于 60~100 微米，这类油约占废水中总油量的 80%以上。油粒在静置净水中的上浮速度仍按斯托克斯公式计算。

$$u = \frac{\rho_l - \rho_o}{18\mu} g d_o^2 \tag{4-5}$$

式中：u——油珠在静水中的上浮速度，厘米/秒；

ρ_l——水的密度，克/平方厘米；

ρ_o——油的密度，克/平方厘米；

d_o——水的密度，厘米。

废水中含有的悬浮固体会吸附油珠，从而减慢油珠上浮的速度。油珠越大，密度越接近于 1，悬浮固体对上浮速度的影响越大。由于影响上浮速度的因素比较复杂，因此一般在确定上浮速度时，最好进行废水静浮试验，绘制废水的油珠去除率与上浮速度关系曲线。由应达到的油珠去除率查出相应的最小油珠上浮速度值。隔油池是利用自然上浮的构筑物。

(2) 气泡上浮法。

气泡上浮法是利用高度分散的微小气泡作为载体吸附废水中的污染物，使其随气泡浮升到水面加以去除。气浮分离的对象是乳化油及疏水性细微的固体悬浮物。油珠上浮速度与去除率的关系如图4-7所示。

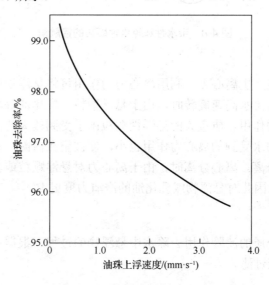

图 4-7　油珠上浮速度与去除率的关系

污染物黏附在气泡表面是气浮法的关键。污染物质能否附在气泡上，主要取决于体系的表面和污染物的表面特性。表面能由表面张力表示，表面特性由污染物的表面亲水性表示。液体表面分子受到的作用力是不平衡的，液体上方空气分子的引力小于内部分子的引力。在这种不平衡力的作用下，表面分子向液体内部紧缩，使液体的表面积缩小。这种使液体表面积缩小的力称为表面张力。这种液体表面分子比内部分子具有更多的能量，被称为表面能。表面能是储存在表面上的位能，同其他位能一样，也有减小到最小的趋势。所以水中的油珠都是球形，并且相互之间有着自然团聚的趋势，以达到表面积和表面能最小。

实际上，液体和固体都具有表面，在液、气、颗粒三相介质共存的情况下，每两相之间界面上都存在着各自的界面张力和界面能。

$$W = \sigma \cdot s \tag{4-6}$$

式中：σ——界面张力，达因/厘米；
　　　s——界面面积，平方厘米。

水中界面能也有降到最小的趋势。当废水中有气泡存在时，悬浮颗粒就力图吸附在气泡上而降低其界面能。容易被水润湿的物质称为亲水性物质，难以被水润湿的物质称为疏水性物质。一般的规律是疏水性颗粒易与气泡吸附，而亲水性颗粒难以与气泡吸附。

物质与水的接触角θ(以对着水的角为准)可以用来衡量水对各种物质润湿性的大小。接触角$\theta<90°$者为亲水性物质，$\theta>90°$者为疏水性物质，如图4-8所示。

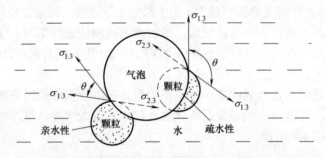

图4-8　亲水性和疏水性颗粒的接触角

3) 离心分离

高速旋转的物体能产生离心力，利用离心力的作用可将悬浮物质从废水中分离出来。含有悬浮物或乳化油的废水高速旋转时，由于悬浮颗粒、乳化油等与水的质量不等，因而会受到不等的离心力的作用。质量大的悬浮性颗粒由于受到较大的离心力的作用，被甩到了外侧；而质量较小的水受到的离心力作用也小，便被留在内圈，利用不同的排出口将其引出，便可实现固液分离。离心分离时，由于离心力对悬浮颗粒或乳化油的作用远远超过了重力和压力的作用，因此对悬浮物或乳化油的澄清力度更大。

2. 拦截与过滤

过滤是通过过滤介质的滤除作用去除水中悬浮物的过程。根据过滤介质的不同可将过滤分为表面过滤和滤床过滤。

1) 格栅

格栅是利用拦截作用去除水中的悬浮物典型的处理设施，格栅属于机械筛除设施，是最初级的处理设施，对后续处理构筑物起到保护作用。

2) 滤池

目前常用的滤池滤速大于10米/时，用于去除浊度，可使出水浊度小于5NTU(浊度)，同时可去除一部分细菌、病毒。滤池中表层细砂层粒径为0.5毫米，滤料孔隙率为80微米，而进入滤池的颗粒尺寸大部分小于 30 微米，但仍能被去除。因此认为滤池不仅是简单的机械筛滤，还有接触黏附的作用。主要有迁移和黏附两个过程。迁移，是颗粒脱离流线接近滤料的过程，主要由以下作用力引起：拦截、沉淀、惯性、扩散和水动力作用(非球形颗粒在速度梯度作用下发生转动)，对于这几种力的大小，目前只能定性描述。而黏附作用是由范德华引力、静电力以及一些特殊化学力等物理及化学作用力引起的。同时表层滤料的筛分作用也不能排除，特别是在过滤后期，当滤层中的孔隙尺寸逐渐减小时，滤料的筛分作用就比较显著了。

3. 蒸发与结晶

利用污染物与水的沸点不同，一种是采用蒸发的方法使水汽化，污染物在水相浓缩后达到结晶浓度实现污染物的分离，如用浸没燃烧蒸发器处理冶金工业的硫酸洗废液，回收硫酸和亚硫酸铁。

一般情况下，物理处理法所需的投资和运行的费用较低，所以通常被优先考虑采用。但它还需与别的方法配合使用。

4.3.2 化学处理法

化学法，通过向被污染的水体中投加化学药剂，利用化学反应来分离和回收污水中的胶体物质和溶解性物质等，从而回收其中的有用物质、降低污水中的酸碱度、去除金属离子、氧化某些有机物等。这种处理方法可使污染物质和水分离，也能够改变污染物质的性质，因此可以达到比简单的物理处理方法更高的净化程度。化学法可以通过化学反应方程式来计算所需投加的药量，不容易造成浪费，而且操作技术容易实现，水量少时可以进行简单的手工操作，水量大时可以采用大型设备进行自动化操作。化学法包括中和法、化学沉淀法、化学混凝法、氧化还原法等。

1. 中和法

废水中可能含有酸也可能含有碱，大部分酸性废水中都含有必须除去的重金属盐。为了防止净化设备被腐蚀，避免破坏水源和生物池中的生化过程，以及防止从废水中沉淀出重金属盐类，无论酸性还是碱性废水都要进行中和处理。最典型的反应是氢离子和氢氧根离子之间的反应，生成难解离的水。

2. 化学沉淀法

化学沉淀法是将要去除的离子变为难溶的、难解离的化合物的过程。化学沉淀法的处理对象主要是重金属离子(铜、镍、汞、铬、锌、铁、铅、锡)、两性元素(砷、硼)、碱土金属(钙、镁)及某些非金属元素(硫、氟等)。主要的化学沉淀工艺如下。

(1) 投加化学药剂，生成难溶的化学物质，使污染物以难溶性沉淀的形式从液相中分离析出。

(2) 通过凝聚、沉降、浮选、过滤、吸附等方法将沉淀从溶液中分离出来。

为了以沉淀的形式去除水中杂质，必须根据所生成化合物的溶度积选择试剂。利用某些生成化合物溶度积较小的沉淀剂，可以提高水的净化程度。根据每种沉淀化合物的溶度积常数，分析检测该物质在废水中的浓度，投加该物质于待处理的废水中，根据浓度求出其离子积，比较离子积和溶度积。
① 离子积小于溶度积，则固体物继续溶解，溶液没有达到饱和。
② 离子积等于溶度积，溶液刚好饱和，物质的解离达到动态平衡。
③ 离子积大于溶度积，溶液过饱和，有沉淀物生成。

通常在物质的离子积大于溶度积的条件下，为了快速地形成沉淀，需要往废水中投加絮凝剂。常用的絮凝剂有如下。
① 阳离子型的絮凝剂，如聚合氯化铝(PAC)、聚合硫酸铝(PAS)等。
② 阴离子型的絮凝剂，如聚合硅酸(PS)、活化硅酸(AS)等。
③ 无机复合型的絮凝剂，如聚合氯化铝铁(PAFS)、聚硅酸硫酸铁(PFSS)等。
④ 有机高分子絮凝剂，应用最多的是聚丙烯酰胺(PAM)。
⑤ 生物絮凝剂。

有机高分子絮凝剂同无机高分子絮凝剂相比，具有用量少、生成污泥量少、絮凝速度快等优点，而且受共存盐类、pH 值、温度的影响较小。聚丙烯酰胺分为三种：阳离子型、阴离子型和非离子型。

生物絮凝剂是近年来研究开发的新型絮凝剂产品，优点主要有：易于固液分离，易被微生物降解，形成的沉淀物较少，无毒害作用，无二次污染等。

在实际废水处理工艺中，为了提高混凝的效果，往往还要再添加助凝剂，通常为酸碱类、矾花类、氧化剂类的助凝剂。加入助凝剂的作用主要是提高絮体颗粒之间的碰撞效率，从而加速絮体的形成。其作用机理主要表现在以下几个方面。
① 增加颗粒浓度，如加入矾花类助凝剂。
② 增加颗粒体积，如加入高分子絮凝剂可以通过强化搭桥作用来增加絮体体积。
③ 增加颗粒密度，水玻璃、铁盐助凝剂等具有这种作用。
④ 增加颗粒之间的碰撞次数。

3. 化学混凝法

化学混凝法主要用于处理含大量悬浮物的废水。自然沉降的方法处理大量细小的悬浮物是困难的，因此必须借助于混凝剂，采用混凝沉淀的方法实现对悬浮物的去除。

混凝机理涉及水中杂质成分和浓度、水温、水的 pH 值、碱度、混凝剂性能及其投加量、混凝过程中的混凝条件等。一般认为在混凝过程中起主要作用的混凝机理有双电层作用机理、吸附架桥作用机理和沉淀物的卷扫作用机理等。

对于不同的水质条件、反应条件及混凝剂类型，上述几种混凝机理发挥作用的程度不同。对于高分子混凝剂特别是有机高分子混凝剂，吸附架桥机理起主要作用；对于硫酸铝等金属盐混凝剂，同时具有吸附架桥和压缩双电层作用，当混凝剂投加量很多时，还具有卷扫作用。

目前应用于废水处理的混凝剂种类较多，归纳起来主要有金属类混凝剂和高分子类混凝剂。金属类混凝剂中常用的为铝盐和铁盐，铝盐主要有硫酸铝和明矾两种；铁盐主要有硫酸亚铁、硫酸铁和三氯化铁。当单用混凝剂不能取得良好效果时，需要投加助凝剂以提高混凝效果，常用的助凝剂也大体上分为两类：改善絮凝体结构的高分子助凝剂，如聚丙烯酰胺、活化硅酸等；调节和改善混凝条件的药剂，如石灰等。

影响混凝效果的因素错综复杂，包括水温、pH 值、水利条件、混凝剂投加量等。

1) 水温

水温对混凝效果有明显的影响。低温条件下，金属混凝剂水解困难，导致絮凝体的形成非常缓慢，而且形成的絮凝体结构松散、颗粒细小、沉降性能差，同时较低的水温使水的瓢度大、剪切力增强，成长的絮凝体容易破碎，水中杂质微粒的布朗运动强度减弱，不利于脱稳胶粒相互凝聚。

2) pH 值

一般来说，pH 值对金属类混凝剂的影响大于有机高分子混凝剂，有机高分子混凝剂的混凝效果受 pH 值的影响相对较小。如硫酸铝的最佳 pH 值范围为 6.5~7.5，三价铁盐为 6.0~8.4，二价铁盐为 8.1~9.6，而有机高分子混凝剂没有严格的 pH 值限制。

3) 水利条件

水的混凝过程包括混合过程和絮凝过程。第一阶段的混合过程是将被处理的水与混凝药剂进行混合，最终使水中细小颗粒和胶体物质迅速脱稳。因水中杂质颗粒尺寸微小，需要剧烈搅拌，使药剂迅速均匀地扩散于水中。一般情况下，混合过程要求在 10~30 秒内完成；第二阶段絮凝过程是使混合后水中脱稳的细小悬浮颗粒和胶体物质相互碰撞聚合逐渐成为大而密实的絮凝体(矾花)。絮凝阶段主要采用水力絮凝池。

4) 混凝剂投加量

混凝剂投加量是混凝处理的重要环节，一般是通过混凝沉降实验来确定的。混凝剂投配方法主要有干投法和湿投法，湿投法因其投药均匀稳定、节约药剂、混凝效果好而被普遍应用。

含大量悬浮物的废水经过混凝剂的混合和絮凝过程后，再通过沉淀、过滤等工序以实现对悬浮物质的去除。

4. 氧化还原法

氧化还原法是通过投加氧化剂药剂或还原剂药剂使待处理污水发生氧化还原反应，以净化污水的方法。氧化还原法分为药剂氧化法和药剂还原法。

药剂氧化法是利用氧化剂将废水中的有毒有害物质氧化为无毒或低毒物质，主要用来处理废水中的还原性离子 CN^-、S^-、Fe^{2+}、Mn^{2+} 等，还可以氧化处理有机物质及致病微生物等。常用的氧化剂药剂有 Cl_2、O_3、O_2、Cl^- 等。

利用氯气及其化合物净化废水去除氰化物、硫化氢、硫氢化物、甲基硫醇等有毒有害物质是目前普遍使用的氧化还原法。例如处理含 CN^- 废水的方法是将 CN^- 转变成无毒的 CNO^-，再将 CNO^- 水分解成 NH_4^+ 和 CO_3^{2-}。

$$CN^-+2OH^--2e \longrightarrow CNO^-+H_2O$$

$$CNO^-+2H_2O \longrightarrow NH_4^++CO_3^{2-}$$

还可以将有毒氰化物转变为无毒的络合物或沉淀，然后通过沉降和过滤等方法将它们从废水中除去。

当向含氰废水中通入氯气时，氯气水分解生成次氯酸和盐酸：

$$Cl_2+H_2O \rightleftharpoons HOCl+HCl$$

在强酸介质中反应平衡向左移动，水中会有氯分子存在；当 pH 值大于 4 时，水中不会有氯分子存在。用氯气氧化氰化物只在碱性介质中进行(pH 值不小于 9~10)：

$$CN^- + 2OH^- + Cl_2 \longrightarrow CNO^- + 2Cl^- + H_2O$$

生成的氰酸根可再氧化生成单质氮和二氧化碳：

$$2CNO^- + 4OH^- + 3Cl_2 \longrightarrow 2CO_2\uparrow + 6Cl^- + N_2\uparrow + 2H_2O$$

当 pH 值降低时，氰化物可直接进行氯化反应，生成有毒的氯化氰：

$$CN^- + Cl_2 \longrightarrow CNCl + Cl^-$$

比较可靠和经济的方法是在 pH 值为 10～11 的碱性介质中采用次氯酸盐氧化氰化物，如漂白粉、次氯酸钙和次氯酸钠，都可作为含次氯酸根的试剂，在所处理的废液中发生如下反应：

$$CN^- + OCl^- \longrightarrow CNO^- + Cl^-$$

反应在 1～3 分钟内完成，生成的氰酸根不断地水解。对于以氯气及其化合物作为氧化剂的废水处理工艺与加入水中的氯化物形态有关。如果是用气态氯处理，则氧化过程是在吸收塔内进行；如果氯化剂是一种溶液，则一般是加到混合器中，然后送进接触器，在接触器中保证与欲处理的废水有一定的混合效率和接触时间。

当所投加的药剂作为还原剂，将废水中的有毒有害物质还原为无毒或低毒物质的一种处理方法称为药剂还原法，主要用于处理废水中的 Cr^{6+}、Cd^{2+}、Hg^{2+} 等氧化性重金属离子。常用的还原剂有：气态，SO_2；液态，水合肼；固态，硫酸亚铁、亚硫酸氢钠、硫代硫酸钠及金属铁、锌、铜、锰等。

由于化学处理法常需要采用化学药剂或材料，所以处理费用较高，运行管理也较为严格。通常，化学处理还需要与一定的物理处理法联合使用，见表 4-1。

表 4-1 化学处理方法的适用范围及处理对象

处理方法	适用范围	处理对象
化学沉淀	溶解性重金属离子，如 Cr、Hg 和 Zn	中间或最终处理
混凝法	胶体、乳状油	中间或最终处理
中和法	酸、碱	最终处理
氧化还原法	溶解性有害物质，如 CN^-、S^{2-} 和燃料等	最终处理
化学消毒	水中的病毒细菌等	最终处理

4.3.3 物理化学处理法

在工业污水的治理过程中，利用物质由一相转移到另一相的传质过程来分离污水中的溶解性物质，回收其中的有用成分，从而使污水得到治理的方法被称为物理化学处理法。尤其当需要从污水中回收某种特定的物质或是当工业污水中含有有毒有害且不易被微生物降解的物质时，采用物理化学处理法最为适宜。物理化学处理法简称物化法，常用的物理化学处理法有吸附法、萃取法、电解法和膜分离法。

1. 吸附法

吸附法是利用吸附剂对废水中某些溶解性物质及胶体物质的选择性吸附，来进行废水处理的一种方法。吸附分为物理吸附和化学吸附。物理吸附是指吸附剂与被吸附物质之间通过分子之间引力而产生的吸附；化学吸附是指吸附剂与被吸附物质之间发生了化学反应，生成了化学键。在实际的废水处理过程中，物理吸附和化学吸附可能同时发生，但是在某种条件下，可能是某一种吸附形式是主要的，在废水的实际处理过程中，往往是几种吸附形式同时发生作用。

一定的吸附剂所吸附某种物质的数量与该物质的性质、浓度及体系温度有关，表明被吸附物质的量与该物质浓度之间的关系式称为吸附等温式，常用的公式有弗劳德利希吸附等温式、朗格缪尔吸附等温式。

根据吸附剂种类的不同，吸附法分为活性炭吸附法、腐殖酸树脂吸附法、斜发沸石吸附法、麦饭石吸附法等。

1) 活性炭吸附法

在实际的废水处理过程中，粉末状活性炭吸附能力强，价格便宜，缺点是不能重复使用；颗粒状活性炭操作管理方便，且可以再生并重复使用，缺点是价格不如粉末状活性炭便宜。在水处理过程中较多采用颗粒状活性炭。

活性炭吸附法对废水进行处理的基本原理主要包括吸附作用和还原作用。

(1) 吸附作用。

活性炭是含碳量多、分子量大的有机物分子凝聚体，属于苯的各种衍生物。在pH值为3~4时，微晶分子结构的电子云由氧向苯环核心中的碳原子方向偏移，使得羟基上的氢具有一定的正电性质，能吸附$Cr_2O_7^{2-}$等带负电荷的离子，形成一个相对稳定的结构，即：

$$RC—OH + Cr_2O_7^{2-} \longrightarrow RC \rightarrow O \cdots H^+ \cdots Cr_2O_7^{2-}$$

pH值升高，体系OH^-浓度增大，活性炭的含氧基团吸附OH^-，形成稳定结构：

$$RC—OH + OH^- \longrightarrow RC \rightarrow O \cdots H^+ \cdots OH^-$$

当pH值大于6时，活性炭表面的吸附位置被OH^-占据，对Cr^{6+}的吸附能力明显下降。因此，根据这个原理可以用碱对已达到饱和吸附的活性炭进行再生处理。

(2) 还原作用。

对于某些被吸附的物质来说，活性炭同时具有吸附剂和氧化剂的作用。例如，在酸性条件下(pH值小于3.0)，活性炭可以将吸附在其表面上的Cr^{6+}还原为Cr^{3+}，反应方程式为：

$$3C + 4CrO_4^{2-} + 20H^+ \longrightarrow 3CO_2\uparrow + 4Cr^{3+} + 10H_2O$$

还有一种观点认为，由于对水溶液中的氧、氢离子、某种阴离子的吸附，首先在活性炭的表面生成过氧化氢，在酸性条件下，H_2O_2能将Cr^{6+}还原为Cr^{3+}，反应方程式为：

$$CO_2 + 2H^+ + 2A^- \longrightarrow C + 2A_{ad}^- + H_2O_2 + 2P^+$$

$$3H_2O_2 + 2CrO_4^{2-} + 10H^+ \longrightarrow 2Cr^{3+} + 3O_2\uparrow + 8H_2O$$

式中：C——活性炭中的碳原子；

A^-——阴离子；

A_{ad}^-——吸附在活性炭中的阴离子；

P^+——活性炭上一个带正电荷的空穴。

反应中产生的大部分的氧被活性炭重新吸收，使反应重复进行。在实际生产过程中发现，在较低的pH值条件下，活性炭以还原作用为主，并且溶液中H^+浓度越高，活性炭的还原能力越强。因此利用这个原理，当活性炭对铬的吸附达到饱和后，向吸附装置中通入酸液，使被吸附的Cr^{6+}被还原为Cr^{3+}，并以Cr^{3+}形式解吸下来，这样在进行废水处理的同时起到了活性炭再生作用。

活性炭在使用一段时间后趋于饱和并逐渐丧失吸附能力，这时应进行活性炭的再生。再生是在吸附剂本身的结构基本上不发生变化的情况下，用某种方法将被吸附的物质从吸附剂的微孔中除去，从而恢复活性炭的吸附能力。活性炭的主要再生方法如下。

① 加热再生法。在高温条件下，使吸附质分子的能量升高，易于从活性炭中脱离；而对于有机物吸附质，高温条件使其氧化分解成气态逸出或断裂成较低的分子。

② 化学再生法。通过化学反应的方法使吸附质转变成易溶于水的物质而被解析下来。例如，吸附了苯酚的活性炭，用氢氧化钠溶液浸泡后，形成酚钠盐解析下来。

③ 湿法氧化法。这是一种特殊的化学再生法，主要用于粉末状活性炭的再生。该方法是用高压泵将已经饱和的粉末状活性炭送入换热器，经过加热器到达反应器，在反应器中，被吸附的有机物质在高温高压的条件下，被氧气氧化分解，活性炭得到再生。反应器的温度为221摄氏度，压力达 53×10^5 帕。湿法氧化再生活性炭工艺流程，如图4-9所示。

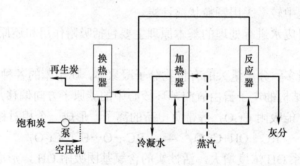

图4-9 湿法氧化再生活性炭工艺流程

2) 腐殖酸树脂吸附法

腐殖酸是一组具有芳香结构、性质相似的酸性物质的复合混合物。它的大分子约由10个分子大小的微结构单元组成，每个结构单元由核(主要是由五元环或六元环组成)、连接核的桥键(如—O—、—CH₂—、—NH—)，以及核上的活性基团组成。

用作吸附剂的腐殖酸类物质主要有：天然的富含腐殖酸的风化煤、泥煤、褐煤等，它们可以直接使用或经过简单处理后使用。这类腐殖酸类物质所包含的活性基团有酚羟基、羧基、氨基、磺酸基、醇羟基、甲氧基等。这些活性基团具有阳离子吸附性能，吸附作用方式包括离子交换、表面吸附、螯合、凝聚等，其中包含着化学吸附和物理吸附。当金属离子浓度较低时，以螯合作用为主；当金属离子浓度较高时，以离子交换作用为主。

另一类腐殖酸树脂吸附剂是将富含腐殖酸的物质用适当的黏合剂制备成腐殖酸树脂，造粒成型，以便用于管式或塔式装置。腐殖酸树脂吸附法主要用于处理含重金属离子的工业废水，如处理含汞、铬、锌、铅、铜等金属离子，在湿法冶金废水治理中有着广泛的应用。

2. 电解法

电解法处理废水是利用电极与废水中有害物质发生电化学作用而消除其毒性的方法，是一种电化学过程。电解处理废水的方法是在电镀原理的基础上发展起来的。

1) 基本原理

电解法处理冶金废水时，极板被浸在废水中，接通直流电源后，废水中就有电流通过，在电解质水溶液中，电解质分子电解为正离子和负离子，由于溶液中正离子所带的正电荷总数和负离子所带的负电荷总数相等，因此电解质溶液呈电中性。接通电源后，在电场的作用下，溶液中的正离子向阴极迁移，负离子向阳极迁移，产生电流。

当有电流通过时，溶液中的每一种离子都不同程度地参加了电迁移过程，每种离子所迁移的电流与离子的运动速度成正比。在锌、铁、铜、银等金属盐的溶液中，当有一定的电流通过时，溶液中的金属离子在阴极上吸收电子并以原子态金属的形式析出；在碱金属、碱土金属溶液中以及酸性溶液中，大多是 H^+ 在阴极上释放电子而析出氢气；如果阳极为惰性金属(铂等)或非金属石墨等，溶液中的负离子会在阳极上放电，对于硝酸盐、硫酸盐、磷酸盐等溶液，硝酸根离子、硫酸根离子、磷酸根离子等会在阳极上放电而析出氧气；而在卤素化合物的溶液中，可能在阳极上析出卤素单质(氟化物除外)；若阳极为一种较活泼的金属(如铁、铜、镍、锌等)时，这些阳极的金属原子会释放电子，以金属离子状态溶解而进入液相中。

例如用电解法处理含铬废水时，以金属铁作为阳极，在电解过程中，铁失去电子，以二价铁离子的形式进入液相中，溶液中生成的二价铁离子在酸性条件下，将六价铬离子还原为三价铬离子，同时溶液中的 H^+ 在阴极上获取电子析出氢气，使溶液的 pH 值逐渐上升，溶液由酸性变为近似中性，三价铬形成氢氧化物沉淀而从液相中除去。

阳极反应为：$Fe \rightarrow Fe^{2+} + 2e$

阴极反应为：$2H^+ + 2e \rightarrow H_2 \uparrow$

溶液中 Fe^{2+} 还原 Cr^{6+} 为 Cr^{3+}：

$$Cr_2O_7^{2-} + 6Fe^{2+} + 14H^+ \longrightarrow 2Cr^{3+} + 6Fe^{3+} + 7H_2O$$

$$Cr_2O_4^{2-} + 3Fe^{2+} + 8H^+ \longrightarrow Cr^{3+} + 3Fe^{3+} + 4H_2O$$

随着溶液中的 pH 值不断上升，液相中的 Fe^{3+}、Cr^{3+} 最终形成稳定的氢氧化物沉淀，最后将水和沉淀物分离，从而达到了去除水中六价铬的目的。

2) 影响因素

(1) 电流密度。

阳极板电流密度是指单位阳极面积上通过的电流大小，阳极板所需要的电流密度随着所处理废水的污染物浓度而变化，当污染物浓度相对较大时，应适当提高电流密度；污染物浓度较小时，可适当降低电流密度。电流密度与电解时间成反比关系，当废水中污染物浓度一定时，增加电流密度，则电压相对升高，污水处理速度加快，但同时增加了电能的消耗；而如果采用较小的电流密度，会相应减小电的消耗量，但电解速度减慢。

(2) 槽电压。

槽电压受所处理废水的电阻率和极板间距离的影响。废水的电阻率一般控制在 1200 欧姆·厘米以下。当所处理废水的导电性能差时，需要投加一定数量的食盐来改善其导电性能，同时也能相应地减少电能消耗，但多加不但是浪费，而且增加了水中氯离子含量，破坏了水质。电解法处理含铬废水时，食盐的投加量一般控制在 1~1.5 克/升；电极间距一般为 5~20 毫米，多采用 10 毫米，间距大则所需的电解时间长、耗电量大、电极效率低，如果间距太小，安装和维修都不方便。

(3) 阳极钝化。

在用电解法处理废水的过程中常常会发生阳极钝化现象，为避免这一现象的发生，可采用电极换向、降低 pH 值、投加食盐、增加电极间的液体流动速度等一系列措施。电极换向时间一般为 15 分钟,也可以是 30~60 分钟换向一次。

(4) 废水 pH 值的影响。

在电解法处理废水的过程中,废水的 pH 值对阳极电流效率有很大影响。pH 值低,则阳极电流效率高,电解时间短,而且铁阳极溶解速度快,电解效率高,同时阳极的钝化程度低;而在碱性条件下,铁阳极非常容易钝化,局部阳极表面有时会发生氢氧根离子放电析出氧气的反应,而析出的氧气将二价铁离子氧化为三价铁离子,从而使二价铁离子还原六价铬离子的作用减弱。同时二价铁离子还原六价铬离子的反应速度随着反应体系 pH 值的降低而加快。但是并不是溶液的 pH 值越低越好,如果 pH 值太低,会使处理后废水中的 Fe^{3+}、Cr^{3+} 不能形成氢氧化物沉淀,从而影响废水处理的效果。

(5) 空气搅拌的影响。

空气搅拌促进了离子的对流和扩散,降低了极化现象,缩短了电解时间,同时防止了沉淀物在电解槽中的沉降,起到清洁电极表面的作用。但是要特别注意,电解槽工作时压缩空气的量不宜太大,以不使沉淀物在电解槽内沉淀为准,这是因为如果电解槽内空气量太大,空气中的氧会将 Fe^{2+} 氧化成 Fe^{3+},影响处理效果。

4.3.4 生物处理法

生物处理法是利用自然界中微生物的代谢作用,将污水中有机杂质氧化分解,并将其转化为无机物的方法。要采取一定的人工措施,创造出适合微生物生长繁殖的环境,加速微生物的新陈代谢,从而使有机物得以降解、去除。

生物处理法根据微生物的生长环境可分为好氧生物处理和厌氧生物处理;根据微生物的生长方式可分为活性污泥法和生物膜法。在好氧条件下,有机污染物质最终被分解成 CO_2、H_2O 和各种无机酸盐;在厌氧条件下污染物质最终形成 CH_4、CO_2、H_2S、N_2、H_2、H_2O 以及有机酸和醇等。生物处理法具有费用低,便于管理等优点,是目前处理有机污染废水的主要处理方法。

1) 活性污泥法

活性污泥法是以活性污泥为主体的污水好氧生物处理技术。向生活污水注入空气进行曝气,每天保留沉淀物,更换新鲜污水。这样,持续一段时间后,在污水中即形成一种呈黄褐色的絮凝体。这种絮凝体主要是由大量繁殖的微生物群体所构成的,它易于沉淀并与水分离,并使污水得到净化、澄清。这种絮凝体就被称为"活性污泥"。活性污泥法处理系统实质上是水体自净的人工强化模拟,如图 4-10 所示。

活性污泥是活性污泥处理系统中的主体作用物质。活性污泥上栖息着具有强大生命力的微生物群体,活性污泥微生物群体的新陈代谢作用将有机污染物转化为稳定的无机物质,故被称为"活性污泥"。正常的处理城市污水的活性污泥是在外观上呈黄褐色的絮凝颗粒状,又被称为"生物絮凝体",其颗粒尺寸取决于微生物的组成、数量、污染物质的特征以及某些外部环境因素,如曝气池内的水温及水动力条件等,一般介于 0.02~0.2,活性污泥的表面积较大,每毫升活性污泥的表面积大体介于 20~100 平方厘米。活性污泥含水率很高,一般都在 99% 以上,其比重则因含水率不同而异,介于 1.002~1.006。

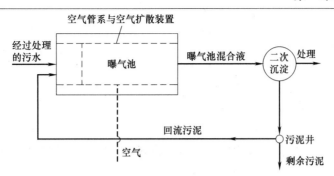

图 4-10 传统活性污泥法处理流程

经初次沉淀池或水解酸化装置处理后的污水从一端进入曝气池，同时从二次沉淀池连续回流的活性污泥，作为接种污泥，也与此同步进入曝气池。此外，从空压机站送来的压缩空气，通过干管和支管的管道系统和铺设在吸气池底部的空气扩散装置，以细小气泡的形式进入污水中，其作用除向污水充氧外，还使曝气池内的污水、活性污泥处于剧烈搅动的状态。活性污泥与污水互相混合、充分接触，使活性污泥反应得以正常进行。

这样，由污水、回流污泥和空气互相混合形成的液体称为混合液。

活性污泥反应进行的结果是，污水中的有机污染物得到降解、去除，污水得以净化，由于微生物的繁衍增殖，活性污泥本身也得到增长。

2) 生物膜法

与活性污泥法并列的污水好氧生物处理技术是生物膜法。这种处理法的实质是使细菌和真菌类一类的微生物和原生动物、后生动物一类的微型动物附着在滤料或某些载体上生长繁育，并在其上形成膜状生物污泥——生物膜。生物膜上的微生物以污水中的有机污染物作为营养物质，微生物自身繁衍增殖的同时，使污水得到净化。

生物膜法有以下主要特征。

(1) 微生物方面的特征。

① 参与净化反应微生物多样化。微生物附着在生物载体表面，无须像活性污泥那样承受强烈的搅拌冲击，宜于生长增殖。而固定生长也使生物固体平均停留时间(污泥龄)较长，因此在生物膜上能够生长世代时间较长、比增殖速度很慢的微生物，如硝化菌等。在生物膜上还可能大量出现丝状菌，而且没有污泥膨胀之虞。线虫类、轮虫类以及寡毛虫类的微型动物出现的频率也较高。

② 生物的食物链长。在生物膜上生长繁育的生物中，动物性营养一类者所占比例较大，微型动物的存活率亦高。所以在生物膜上形成的食物链要长于活性污泥上的食物链。正因为如此，在生物膜处理系统内产生的污泥量也少于活性污泥处理系统。

污泥产量低，是生物膜法各种工艺的共同特征，一般来说，生物膜法产生的污泥量较活性污泥处理系统少 1/4 左右。

③ 能够存活世代时间较长的微生物。在生物膜法中，污泥的生物固体平均停留时间与污水的停留时间无关。因此，世代时间较长的硝化菌和亚硝化菌也能够繁衍增殖。因此，生物膜法的各项处理工艺都具有一定的硝化功能，采取适当的运行方式，还可能具有反硝化脱氮的功能。

④ 分段运行与优占种属。
(2) 处理工艺方面的特征。
① 对水质、水量变动有较强的适应性。
② 污泥沉降性能良好，宜于固液分离。
③ 能够处理低浓度的污水。
④ 易于维护运行、节能。
生物膜处理法的主要工艺有生物滤池、生物转盘、生物接触氧化、生物流化床法等。

4.4 我国冶金行业废水治理的基本方法

本节主要介绍几种冶金行业废水治理的基本方法，包括物理法、化学法、物理化学法、生物法，此外还有一些新技术和发展趋势。

4.4.1 物理法

1. 重力沉降法

在重力作用下，废水中比重大于 1 的悬浮物下沉，使其从废水中被去除，这种方法称为重力沉降法。

重力沉降法既可分离废水中原有悬浮固体(如泥沙、铁屑、焦粉等)，又可分离在废水处理过程中生成的次生悬浮固体(如化学沉淀物、化学絮凝体及微生物絮凝体等)。

由于这种方法简单易行，分离效果好，而且分离悬浮物又往往是水处理系统不可缺少的预处理或后续工序，因此应用十分广泛。

1) 沉降类型

根据废水中可沉物质的浓度高低和絮凝性的强弱，沉降包括四种类型。

(1) 自由沉降。自由沉降也称离散沉降，是一种无絮凝倾向或弱絮凝倾向的固体颗粒在稀溶液中的沉降。由于悬浮固体浓度低，而且颗粒间不发生黏合，因此在沉降过程中颗粒的形状、粒径和比重都保持不变，各自独立地完成沉降过程。颗粒在泥沙池及初次沉淀池内的初期沉淀即属于此。

(2) 絮凝沉降。絮凝沉降是一种絮凝性颗粒在稀悬浮液中的沉降。虽然废水中的悬浮固体浓度也不高，但在沉降过程中各颗粒之间互相黏合成较大的絮体，因而颗粒的物理性质和沉降速度不断发生变化。初次沉淀池内的后期沉淀及二次沉淀池内的初次沉降即属于此。

(3) 成层沉降。也称集团沉降。当废水中的悬浮物浓度较高，颗粒彼此靠得很近时，每个颗粒的沉降都受到周围颗粒作用力的干扰，但颗粒之间相对位置不变，成为一个整体的覆盖层共同下沉。此时，水与颗粒群之间形成一个清晰的界面，沉降过程实际上就是这个界面的下沉过程。由于下沉的覆盖层必须把下面同体积的水置换出来，二者之间存在着相对运动，水对颗粒群形成不可忽视的阻力，因此成层沉降，又称为受阻沉降。化学混凝中絮体的沉降及活性污泥在二次沉淀池中的后期沉降即属于此。

(4) 压缩。当废水中的悬浮固体浓度很高时,颗粒之间便相互接触,彼此支撑。在上层颗粒的重力作用下,下层颗粒间隙中的水被挤出界面,颗粒相对位置发生变化,颗粒群被压缩。活性污泥在二次沉淀池泥斗中及浓缩池内的浓缩即属于此。

2) 沉淀池

用重力沉降法分离水中悬浮固体的设备称为沉淀池。

按在污水处理流程所处的位置,可分为初次沉淀池和二次沉淀池。沉淀池按水流方向可分为平流式、竖流式和辐流式三种。

① 平流式沉淀池。

平面呈矩形,废水从池首流入,水平流过池身,从池尾流出。池尾底部设有贮泥斗,集中排除刮泥设备刮下的污泥。刮泥设备有链带刮泥机、桥式行车刮泥机等。此外,也可以采用多斗重力排泥。

平流式沉淀池的长度多在 30~50 米,为了保证废水在池内均匀分布,池的长宽比应不小于 4。池宽多介于 5~10 米,沉淀区水深多在 2.5~3.0 米分布,如图 4-11、图 4-12 所示。

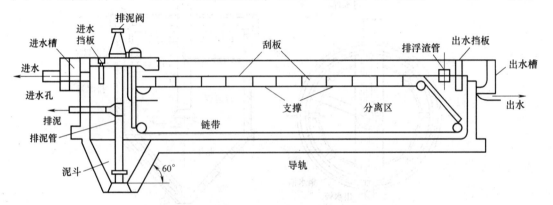

图 4-11 链带刮泥机的平流式沉淀池

图 4-12 平流式沉淀池

在平流式沉淀池中,废水由进水槽经孔口流入池内。在孔口后,设有挡板来消能稳流和均匀配水。挡板高出水面 0.15～0.2 米，伸入水下不小于 0.2 米。沉淀池末端有溢流堰和集水槽，澄清水溢过堰口，经集水槽流出沉淀池。溢流堰前设有挡板，用于阻隔浮渣，并通过可转动的排渣管将浮渣收集和排出。池下部靠近水端设有泥斗，池底一般采用 0.10～0.02 的坡度向泥斗倾斜，泥斗壁倾角为 50°～60°，为了防止刮泥板损伤池底，底部常设有护轨。

链带式刮泥机的链带支撑件和驱动件都侵入水中，易锈蚀、难保养。为此，可改用桥式行车刮泥机，不用时将刮泥部件提出水面。另外，也可采用不设刮泥设备的多斗式沉淀池，每个泥斗单独设排泥管各自排泥。

② 竖流式沉淀池。

平面呈圆形或正方形，废水由中心筒底部配入，均匀上升，由顶部周边排出。池底锥体为贮泥斗，污泥靠水静压力排出，如图 4-13 所示。

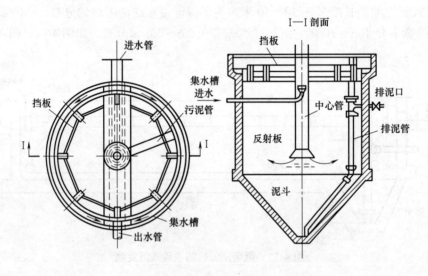

图 4-13 竖流式沉淀池

竖流式沉淀池的废水由中心管的下部进入池内，通过反射挡板的阻挡向四周排出。

竖流式沉淀池的直径一般在 4～8 米，最大可超过 10 米。为了保证水流垂直运动，池径和沉降区深度之比不能超过 3:1。

优点：排泥简易，便于管理，而且特别适用于絮凝性悬浮物的沉降。缺点：布水不均匀，容积利用系数低，而且深度大，施工困难，在废水量大或地下水位较高时不宜采用。

③ 辐流式沉淀池。

平面呈圆形，废水由中心管配入，均匀地向四周辐流，澄清水从周边排出。但也有周边进水，中心排出的，如图 4-14 所示。

辐流式沉淀池的选用范围较广，既可用于城市污水处理，也可用于各类工业废水处理；既可作为初次沉淀池，也可作为二次沉淀池。其主要缺点是剩余池内水速由大变小，使水流不够稳定，影响沉淀效果。为了解决这个问题，采用周边进水辐流式沉淀池，从而使悬浮物浓度比较高地靠近周边的沉降区，水流速度比一般辐流式沉淀池慢，有利于稳定水流，提高沉降效率。

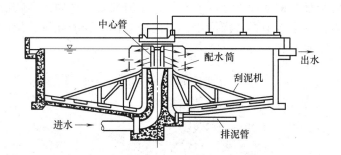

图 4-14 辐流式沉淀池

辐流式沉淀池的直径一般在 20～40 米，最大可达 100 米，池中心深度为 2.5～5 米。池底向中心的坡度为 0.06～0.08，如图 4-15 所示。

图 4-15 辐流式沉淀池

沉淀池的运行方式有间歇式和连续式两种。

(1) 在间歇运行的沉淀池中，其工作过程大致分为进水、静置和排水三步。污水中可沉淀的悬浮物在静置时完成沉淀过程，污水由设置在沉淀池壁不同高度的排水管排出。

(2) 在连续运行的沉淀池中，污水是连续不断地流入和排出。污水中悬浮物的沉淀是在污水流过水池时完成的，这时可沉降颗粒受到由重力所引起的沉降速度和水流速度的双重作用。水流的速度对颗粒的沉降有重要影响。

2. 过滤法

过滤工艺包括过滤和反洗两个基本阶段。过滤即截留污染物，反洗即把污染物从滤料层中洗去，使之恢复过滤能力。

从过滤开始到结束所延续的时间称为过滤周期(或工作周期)，从过滤开始到反洗结束称为一个过滤循环。

1) 筛滤

通过网目状和格子状设备(如格栅或筛子等)进行液固分离的方法称为筛滤。

格栅是由一组平行的钢制栅条制成的框架，倾斜架设在处理构筑物前或泵站水池进口处的渠道中，用以拦截废水中大块漂浮物，以防阻塞构筑物的孔洞、闸门和管道，或破坏水泵等机械设备，如图 4-16 所示。

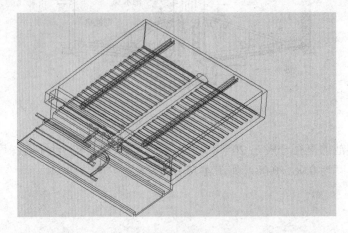

图 4-16　格栅

被拦截在栅条上的栅渣有人工和机械两种清除方法。一般日截渣量大于 0.2 立方米，采用机械清渣。对日截量大于 1 吨的格栅，常附设破碎机，以便将栅渣粉碎，再用水力输送到污泥处理系统一并处理。格栅与筛网过滤见图 4-17。

格栅与筛网过滤：

格栅间隙尺寸：15～75 毫米
筛网孔隙尺寸：<5 毫米

作用与功能：
去除较大颗粒固体，减轻后续处理负荷。
回收部分有用物质。
保护水力输送机械免受破坏。

图 4-17　格栅与筛网过滤

2) 粒状介质过滤

废水通过粒状滤料(如石英砂)床层时，其中的悬浮物和胶体被截留在滤料的表面和内部空隙中，这种通过粒状层分离不溶性污染物的方法称为粒状介质过滤。它既可用于活性炭吸附和离子交换等深度处理过程之前作为预处理，也可用于化学混凝和生化处理之后作为最终处理。

(1) 粒状介质滤池分类。

按过滤速度分为慢滤池、快滤池和高滤池三种。
按作用力分为重力式滤池和压力式滤池两类。
按水的流动方向分为下向流、上向流和双向流三种。

按滤层结构分为单层滤池、双层滤池和多层滤池三种。

滤头滤帽如图4-18所示。

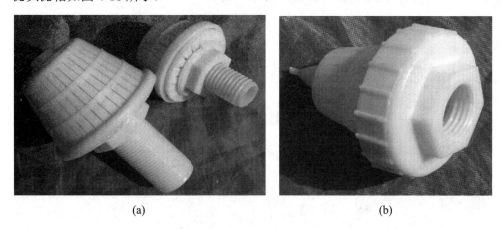

图4-18 滤头滤帽

过滤工作原理如图4-19所示。

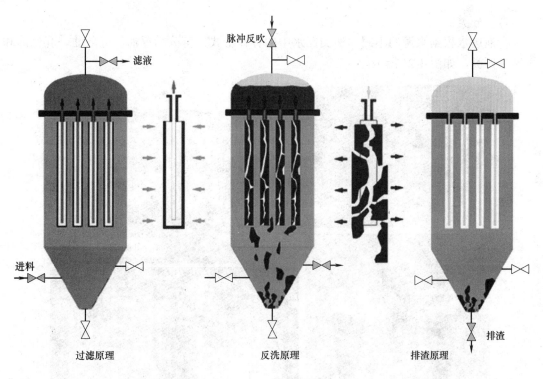

图4-19 过滤工作原理

(2) 滤料。

滤料是滤池中最重要的组成部分，是完成过滤的主要介质。

优良的滤料必须满足以下要求：有足够的机械强度，有较好的化学稳定性，有适宜的级配和足够的空隙率。所谓级配，就是滤料的粒径范围以及在此范围内各种粒径的滤料数量比例。滤料的外形最好接近球形，表面粗糙而且有棱角，以获得较大的空隙率和表面积。目前常用的滤料有石英砂(见图 4-20)以及白煤、陶粒、高炉渣、聚氯乙烯、聚苯乙烯塑料球等。

图 4-20　石英砂纤维球

3. 气浮法

1) 分类

含油废水根据来源的不同和油类在水中的存在形式，可分为浮油、分散油、乳化油和溶解油四类，如图 4-21 所示。

图 4-21　油类存在形式

(1) 浮油：以连续相漂浮于水中，形成油膜或油层，这种油的油滴粒径较大，一般大于 100 微米。

(2) 分散油：以微小油滴悬浮于水中，不稳定，经静置一定时间后往往变成浮油，其油滴粒径为 10～100 微米。

(3) 乳化油：水中往往含有表面活性剂，使油成为稳定的乳化液，油滴粒径极微小，一般小于 10 微米，大部分为 0.1～2 微米。

(4) 溶解油：是一种以化学方式溶解的微粒分散油，油粒直径比乳化油还要细，有时可小到几纳米。

2) 含油废水危害

油类覆盖水面，阻止空气中的氧溶解于水，使水中的溶解氧减少，致水生动物死亡，妨碍水生植物的光合作用，甚至使水质变臭，破坏水资源的利用价值。含油废水流到土壤后，会由于土壤胶粒的吸附和过滤作用，在土壤颗粒表面附着，降低土壤的透气性。

因此，含油废水必须经过适当处理后才能排放。

3) 处理方法

(1) 破乳。

在有乳化剂存在的情况下，乳化剂会在油滴和水滴表面形成一层稳定的薄膜，这样形成的乳状液非常稳定。当分散相是油滴时，称为水包油乳状液；当分散相是水滴时，称为油包水乳状液。

油包水是乳化剂的一种形式，其表面活性剂主要性质为亲油性，即拒水。在化妆品中，被称为"霜"，如嫩白霜、晚霜等。水包油主要功能基团是亲水性，在化妆品中被称为"露"，如洗发露、嫩肤露等。

由于乳化油废水的状态稳定，在自然条件下不易分层，因此，进行油水分离前需先破坏其稳定性，即破乳。破乳的原理是破坏油滴界面上的稳定薄膜，使油、水得以分离。

破乳的方法：投加换型乳化剂。在乳化液从油包水向水包油或水包油向油包水转化时，会破坏乳状液的稳定性，实现油水分离的目的。投加盐类、酸类可使乳化剂失去乳化作用，从而达到破乳的目的。改变乳化液的温度，有时可以使乳化液失稳破乳。对以粉末为乳化剂的乳化液，可以用过滤法除去乳化剂粉末而使乳化液破乳。

(2) 隔油。

常用的隔油池有平流式和斜流式两种。隔油池的结构与沉淀池基本相似，平流式隔油池如图 4-22 所示。

隔油池的停留时间为 90～120 分钟，可以除去的最小油粒粒径一般不小于 100 微米，除油效率在 70%以上，优点是结构简单，便于管理，除油效果稳定，但池体庞大，冬季需保温。

(3) 气浮。

气浮是将空气以微泡的形式送入污水中，利用表面化学的原理，疏水性颗粒就会黏附在气泡上，随气泡一起上浮，从而实现与水的分离。

污染物能否附在气泡上，主要取决于体系的表面能和污染物的表面特性。表面能用表面张力(使液体缩小表面积的能力)表示，表面特性用污染物的表面润湿性或亲水性表示。

气浮法的特点：占地面积小，基建投资少；浮渣含水率低，一般在 96%以下；污泥体积小，仅为沉淀法的 10%～50%，而且表面刮渣也比池底排泥方便；气浮法所需药剂费用比沉淀法少。但是，气浮法电耗较大，处理每吨废水比沉淀法多耗电 0.02～0.04 千瓦时。

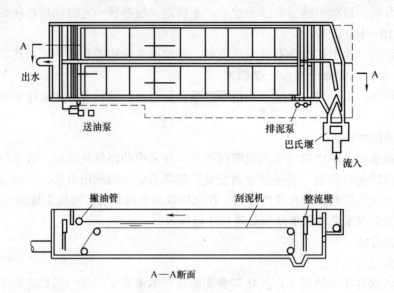

图 4-22　平流式隔油池

气浮法的分类：废水处理中采用的气浮方法，按气泡产生方式的不同，可分充气气浮、溶气气浮和电解气浮三类。

充气气浮，是采用扩散板或微孔管直接向气浮池中通入压缩空气，或借水泵吸水管吸入空气，也可以采用水力喷射器、高速叶轮等向水中充气。形成的气泡直径大约为 1000 微米。

溶气气浮，是使空气在一定压力下溶于水中并呈饱和状态；然后使废水压力骤然降低，这时空气便以微小的气泡从水中析出并进行气浮。用这种方法形成的气泡直径只有 80 微米左右，并且可以人为地控制气泡和废水接触时间，因而净化效果比充气气浮好，应用也更广泛。

电解气浮，是在废水电解时，由于水的电解及有机物的电解氧化，在电极上会有气体(如 H_2、O_2 及 CO_2 等)析出。借助于电极析出的微气泡而上浮，分离疏水性杂质微粒的技术。电解不仅有气泡上浮作用，而且还兼有凝聚、共沉、电化学氧化及还原等作用。

电解气浮具有去除污染物范围广、泥渣量少、工艺简单、设备小等优点，主要缺点是电耗大。

4. 离心分离法

用离心力分离废水中悬浮物的方法称为离心分离法。它包括差速离心法、速率区带离心法、等密度离心法等。

5. 磁力分离法

是借助外加磁场的作用，将废水中具有磁性的悬浮固体吸出来的方法。按产生磁场的方式不同，磁分离设备可分为永磁型、电磁型和超导型。

4.4.2 化学法

污水的化学处理是利用化学反应的作用去除水中的杂质。它的处理对象主要是污水中无机的或有机的(难以生物降解的)溶解物质或胶体物质。

常用的化学处理法有混凝沉淀法、中和法、氧化还原法、化学沉淀法和有机溶剂萃取法。

1. 混凝沉淀法

处理的对象主要是水中微小的悬浮物和胶体杂质，要求胶体的尺寸必须很小。混凝的目的是使胶体脱稳，使其能够彼此附着。混凝剂是加入水中以产生混凝作用的物质。常用的混凝剂有硫酸铝、聚合氯化铝(PAC)、硫酸亚铁、聚丙烯酰胺、活化硅胶、骨胶及其他混凝助剂。

2. 中和法

中和法是处理酸性废水和碱性废水的主要方法。中和法不仅能降低废水的酸碱度，也能使多种金属离子以氢氧化物沉淀除去。

常用的碱性中和剂有石灰、电石渣和石灰石、白云石。常用的酸性中和剂有废酸、粗制酸和烟道气。

酸性废水中和法：利用碱性废水中和法、投药中和法、过滤中和法。

碱性废水中和法：一般加硫酸进行中和，采用烟道气中和碱性废水，成本比较高。

3. 氧化还原法

氧化还原法属于化学处理方法，是将废水中有害的溶解性污染物质在氧化还原反应的过程中氧化或还原，转化为无毒或微毒的新物质，或转化为可以从污水中分离出来的气体或固体，从而使水得到净化处理的目的。氧化还原法是转化污水中污染物的有效方法。

按照污染物的净化原理，氧化还原法可分为药剂法、电化学法(电解)和光化学法三大类。在选择药剂和方法时要遵循以下原则。

(1) 处理效果好，反应产物无毒或无害，不需要进行二次处理。

(2) 处理费用合理，所需药剂和材料容易得到。

(3) 操作性好，在常温和较宽的 pH 值范围内具有较快的反应速度；当反应温度和压力提高后，其处理效率和速度的提高能克服费用增加的不足；当负荷变化后，在调整操作参数后，可维持稳定的处理效果。

(4) 与前后处理工序的目标一致，搭配方便。

与生物氧化法相比，化学氧化还原法的运行费用较高。因此目前的化学氧化还原法仅用于饮用水的处理、特种工业用水的处理、有毒工业污水处理和以回收为目的的污水深度处理等情况。

(1) 化学氧化法。

通过投加化学氧化剂处理污水中的 CN^-、S^{2-}、Fe^{2+}、Mn^{2+} 等离子。根据投加氧化剂的不同，可分为空气氧化法(利用空气中的氧气来氧化)、臭氧氧化法、氯氧化法。

(2) 化学还原法。

污水中的某些金属离子在高价态时的毒性很大，将其用还原法还原为低价态后分离除去。常用的还原剂有以下几类：某些电极电位较低的金属(如铁屑、锌粉等)、某些带负电的离子(如 $NaBH_4$ 中的 B^{5-})、某些带正电的离子(如 $FeSO_4$ 或 $FeCl_2$ 中的 Fe^{2+})，此外利用废气中的 H_2S、SO_2 和污水中的氰化物等进行还原处理也是有效而经济的方法。

4. 化学沉淀法

化学沉淀法是向废水中投加化学药剂，使其与废水中的污染物发生直接的化学反应，形成难溶的固体生成物(沉淀物)，然后进行固液分离，从而除去水中污染物的方法。

4.4.3 物理化学法

1. 吸附法

利用某种多孔性固体物质吸附剂，将废水中一种或几种污染物质吸附到其表面上，用以回收和除去某种溶质，从而使废水得到净化。常用的吸附剂有：活性炭、活化煤、磺化煤、焦炭；硅藻土煤渣、腐殖质酸、木屑金属及其化合物；由有机物合成，具有与其他化学成分交换的活性基团的不溶性高分子化合物——离子交换树脂、大孔吸附树脂等。

吸附剂在达到饱和后必须进行脱附再生，才能重复使用。脱附是吸附的逆过程，即在吸附剂结构不变化或变化极小的情况下，用某种方法将吸附质从吸附剂孔隙中除去，恢复其吸附能力，可降低处理成本，减少废渣的排放，同时回收吸附质。

1) 吸附法分类

根据吸附的机理，吸附法有以下分类。

(1) 物理吸附。

物理吸附是固体表面粒子(分子、原子、离子)存在剩余的吸引力而引起的，是一个放热过程，在低温下就可进行，没有选择性。

(2) 化学吸附。

通过吸附剂与吸附质的原子或分子间的电子转移或共用化学键进行吸附，是放热过程。由于化学反应需要大量的活化能，一般需要在较高的温度下吸附，为选择性吸附。

(3) 交换吸附。

在吸附的过程中每吸附一个吸附质离子，同时也要释放出一个等当量的离子。离子的电荷交换是交换吸附的决定性因素，离子带电越多，它在吸附剂表面的反电荷点上的吸附力也就越强。

离子交换法的优点很多，诸如去除率高、可以浓缩回收有用物质、设备简单、操作控制容易等；但是在目前的技术水平下，离子交换法的应用还受到一定限制，离子交换剂的再生和再生液的处理也是一个难题。

2) 影响吸附的因素

(1) 吸附剂的结构：比表面积、孔结构、表面化学性质。

(2) 吸附质的性质：对于一定的吸附剂，由于吸附质性质的差异，吸附效果也会不一样。通常有机物在水中的溶解度随着链长的增加而减小，而活性炭的吸附量却随着在水中的溶解度的减少而增加,也就是随着吸附质相对分子质量的增加而增加。

2. 萃取法

萃取法的实质是利用溶质在水中和有机溶剂中的溶解度有着明显的不同来进行组分分离。只有溶质在溶剂中的溶解度远大于其在水中的溶解度时,溶质才能从水中转入溶剂中。所用的溶剂就称为萃取剂。作为萃取剂,要满足分配系数大、萃取容量大、选择性强、溶解度小、比重和水的差别大、运输安全、化学稳定性强、毒性小、价格低廉等要求。

萃取也是一种可逆过程,溶解在有机溶剂中的溶质,在一定条件下(如蒸馏、蒸发、投加某种盐类能使溶质不溶于萃取剂中)会转移到另一种介质或溶剂中,回收溶剂或去除污染物,以实现反萃取。萃取和反萃取的效果主要取决于过程中的各项条件(如废水的 pH 值、溶质浓度、萃取剂与反萃取剂的浓度、温度和其他操作常数)。

3. 电解法

电解是利用直流电进行溶液氧化还原的过程。污水中的污染物在阳极被氧化,在阴极被还原,或者与电极的反应产物相作用,转化为无害成分被分离除去,或形成沉淀析出,或生成气体逸出。电解能够一次去除多种污染物,例如氰化镀铜污水经过电解处理时,CN^-在阳极被氧化,Cu^{2+}在阴极被还原沉淀。若以铝或铁金属为阳极,通电后的电化学腐蚀作用,可使铝或铁以离子的形式溶解于水中,经过水解生成的氢氧化铝或氢氧化铁,可对废水中的胶体和悬浮物质起到吸附和凝聚作用。在电解过程中,在阴阳两极产生的氢气和氧气都以微小的气泡逸出,在上升的过程中吸附在水中的微粒杂质或油类表面,从而将其带到水面,起到电解气浮的作用。电解法的优点是:电解装置紧凑,占地面积小,节省投资,利于实现自动化。药剂用量少,废液量少。通过调节槽电压和电流,可以适应较大幅度的水量和水质的变化冲击。缺点是:电耗和可溶性的阳极材料消耗较大,副反应较多,电极易钝化。

4. 膜分离法

膜分离法是利用特殊的薄膜对液体中的某些成分进行选择性透过的方法的总称。溶剂透过膜的为渗透,溶质透过膜的为渗析。

根据膜的种类、功能和过程推动力的不同,膜分离法包括电渗析、反渗透、超滤、渗析。

1) 电渗析

电渗析是在直流电场的作用下,利用阴阳离子交换膜对溶液中的阴阳离子选择性透过(阴膜允许阴离子透过,阳膜允许阳离子透过),从而使溶液中的溶质与水分离的一种物理化学过程。

2) 反渗透

反渗透利用的是膜两侧的液体对膜的压力不等的原理,当压力超过渗透压时,压力大的一侧的水就会流向压力小的一侧,直到压力平衡。实现反渗透的必备条件:一是必须具备高度选择性和高透水性的半透膜;二是操作压力必须高于溶液的渗透压。

良好的反渗透膜是实现反渗透技术的关键。好的反渗透膜必须有多种性能:选择性好,单位面积的透水量大,脱盐率高;机械强度好(抗压、抗拉);耐磨、热稳定性和化学稳定性好，耐酸、碱的腐蚀和微生物的侵蚀，耐辐射和氧化；结构均匀一致，尽可能的薄；寿命长，成本低。

3) 超滤

超滤和反渗透同样是靠压力和半透膜实现膜分离。两种方法的区别在于超滤受渗透压的影响较小，能在低压力条件下操作。超滤过程在本质上是一种筛滤过程，膜表面的孔隙大小是主要的控制因素，溶质能否被膜孔截留，取决于溶质粒子的大小、形状、柔韧性以及操作条件等，与膜的化学性质关系不大。

超滤在工业污水处理方面的应用很广，如对用电泳涂漆污水、含油污水、纸浆污水、颜料和颜色污水、放射性污水等的处理及食品工业污水中蛋白质、淀粉的回收。

4) 渗析

渗析是利用溶质的浓度差进行扩散，一般是低分子物质、离子透过膜、溶剂和分子量较大的被截留在膜外。

近年来，膜分离技术发展很快，在水和污水处理、化工、医疗、轻工、生化等领域得到推广应用。

4.4.4 生物法

1. 生物处理法的分类

根据废水生物处理中微生物对氧的要求，可把废水的生物处理方法分为好氧处理和厌氧处理两类；根据微生物的存在状态，可以分为活性污泥法、生物膜法和自然处理法。

1) 好氧生物处理

好氧生物处理是在向好氧微生物的容器或构筑物中不断供给氧气的条件下，利用好氧微生物分解废水中的污染物质的过程。一般是通过机械设备往曝气池中连续不断地充入空气，也可以用氧气发生设备来提供纯氧，使氧溶解于废水中，这种过程称为曝气。曝气的过程除了能够供氧外，还起到搅拌混合的作用，保持活性污泥在混合液中呈悬浮状态，同时增加微生物与基质的碰撞概率，从而能够与水充分混合。

废水的水质不同，微生物的数量和种类也有很大差异。如在进行生活污水的处理过程中，微生物的种类复杂多样，几乎所有的微生物群类都能寻找到。而在工业污水的处理中，微生物的种群比较单纯，自然界中的微生物大多无法在其中生存。

因为好氧生物处理的运行费用主要为电耗，所以提高曝气过程中氧的利用率，增加单位电耗氧量一直是曝气设备和技术开发的重点。

好氧处理的主要方法有：活性污泥法、SBR、生物接触氧化法、生物转盘法、生物滤池、氧化沟、氧化塘等。好氧生物处理主要适用于 COD 在 1500 毫克/升以下的废水处理中。

2) 厌氧生物处理

厌氧处理废水是在无氧的条件下进行的，是厌氧微生物作用的结果。厌氧微生物在生命活动中不需要氧，有氧还会抑制和杀死这些微生物。这类微生物分为两大类，即发酵细菌和产甲烷菌。废水中的微生物在这些微生物的联合作用下，通过酸性阶段和产甲烷阶段，最终被转化为甲烷和二氧化碳气体，同时使废水得到净化。

厌氧生物处理可直接接纳 COD 大于 2000 毫克/升以上的废水，而这种高浓度废水若采用好氧生物处理法必须稀释几倍甚至几百倍，致使废水的处理费用很高。食品工业、屠宰场、酒精工业等的废水处理都适合用厌氧处理法。但厌氧处理后的废水中的COD和BOD_5仍然很高，达不到污水排放的标准，所以在实际操作中后续用好氧生物处理工艺就是常说的A/O法。

研究和实践表明，处理高浓度的有机废水，应先采用厌氧法处理，使废水中的COD和BOD_5大幅度降低，然后再用好氧法进行处理，可取得比较好的效果，特别是处理比较难降解、物质浓度高的有机废水，如制药、酒精、屠宰、化工、轻纺等高浓度水，因为厌氧微生物对某些有机物有特异的分解能力。

2. 废水的生物处理的基本过程

废水的生物处理可分为四个连续的过程。

1) 絮凝

在废水的处理中，细菌大多以絮凝体的形式存在。在废水进入反应池后，废水中的一种细菌会分泌出黏液性的物质，使细菌形成菌胶团。絮凝成活性污泥或吸附在一定的载体上形成生物膜，它们在废水的生物处理中具有重大的生态学意义。

2) 吸附

微生物个体很小，菌团像胶体一样一般带有负电荷，而废水中的污染物颗粒常带有正电，因此它们相互间有很大的吸引力。活性污泥对有机物颗粒、胶体有较强的吸附能力，对溶解性有机物的吸引力较小。对于悬浮固体和胶体含量较高的废水，吸附作用可以使水中的有机污染物减少70%~80%。废水中的重金属离子也可以被吸附。

吸附是一个物理过程，吸附速度在开始的时候最快，随着时间的推移，就会越来越慢。在达到极限后，吸附作用基本结束。在正常条件下，吸附的完成需要20~40天的过程。在完成吸附后，即可通过固液分离的方法，将污染物从水中清除出去。

3) 氧化

氧化是发生在微生物体内的一种生物化学的过程。被活性污泥和生物膜吸附的大分子有机物，在微生物胞外酶的作用下，水解为可溶性的小分子有机物，然后透过细胞膜进入微生物细胞内。经过微生物的新陈代谢及一系列的生化反应，微生物产生能量并合成细胞物质，随着微生物的不断繁殖，有机物不断地被氧化分解。

4) 沉淀

废水中的有机物在活性污泥或生物膜的氧化分解作用下无机化后，处理后的废水必须经过泥水，才能排至自然水体中。若泥水不经分离或分离的效果不好，由于活性污泥本身是有机体，进入自然水体后会造成二次污染。

4.4.5 冶金废水处理的新技术及发展趋势

工业污水处理，要朝着以下几个方面进行不懈努力。

加强污染源的控制，开展综合利用和物料回收技术，减少污染物的排放量。各工业部门和乡镇企业在积极推进技术改造和设备更新的同时，应尽力发展无害少废工艺，使一类企业的废物作为另一类企业的原料。从原料开始改革工艺路线，完善生产管理，严格控制物料流失，开展综合利用，加强回收。例如，钢铁联合企业烧结厂污水中的铁矿粉和焦炭，炼铁厂煤气洗涤污水中的矿粉和焦炭，轧钢废水中的氧化铁皮，炼钢污水中的氧化铁皮，炼钢厂烟气洗涤污水中的氧化铁，均可回收利用，这样的做法既可减轻环境污染，又能变废为宝，增加了社会财富。总之，控制污染源，开展综合利用，是治理工业污水的治本之策，是我们必须长期为之奋斗的目标。

对重点污染源采取有效措施，以减轻地表和地下潜在的污染危害，从而带动区域性污水治理的开展。

在一定条件下，对单一企业或邻近地区的工业污水进行适当的独立或联合预处理，再与城市的生活污水进行合并处理。工业污水与城市污水合并处理，具有投资省、占地小、便于管理、治理效率高等优点。但工业污水一般会含有毒、有害物质，用生物处理的方法可能难以降解，从而使处理方法失效。若是因此而采用分散处理的方式，则凡有排污的企业需分别设置处理设施，势必出现小而分散的局面，增加投资成本，因此，对工业企业所排出的污水，若是超过排污标准，只需要进行适当的预处理，若是符合下水道接纳水质，即可排入，由城市污水处理厂进行集中处理。城市污水处理厂会根据工业企业排出的污水性质和数量，向工业企业征收处理费用，这样就能促进城市污水的处理，并取得较好的环境效益、经济效益和社会效益。

发展循环用水、一水多用和污水回用等技术，提高工业用水的重复利用率。当前，工业需水量的增长很快，节约工业用水既可保证工业的发展，又可大量减少污染物向水体排放。冷却水或其他的工艺用水大部分可在排放前循环使用多次，热电厂采用冷却塔供水冷却后循环使用，比一次性直流冷却的方法要节约很多水。另外，充分利用废料生产也是一条减少工业用水和污水排出的途径。

总之，对工业用水进行有效的治理，是水环境污染防治工作的重要方面，对此，我们要付出大量的工作和不懈的努力。

本 章 小 结

本章介绍了冶金废水污染以及控制的基础知识。其中，主要介绍了我国冶金工业废水污染、我国冶金行业废水处理的基本原理。讲解了当前我国冶金行业废水治理的基本方法。

思考与习题

1. 简述水污染的概念。
2. 我国冶金工业废水处理的基本原理有哪些？有哪些优缺点？
3. 冶金工业废水的来源是什么？生产工艺如何产生废水？
4. 我国冶金工业废水处理方法有哪些？

第 5 章　冶金固体废物处理

【本章要点】

本章介绍固体废物的概念、种类及其危害，固体废物的有效利用和资源化，我国固体废物资源化的技术和现状；我国冶金工业固体废物处理工艺，包括高炉渣、钢渣、有色金属冶炼渣及赤泥的处理与应用技术。

【学习目标】

- 了解固体废物的概念、种类及其危害。
- 了解固体废物的有效利用和资源化。
- 了解我国冶金工业固体废物处理工艺。

5.1　固体废物污染概述

本节介绍固体废物的概念和种类，以及固体废物的危害。

5.1.1　固体废物的概念

我国于 1995 年颁布的《固体废物污染环境防治法》给出了固体废物的法律定义：固体废物是指在生产建设、日常生活和其他活动中产生，在一定时间和地点无法利用而丢弃的污染环境的固态、半固态的废弃物质。

这里所说的生产建设，不是具体的某个建设工程项目的建设，而是指国民经济建设所言的生产及建设活动，是一个大范围的概念，包括工厂、矿山、建筑、交通运输、邮电等各行各业的生产和建设活动；这里所说的日常生活是指人们居家过日子、吃住行等活动，亦包括为保障人们居家生活提供各种社会服务及保障的活动；这里所说的其他活动，主要是指商业活动及医院、科研单位、大专院校等非生产性的，又不属于日常生活范畴的正常活动。

1. 固体废物的概念具有时间性和空间特征

固体废物具有鲜明的时间性和空间特征。从时间角度讲，相对于目前的科学技术和经济条件，随着科学技术的发展，矿物资源的日渐枯竭，昨天的废物势必成为明天的资源；从空间角度讲，废物是相对于某一过程或某一方面没有使用价值，而并非在一切过程或一切方面都没有使用价值。例如，采矿废渣可以作为水泥生产的原料，城市垃圾可焚烧发电，因此，一种过程的废物随时空条件的变化，往往可以成为另一过程的原料，所以废物又有"放在错误地点的原料"之称。

2. 固体废物的产生有其必然性

一方面，由于人们在索取和利用自然资源从事生产和生活活动时，限于实际需要和技术条件，总要将其中一部分作为废物丢掉；另一方面由于各种产品本身具有使用寿命，超过寿命期限，也会成为废物。

5.1.2 固体废物的种类

固体废物是一个极其复杂的非均质体系，为了便于管理和对不同的废物实施相应的处理处置方法，需要对废物进行分类。

固体废物按化学组成可分为有机废物和无机废物；按其对环境与人类健康的危害程度可分为一般废物和危险废物；按其形态可分为固态废物(块状、粒状、粉状)、半固态废物(污泥)、液态(气态)废物(在有关危险废物的条文中包括液态和气态的部分物质)。

固体废物通常根据来源分为工业固体废物、城市生活垃圾、放射性废物、其他废物等，如图 5-1 所示。

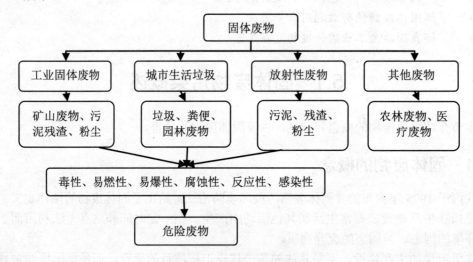

图 5-1　固体废物分类体系

我国的《固体废物污染环境防治法》将固体废物分为城市生活垃圾、工业固体废物和危险废物三类进行管理。

1. 城市生活垃圾

《固体废物污染环境防治法》定义城市生活垃圾是在城市日常生活中或者为日常生活提供服务的活动中产生的固体废物，以法律、行政法规规定视为城市生活垃圾的固体废物。根据我国目前环卫部门的工作范围，城市生活垃圾应该包括：居民生活垃圾、园林废物、机关单位排放的办公垃圾等。此外，在实际收集到的城市生活垃圾中，还可能包括部分中小型企业产生的工业固体废物和少量危险废物(废打火机、废油漆、废电池、废日光灯管等)。

主要特点：成分复杂，有机物含量高。影响城市生活垃圾成分的主要因素有居民生活水平、生活习惯、季节、气候等。

2. 工业固体废物

《固体废物污染环境防治法》定义工业固体废物为"在工业、交通等生产活动中产生的固体废物"，工业固体废物是来自各个工业生产部门的生产和加工过程及流通中所产生的粉尘、碎屑、污泥等，废物产生的行业有冶金、化工、煤炭、电力、交通、轻工、石油等，其范围包括：冶炼渣、化工渣、废矿石、尾矿和其他工业固体废弃物。有些国家将矿业开采和矿石洗选过程所产生的废石和尾砂单独列为矿山废物，而我国的《固体废物污染环境防治法》明确将矿山废物纳入工业固体废物类加以管理。

3. 危险废物

《固体废物污染环境防治法》定义危险废物为"列入国家危险废物名录或者国家规定的危险废物鉴别标准和鉴定方法认定的、具有危险特性的废物"，不当的处理、贮存、运输、处置或其他管理会引起疾病和导致死亡，或对人体健康或环境造成显著的威胁。

危险废物的主要特征并不在于它们的相态，而是在于它们的危险特性，即毒性、易燃性、易爆性、腐蚀性、反应性、感染性。所以危险废物可以包括固态、残渣、油状物质、液体以及具有外包装的气体等。

4. 其他废物

固体废物的分类，除以上三者外，还有来自农业生产、畜禽饲养、农副产品加工以及农村居民生活所产生的废物，如农作物秸秆、人畜禽排泄物等农林业固体废物，一般就地加以综合利用，或做沤肥处理，或做燃料焚化。在我国的《固体废物污染环境防治法》中，未对此单独列项做出规定，而仅对其中农用薄膜的污染问题做出了规定。也没有关于医疗废物的具体规定，这类废物在大多数国家被列为危险废物。我国仅制定了有关管理条例。

为了加强管理，理应在《固体废物污染环境防治法》中增加有关其他废物的内容。

此外，由于放射性废物在管理方法和处置技术等方面与其他废物有着明显的差异，大多数国家都不将其包含在危险废物范围内，我国的《固体废物污染环境防治法》也没有涉及放射性废物的污染控制问题，至于放射性固体废物则自成体系，进行专门管理。

5.1.3 固体废物的危害

1. 固体废物污染环境的途径

固体废物，特别是有害固体废物，若是处理处置不当，会通过不同途径危害人体健康。

通常工业固体废物所含化学成分能形成化学物质型污染，固体废物中的化学物质致人疾病的途径如图 5-2 所示；生活垃圾是多种病原微生物的孳生地，能形成病原体型污染，固体废物中的病原体型微生物传播疾病的途径如图 5-3 所示。

2. 固体废物对自然环境的影响

1) 侵占土地

如果固体废物不加以利用，需占地堆放，堆积量越大，占地越多。到 1994 年为止，我国工矿业废渣、煤矸石、尾矿堆累积量就达 66 亿吨，占地 90 万亩。随着生产的发展和消费的增长，垃圾占地的矛盾日益尖锐，即使是固体废物的填埋处置，若不着眼于场地的选择评定以及场基的工程处理和填埋后的科学管理，废物中的有害物质还会通过不同途径进入环境中，并对生物包括人类产生危害。比如，生物群落特别是一些水生动物的休克死亡，可以认为是废物(包括垃圾)处置场释出污染物质的前兆。比如雨季由于填埋场填埋不当，使地表径流或渗滤液中的化学毒素进入江河湖泊引起的大量鱼群死亡,这类危害效应可从个体发展到种群,直到生物链,并导致受影响地区营养物循环的改变或产量降低。

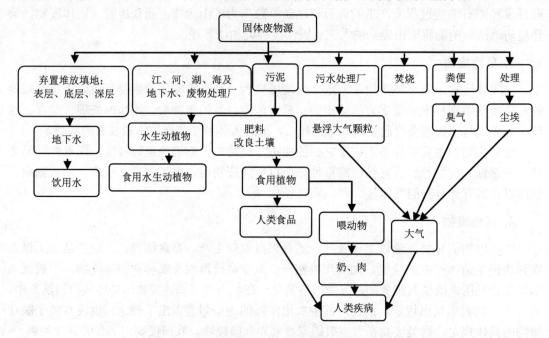

图 5-2　固体废物中的化学物质致人疾病的途径

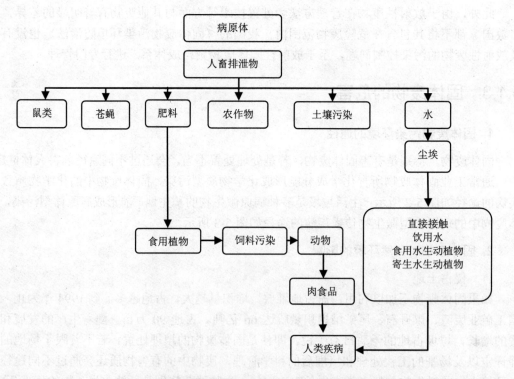

图 5-3　固体废物中的病原体型微生物传播疾病的途径

2) 污染土壤

固体废物及其淋洗和渗滤液中所含有害物质会改变土壤的性质和结构,并对土壤中微生物的活动产生影响,这些有害成分的存在,不仅会阻碍植物根系的发育和成长,而且还会在植物有机体内积蓄,通过食物链危及人体健康。土壤是许多细菌、真菌等微生物聚居的场所,这些微生物形成了一个生态系统,在大自然的物质循环中担负着碳循环和氮循环的一部分重要任务。工业固体废物,特别是有害固体废物,经过风化、雨雪淋溶、地表径流的侵蚀,产生高温和毒水或其他反应,能杀灭土壤中的微生物,使土壤丧失腐解能力,导致草木不生。来自大气层核爆炸实验产生的散落物,以及来自工业或科研单位的放射性固体废物,也能在土壤中积累,并被植物吸收,进而通过食物进入人体。

3) 污染大气

堆放在固体废物中的细微颗粒、粉尘等可随风飞扬,从而对大气环境造成污染,据研究表明:当风力在4级以上时,在粉煤灰或尾矿堆表层,直径为1.5厘米以上的粉末将出现剥离,其飘扬的高度可达20～50米以上,而且堆积的废物中某些物质的分解和化学反应,可以不同程度地产生毒气或恶臭,造成地区性空气污染。例如煤矸石自燃会散发大量的二氧化硫。辽宁、山东、江苏三省的112座矸石堆中,自然起火的就有42座。废物填埋场中逸出的沼气也会对大气环境造成影响,在一定程度上会消耗其上层空间的氧,使种植物衰败,抑制植物的生长发育。此外,固体废物在运输过程中也会产生有害气体和粉尘。

4) 污染水体

在世界范围内,不少国家直接将固体废物倾倒于河流、湖泊或海洋中,甚至以后者当成处置固体废物的场所之一。固体废物随天然降水或地表径流进入河流、湖泊,或随风飘迁落入河流、湖泊,污染地面水,并随渗滤液渗透到土壤中,污染地下水;废渣直接排入河流、湖泊、海洋,能造成更大的水体污染。即使无害的固体废物排入河流、湖泊,也会造成河床淤塞,水面减小,水体污染。我国沿河流、湖泊、海岸建设的企业,每年向附近水域排放大量灰渣,有些电厂的排污口外的灰滩已延伸到航道中心。

5) 影响环境卫生

我国的生活垃圾、粪便的清运能力不高,无害化处理率低,很大一部分垃圾堆放在城市死角,严重影响环境卫生,对人们的健康构成潜在威胁。

6) 其他危害

某些特殊的有害固体废物排放,除产生以上各种危害外,还可能造成燃烧、爆炸、接触中毒、严重腐蚀等特殊损害。

5.2 固体废物的资源化

本节讲解资源化的概念及其基本原则,并介绍固体废物资源化技术。

5.2.1 资源化的概念

固体废物资源化,是指采取管理和工艺措施从固体废物中回收物质和能源,加速物质和能量的循环,创造经济价值的技术方法。

5.2.2 资源化的原则

资源化有以下四个原则。
(1) 技术的可行性。
(2) 良好的经济效益。
(3) 就近原则，降低存放和运输压力。
(4) 符合质量标准和环保标准，提高竞争能力。

5.2.3 固体废物资源化技术

1. 固体废物的分选技术

固体废物的分选就是将固体废物中各种可回收利用的废物或不利于后续处理工艺要求的废物组分采用适当技术分离出来的过程。

1) 手工拣选

手工拣选适用于废物产源地、收集站、处理中心、转运站或处置场。目前，手工拣选大多数集中在转运站或处理中心的废物传送带两旁。

2) 机械分选

方法很多，应用范围较广。但机械分选大多要在废物分选前进行预处理，一般需经过破碎处理。

机械分选包括筛选、风选、浮选、磁选、电选、摩擦和弹跳分选、光电分选和涡流分选等。具体方法根据废物组分中各种物质的性质差异选择确定。

(1) 筛选(按粒度分选的技术)。

筛选原理：为了使粗细物料通过筛面分离，必须使物料和筛面之间保持适当的相对运动。

① 物料分层：筛面上的物料层处于松散状态，形成粗粒位于上层，细粒位于下层的规则排列，细粒到达筛面并透过筛孔。

② 细粒透筛：使堵在筛孔上的颗粒脱离筛孔，以利于细粒透过筛孔。

物料分层是完成分离的条件，细粒透筛是分离的目的。细粒透筛时，尽管粒度都小于筛孔，但它们透筛的难易程度不同。粒度小于筛孔 3/4 的颗粒为易筛粒；粒度大于筛孔 3/4 的颗粒为难筛粒。筛选工具如图 5-4 所示。

(2) 风选(按密度分选)。

根据图 5-5 所示，固体颗粒的实际沉降速度为：

$$V = G_0 - (U_d + R)$$

式中，V 为沉降速度，G_0 为有效重力，U_d 为上升气流，R 为空气阻力。

风选设备：

卧式风力分选机。水平气流风选机，如图 5-6 所示。

立式风力分选机。上升气流风选机，如图 5-7 所示。

(3) 浮选(按润湿性分选)。

润湿性是指物质被水润湿的程度。

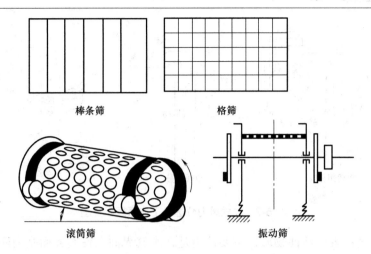

图 5-4 筛选工具

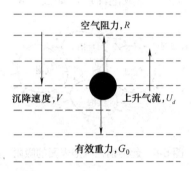

图 5-5 球形颗粒在上升气流中的受力分析

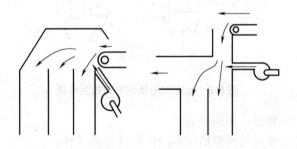

图 5-6 卧式风力分选机的结构和工作原理示意图

许多无机废物极易被水润湿,而有机废物则不易被水润湿。易被水润湿的物质,称为亲水性物质;不易被水润湿的物质,称为疏水性物质。

浮选药剂:捕收剂、起泡剂、调整剂。

① 捕收剂:主要作用是使欲浮的废物颗粒表面疏水,增加可浮性,使其易于向气泡附着。

常用的捕收剂有:异极性捕收剂——黄药类、脂肪酸类;非极性油类捕收剂——煤油、柴油等。

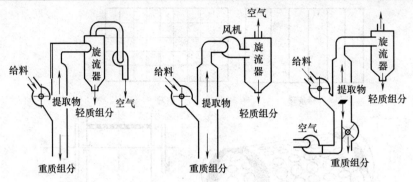

图 5-7　立式风力分选机工作原理示意图

② 起泡剂：表面活性物质，主要作用是在水气界面上使其界面张力降低，促使空气在料浆中弥散，形成小气泡，防止气泡兼并，增大分选界面，提高气泡与颗粒的黏附和上浮过程中的稳定性，以保证气泡上浮形成泡沫层，如图 5-8、图 5-9 所示。

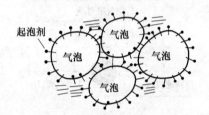

图 5-8　起泡剂在气泡表面的吸附

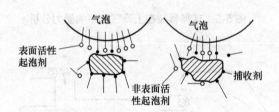

图 5-9　起泡剂与捕收剂的相互作用

常用的起泡剂：松醇油、脂肪醇等。

③ 调整剂：主要作用是调整捕收剂的作用及介质条件。

常用的调整剂种类有：pH 调整剂——酸、碱；活化剂——金属阳离子、阴离子 HS^-、$HSiO_3^-$ 等；抑制剂——O_2、SO_2 和淀粉、单宁等；絮凝剂——腐殖酸、聚丙烯酰胺；分散剂——水玻璃、磷酸盐。

浮选工艺过程包括调浆、调药、调泡三个程序。

调浆：浮选前料浆浓度的调节，它是浮选过程的一个重要作业。一般来讲，浮选密度较大、粒度较粗的废物颗粒，往往用较浓的料浆；反之浮选密度较小的废物颗粒，可用较稀的料浆。

调药：浮选过程药剂的调整，包括提高药效、合理添加、混合用药、料浆中药剂浓度的调节与控制等。

调泡：浮选气泡的调节。气泡越小，数量越多，气泡在料浆中分布越均匀，料浆的充气程度越好，为欲浮颗粒提供的气液界面越充分，浮选效果越好。当料浆中有适量起泡剂存在时，大多数气泡直径介于 0.4～0.8 毫米，最小 0.05 毫米，最大 1.5 毫米，平均 0.9 毫米左右。

浮选设备如图 5-10、图 5-11 所示。

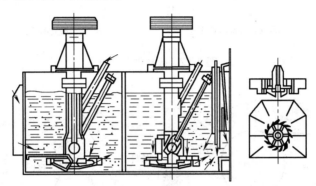

图 5-10 XJK 型机械搅拌式浮选机

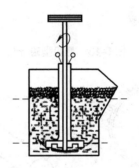

图 5-11 气泡在浮选机内的运动示意图

(4) 磁选(磁性差异)。

原理：磁选分离的关键是确定合适的 $f_{磁}$。

$$f_{磁} = mx_0 \cdot \mathrm{HgradH}$$

式中：m 为物质质量，x_0 为比磁化系数，HgardH 为磁场力，gardH 为磁场梯度，H 为磁场强度。

根据 x_0 的大小，废物可分成三类：强磁性物质，$x_0 > 38 \times 10^{-6}$ 立方厘米/克；弱磁性物质，$x_0 = (0.19 \sim 7.5) \times 10^{-6}$ 立方厘米/克；非磁性物质，$x_0 < 0.19 \times 10^{-6}$ 立方厘米/克。

根据 H 的大小，磁选设备可分为三类：弱磁场磁选设备，磁极表面 $H \leqslant 1700 O_S$；强磁场磁选设备，磁极表面 $H \geqslant 6000 \text{-} 26000 O_S$；中等磁场磁选设备，磁极表面 $H = 2000 \text{-} 6000 O_S$。

常用磁选机有：吸持型磁选机，如图 5-12 所示；悬吸型磁选机，如图 5-13 所示；永磁滚筒磁选机，如图 5-14 所示；逆流型永磁圆筒式磁选机，如图 5-15 所示。

(5) 电选(电性)。

根据导电性，废物分为：导体、半导体、非导体。

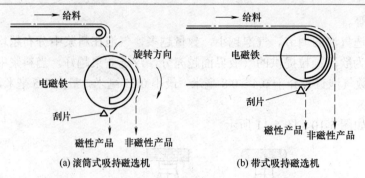

图 5-12　吸持型磁选机

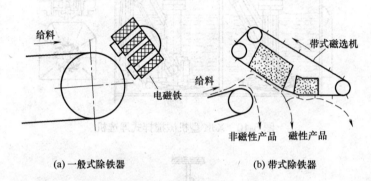

图 5-13　悬吸型磁选机

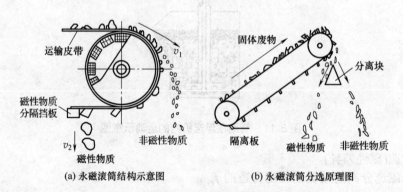

图 5-14　永磁滚筒磁选机的结构和工作原理图

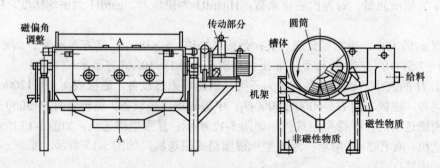

图 5-15　逆流型永磁圆筒式磁选机

目前使用的电选机，按电场特征主要分为：静电分选机，如图 5-16 所示；复合电场分选机，如图 5-17 所示。

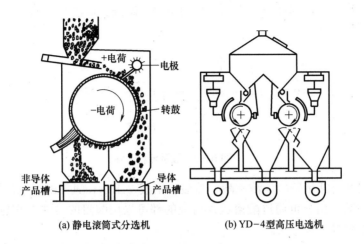

(a) 静电滚筒式分选机　　(b) YD-4型高压电选机

图 5-16　静电分选机

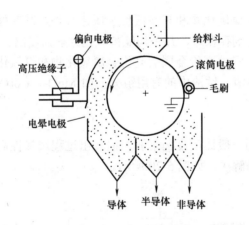

图 5-17　复合电场分选机

2. 固体废物的化学浸出技术

化学浸出：溶剂选择性地溶解固体废物中的某种目的组分，使该组分进入溶液中，达到与废物中其他组分相分离的工艺过程，如图 5-18 所示。

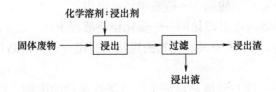

图 5-18　浸出流程

适用对象：成分复杂、嵌布粒度微细且有价成分含量低的矿业固体废物，化工和冶金过程排出的废渣等，采用传统分选技术往往成效甚微，因而常采用化学浸出技术。

1) 浸出理论

浸出方法：依浸出药剂种类的不同，分为酸浸、碱浸、盐浸等方法。

(1) 酸浸如图 5-19 所示。

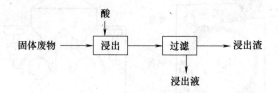

图 5-19　酸浸流程

常用的酸浸剂包括稀硫酸、浓硫酸、盐酸、硝酸、王水、氢氟酸、亚硫酸等。

凡废物中的某种组分可通过酸溶进入溶液的都可采用酸浸的方法。它包括简单酸浸、氧化酸浸和还原酸浸三种方法。

简单酸浸：适用于浸出某些易被酸分解的简单金属氧化物、金属含氧盐及少数的金属硫化物中的有价金属。

氧化酸浸：适用于金属硫化物和某些低价金属化合物，其在酸性溶液中相当稳定，不易简单酸溶，但在有氧化剂存在时，几乎均能被氧化分解而浸出。

还原酸浸：主要用于浸出变价金属的高价金属氧化物和氢氧化物，如浸出有色金属冶炼过程中产出的镍渣、锰渣、钴渣中的有用组分，如 MnO_2、$Co(OH)_3$、$Ni(OH)_3$、Co_2O_3、Ni_2S_3 等。

(2) 碱浸。

碱浸药剂的浸出能力一般比酸浸药剂弱，但浸出过程选择性高，可获得较纯净的浸出液，且设备防腐问题较易解决，如图 5-20 所示。

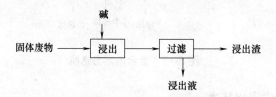

图 5-20　碱浸流程

常用的碱浸药剂与浸出方法如下。

碳酸铵和氨水——氨浸碳酸钠——碳酸钠溶液浸出。

苛性钠——苛性钠溶液浸出硫化钠——硫化钠溶液浸出。

氨浸——含金属铜、钴、镍及其氧化物的废物的浸出——含铁高且脉石以碳酸盐为主的铜镍废物。

碳酸钠溶液浸出——能与碳酸钠反应生成可溶性钠盐的废物，特别是碳酸盐含量较高的废物——某些含钨废料、硫化钼氧化焙烧渣、含磷、含钒等废物。

苛性钠溶液浸出——苛性钠是拜耳法生产氧化铝的主要浸出剂。含硅高的固体废物中的有价组分也常用苛性钠溶液浸出。

硫化钠溶液浸出——硫化钠可分解砷、锑、锡、汞等硫化物，使它们生成可溶性硫化酸盐的形态转入浸液中。因此，凡含这类硫化物的废物都可用硫化钠溶液浸出。

(3) 盐浸。

以某些无机盐的水溶液为浸出剂，浸出废物原料中的某种组分的过程。

常用的盐浸剂：氯化钠、高价铁盐、氯化铜和次氯酸钠等溶液。

2) 浸出工艺与设备

(1) 浸出工艺。

依浸出过程废物的运动方式，分两种：渗滤浸出、搅拌浸出。

① 渗滤浸出：浸出剂在重力作用下自上而下或在压力作用下自下而上通过固定废料层的浸出过程，一般仅用于某些特定的废物，常采用间断操作制度，包括槽浸、堆浸、就地浸出。

② 搅拌浸出：将磨细的废物与浸出剂在搅拌槽中进行强烈搅拌的浸出过程，可浸出各种废物。浸出前废物磨细至 0.3 毫米以下，采用连续操作制度。

依浸出剂与被浸废料的相对运动方式，分三种：顺流浸出、错流浸出、逆流浸出。

① 顺流浸出：浸出时，浸出剂与被浸废料的流动方向相同，此时浸出液中目的组分的含量较高，浸出剂的消耗量较小，但浸出速度较小，浸出时间较长，如图 5-21 所示。

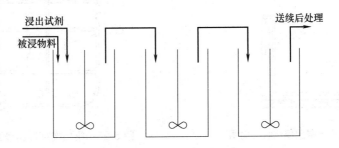

图 5-21 顺流浸出工艺流程

② 错流浸出：浸出时，浸出剂与被浸废料的流动方向相错，每次浸出后的浸渣均与新浸出剂接触，浸出速度高，浸出率高，但浸出液体积大，浸出液中目的组分的含量低，浸出剂消耗量大，如图 5-22 所示。

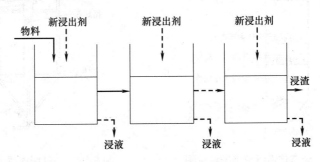

图 5-22 错流浸出工艺流程

③ 逆流浸出：浸出时，浸出剂与被浸废料运动方向相反，即经几次浸出而贫化后的废物与新鲜浸出剂接触，而原始被浸废物则与浸出液接触，可较充分地利用浸出液中的剩

余浸出剂，浸出液中目的组分含量高，浸出剂消耗量较小，但浸出速度较低，浸出时间较长，需较多的浸出段数，如图 5-23 所示。

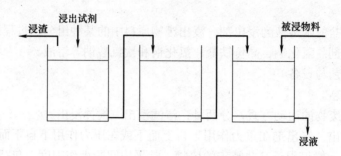

图 5-23　逆流浸出工艺流程

(2) 浸出设备。

常用的浸出设备有渗滤浸出槽(池)、机械搅拌浸出槽、流态化逆流浸出槽和空气搅拌浸出槽，结构如图 5-24～图 5-27 所示。

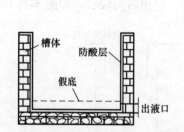

图 5-24　渗滤浸出槽(池)结构图

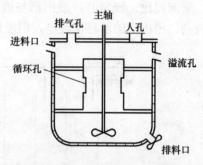

图 5-25　机械搅拌浸出槽结构图

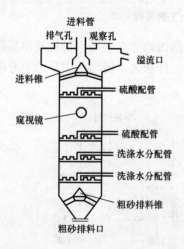

图 5-26　流态化逆流浸出槽结构图

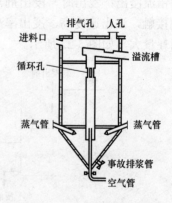

图 5-27　空气搅拌浸出槽结构图

3. 固体废物的生物处理技术

利用微生物的新陈代谢作用使固体废物分解、矿化或氧化的过程，称为固体废物的生物处理技术，包括生物冶金技术和生物转化技术。

1) 生物冶金技术

利用微生物及其代谢产物氧化、溶浸废物中的有价组分，使废物中有价组分得以利用的过程，称为微生物浸出，也称为生物冶金。

微生物冶金主要用于回收矿业固体中的有价金属，如铜、金、铀、钴、镍、锰、锌、银、铂、钛等金属，尤其是铜、金等金属。

(1) 冶金用微生物。

生物冶金工业用的微生物种类很多，见表 5-1。

表 5-1 浸矿细菌的种类及其主要生理特征

细菌名称	主要生理特征	最佳生存 pH
氧化铁硫杆菌	$Fe^{2+} \rightarrow Fe^{3+}$，$S_2O_3^{2-} \rightarrow SO_4^{2-}$	2.5～5.3
氧化铁杆菌	$Fe^{2+} \rightarrow Fe^{3+}$	3.5
氧化硫铁杆菌	$S \rightarrow SO_4^{2-}$，$Fe^{2+} \rightarrow Fe^{3+}$	2.8
氧化硫杆菌	$S \rightarrow SO_4^{2-}$，$S_2O_3^{2-} \rightarrow SO_4^{2-}$	2.0～3.5
聚生硫杆菌	$S \rightarrow SO_4^{2-}$，$H_2S \rightarrow SO_4^{2-}$	2.0～4.0

(2) 生物冶金机理。

生物冶金机理包括：细菌的直接作用和细菌的间接作用。

① 细菌的直接作用。

附着于矿物表面的细菌能直接催化矿物而使矿物氧化分解，并从中直接得到能源和其他矿物营养元素满足自身生长需要。如细菌浸铜：

$$2FeS_2 + 7O_2 + 2H_2O = 2FeSO_4 + 2H_2SO_4$$

$$2CuFeS_2 + H_2SO_4 + 8\frac{1}{2}O_2 \xrightarrow{\text{细菌}} 2CuSO_4 + Fe_2(SO_4)_3 + H_2O$$

$$Cu_2S + H_2SO_4 + 2\frac{1}{2}O_2 \xrightarrow{\text{细菌}} 2CuSO_4 + H_2O$$

② 细菌的间接作用。

依靠细菌的代谢产物——硫酸铁的氧化作用，细菌间接地从矿物中获得生长所需的能源和基质。

$$2FeS_2 + 7O_2 + 2H_2O = 2FeSO_4 + 2H_2SO_4$$

$$4FeSO_4 + 2H_2SO_4 + O_2 \xrightarrow{\text{细菌}} 2Fe_2(SO_4)_3 + 2H_2O$$

$$FeS_2 + Fe_2(SO_4)_3 = 3FeSO_4 + 2S^0$$

$$2S^0 + 3O_2 + 2H_2O \xrightarrow{\text{细菌}} 2H_2SO_4$$

$$4FeSO_4 + 2H_2SO_4 + O_2 \xrightarrow{\text{细菌}} 2Fe_2(SO_4)_3 + 2H_2O$$

(3) 生物冶金方法。

生物冶金方法包括槽浸、堆浸、原位浸出。

① 槽浸：一般适用于高品位、贵金属的浸出，将细菌酸性硫酸高铁浸出剂与废物在反应槽中混合，机械搅拌通气或气升搅拌，然后从浸出液中回收金属。

② 堆浸：在倾斜的地面上，用水泥、沥青等砌成不渗漏的基础盘床，把含量低的矿业固体废物堆积其上，从上部不断喷洒细菌酸性硫酸高铁浸出剂，然后从流出的浸出液中回收金属。

③ 原位浸出：利用自然或人工形成的矿区地面裂缝，将细菌酸性硫酸高铁浸出剂注入矿床中，然后从矿床中抽出浸出液回收金属。

三种方法都要注意温度、酸度、通气和营养物质对菌种的影响，促使细菌发挥最佳的浸矿作用。

2) 生物转化技术

生物转化技术是利用微生物的代谢作用来分解转化有机固体废物。

(1) 生物转化原理。

在固体废物中存在的有机物主要有纤维素、碳水化合物、脂肪和蛋白质等，这些复杂有机物在不同的条件下有不同的分解产物。在好氧环境中的完全降解产物是简单的无机化合物，如 CO_2、H_2O、NH_3、PO_4^{3-}、SO_4^{2-}等，在厌氧环境中的降解产物主要包括各种有机酸、醇以及少量 CO_2、NH_3、H_2S 及 H_2 等。

① 纤维素的生物降解。

纤维素是葡萄糖的高分子聚合物，每个纤维素分子约含 1400～10000 个葡萄糖基，分子式为：$(C_6H_{10}O_5)_{1400\sim 10000}$。棉纤维中约含90%纤维素，木、竹、麦秆、稻草、城市垃圾等均含有大量纤维素。因此，纤维素是有机固体废物中的重要成分。

② 半纤维素的生物降解。

半纤维素存在于植物细胞壁中，它在植物组织中的含量很高，仅次于纤维素，约占一年生草本植物残体重量的25%～40%，占木材的25%～35%。

半纤维素的组成：由聚戊糖(木聚糖和阿拉伯糖)、聚乙糖(半乳糖、甘露糖)及聚糖醛酸(葡萄糖醛酸和半乳糖醛酸)等组成。但有的半纤维素仅由一种单糖组成，如木聚糖、半乳糖，有的由一种以上的单糖或糖醛酸组成。

③ 果胶质的生物降解。

果胶质是天然的水不溶性物质，它是高等植物细胞间质的主要成分，是由 D-半乳糖醛酸通过 α-1、4-糖苷键连接而成的直链高分子化合物，其羧基与甲基脂形成甲基酯。

果胶质的降解产物是甲醇和糖醛酸：

$$原果胶 + H_2O \xrightarrow{原果胶酶} 可溶性果胶 + 聚戊糖$$

$$可溶性果胶 + H_2O \xrightarrow{果胶甲酯酶} 果胶酸 + 甲醇$$

$$果胶酸 + H_2O \xrightarrow{聚半乳糖酶} 半乳糖醛酸$$

果胶、聚戊糖、半乳糖醛酸等在好氧条件下被分解为 CO_2 和 H_2O；在厌氧条件下进行丁酸发酵，生成丁酸、乙酸、醇类、CO_2 和 H_2。

④ 淀粉的生物降解。

淀粉广泛存在于植物种子(稻、麦、玉米)和果实中，凡是以上述物质作原料所得的固体废物均含有淀粉。

淀粉是多糖，分子式为$(C_6H_{10}O_5)_{1200}$，它是许多异养微生物的重要能源和碳源，是一种易被生物降解的有机污染物。

淀粉的降解过程如下：

$$淀粉 \xrightarrow{糊精酶} 糊精 \xrightarrow{麦芽糖苷酶} 麦芽糖 \xrightarrow{葡糖苷酶} 葡萄糖 \begin{cases} \xrightarrow{好氧分解} CO_2 + H_2O \\ \xrightarrow{厌氧分解} 乙醇 + CO_2 \end{cases}$$

⑤ 脂肪类物质的生物降解。

脂肪类物质是易降解的有机物。动植物体内的脂类物主要有脂肪、类脂质和蜡质等。在微生物胞外酶、脂肪酶的作用下，脂肪类物质首先被水解为甘油(丙三醇)和脂肪酸：

$$脂肪 \xrightarrow[脂肪酶]{+H_2O} 甘油 + 高级脂肪酸$$

$$类脂质 \xrightarrow[磷脂酶类]{+H_2O} 甘油或其他醇类 + 高级脂肪酸$$

$$蜡质 \xrightarrow[酯酶类]{+H_2O} 高级醇 + 高级脂肪酸$$

⑥ 蛋白质的生物降解。

蛋白质是一种含氮有机物，由多种氨基酸组合而成，是生物体的一种主要组成物质及营养物质。

蛋白质的降解分胞外和胞内两个大的阶段。

第一阶段：胞外水解阶段，蛋白质在蛋白酶的催化下逐步分解成氨基酸：

$$蛋白质 \xrightarrow{蛋白酶(内肽酶)} 蛋白胨 \xrightarrow{蛋白酶(内肽酶)} 多肽 \xrightarrow{肽酶(外肽酶)} 氨基酸$$

第二阶段：胞内分解阶段。

蛋白质必须水解至氨基酸，才能渗入细菌的细胞内。在细胞内，氨基酸可再合成菌体的蛋白质，也可能转变成另一种氨基酸或者进行脱氨基作用。

⑦ 木质素的生物降解。

木质素是一种高分子的芳香族聚合物，大量存在于植物木质化组织的细胞壁中，填充在纤维素的间隙内，有增强机械强度的功能。

木质素的结构十分复杂，它由以苯环为核心，带有丙烷支链组成的一种或多种芳香族化合物(如苯丙烷、松柏醇等)缩合而成，并常与多糖类结合在一起。苯丙烷、松柏醇的化学分子式为：

苯丙烷　　　　　　　　　松柏醇

木质素是植物残体中最难分解的组分，一般先由木质素降解菌将其降解成芳香族化合物，然后再由多种微生物继续进行分解。但木质素的分解速度极其缓慢，并有一部分组分难以降解。

(2) 生物转化设备。

根据微生物在有机物降解过程中对氧气要求的不同，固体废物的生物转化分为好氧生物转化和厌氧生物转化两类。前者称为好氧发酵，也称为堆肥化，后者称为厌氧发酵。生物转化技术不同，生物转化设备也不同。

① 好氧发酵装置。

立式发酵塔：常见有四种，如图 5-28 所示。

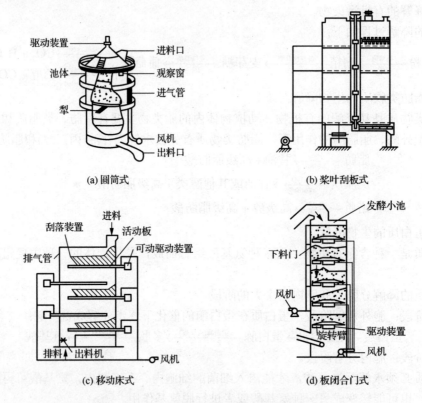

图 5-28　常见的立式发酵塔结构图

卧式发酵仓：常见有两种，如图 5-29 所示。

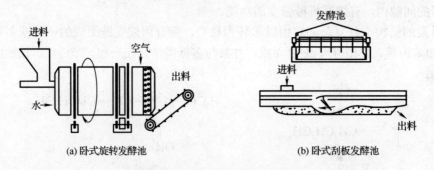

图 5-29　常见的卧式发酵仓结构图

筒仓式发酵仓：常见有两种，如图 5-30 所示。

② 厌氧发酵装置。

厌氧发酵池，亦称厌氧消化器。

常用的发酵池：立式圆形水压式沼气池，如图 5-31 所示；长方形发酵池，如图 5-32 所示；常用的大型发酵罐结构类型，如图 5-33 所示。

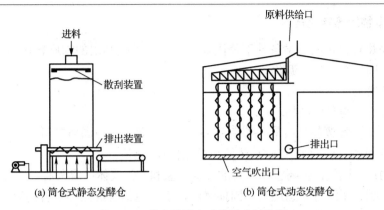

(a) 筒仓式静态发酵仓　　(b) 筒仓式动态发酵仓

图 5-30　常见的筒仓式发酵仓结构图

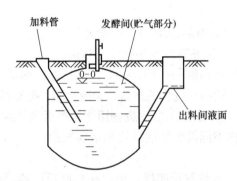

图 5-31　水压式沼气池工作原理示意图

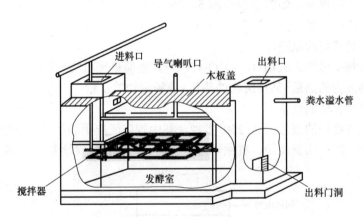

图 5-32　长方形发酵池示意图

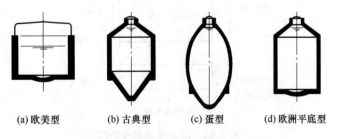

(a) 欧美型　(b) 古典型　(c) 蛋型　(d) 欧洲平底型

图 5-33　常用的大型发酵罐结构类型

4. 固体废物的热转化技术

固体废物热转化是在高温条件下使固体废物中可回收利用的物质转化为能源的过程，特别适合有机固体废物的资源化。

1) 固体废物的热解

(1) 热解原理与热解产物。

$$\text{有机固体废物} + \text{热量} \xrightarrow{\text{无}O_2\text{或缺}O_2} \text{可燃气} + \text{液态油} + \text{固体燃料} + \text{炉渣}$$

$$\text{有机物} + O_2 = CO_2 + H_2O + \text{其他简单无机物} + \text{热量}$$

热解产物：可燃气，主要包括 C_{1-5} 的烃类、氢和 CO 气体；液态油，主要包括 C_{25} 的烃类、乙酸、丙酮、甲醇等液态燃料；固体燃料，主要包括含纯碳和聚合高分子的含碳物。

不同的废物类型，不同的热解反应条件，热解产物都有差异。

(2) 热解工艺。

按供热方式可分为：直接(内部)供热——供给适量空气使有机物部分燃烧，提供热解所需热量。间接(外部)供热——从外界供给热解所需热量。

按热解温度可分为：高温热解——$T>1000℃$，供热方式都是直接加热。中温热解——$T=600\sim700℃$，主要用于比较单一废物的热解，如废轮胎、废塑料热解油化。低温热解——$T<600℃$。农业、林业和农业产品加工后的废物用来生产低硫低灰的炭，生产出的炭视其原料和加工的深度不同，可作不同等级的活性炭和水煤气原料。

(3) 热解反应器。

热解反应器包括：固定床热解反应器、流化床热解反应器、回转炉热解反应器、双塔循环式流化床热解装置等，如图 5-34～图 5-37 所示。

2) 固体废物的焚烧

(1) 固体废物焚烧的原理。

$$\text{有机物或可燃无机物} + O_2 = CO_2 + H_2O + \text{其他简单无机物} + \text{热量}$$

某种废物的热量=某种废物的热值×该种废物的重量

(2) 固体废物焚烧的设备。

目前世界上焚烧炉的型号已达 200 多种，其中较广泛应用的炉型按燃烧方式可分为四种：多段焚烧炉、流化床焚烧炉、机械炉排焚烧炉、回转窑式焚烧炉，如图 5-38 所示。

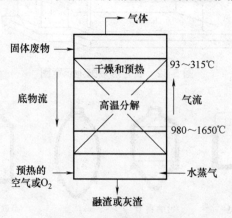

图 5-34 固定床热解反应器

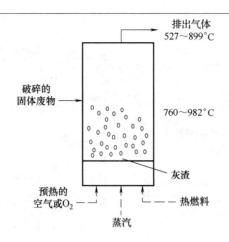

图 5-35　流化床热解反应器

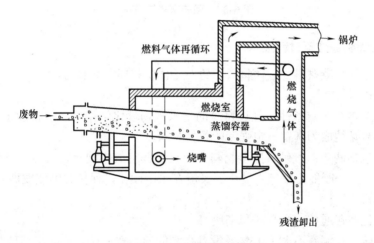

图 5-36　回转炉热解反应器

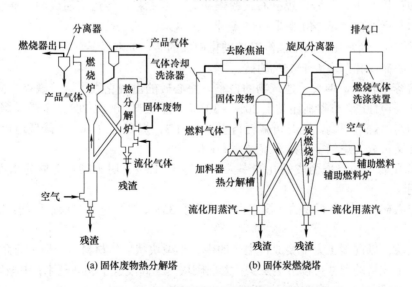

(a) 固体废物热分解塔　　(b) 固体炭燃烧塔

图 5-37　双塔循环式流化床热解装置

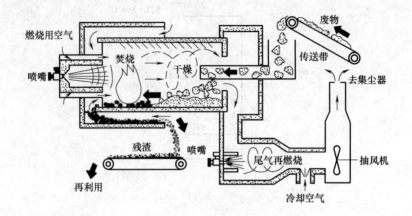

图 5-38　回转窑式焚烧炉

5. 固体废物制备建筑材料技术

建筑材料包括胶凝材料、墙体材料、铸石、建筑材料、骨料等。

1) 胶凝材料

胶凝材料是指在一定条件下经过自身的一系列物理化学作用，能将砂子、砖、石块、砌块或块状材料黏结成为具有一定强度的整体材料。

胶凝材料包括两类：气硬性胶凝材料——只能在空气中硬化、发展，并保持其强度。水硬性胶凝材料——既能在空气中硬化，又能在水中硬化，保持并继续发展其强度。

2) 墙体材料

墙体材料包括普通砖、空心砖和砌块等。

(1) 普通砖：孔洞率不大于 15%或没有孔洞的砖。普通砖又分为烧结砖和蒸养砖。

烧结砖：以黏土、页岩、煤矸石或粉煤灰为主要原料，经焙烧而成的普通实心砖，一般为矩形体，标准尺寸是 240 毫米×115 毫米×53 毫米。

蒸养(压)砖：经常压或高压蒸汽养护硬化而成的砖，如灰砂砖、粉煤灰砖、炉渣砖等。

(2) 空心砖：孔洞率大于 15%的砖。

普通砖容重较大，增大了建筑物的自重。空心砖的出现克服了这一缺点，同时改善了砖的绝热和隔声性能，节省制坯黏土 20%~30%，节省燃料 10%~20%，干燥和焙烧时间短，易于焙烧均匀，烧成率高，同时可减轻自重 1/4~1/3，提高工效 40%，降低造价 20%。

空心砖又可分为烧结多孔砖和烧结空心砖。

烧结多孔砖：经焙烧而成的孔洞率大于或等于 15%、用于砌筑墙体的承重用砖，如图 5-39 所示。

烧结空心砖：经焙烧而成的孔洞率大于或等于 35%、作填充而非承重用的砖，如图 5-40 所示。

(3) 砌块：以混凝土为主要原料生产的中、小型块状墙体材料，一般为直角六面体。

按产品主规格的尺寸可以分为三类：大型砌块——高度大于 980 毫米；中型砌块——高度为 380~980 毫米；小型砌块——高度为 115~380 毫米。

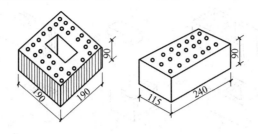

图 5-39　两种类型的烧结多孔砖

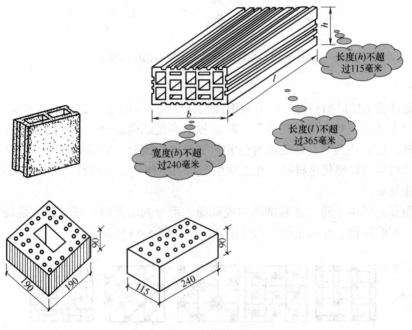

图 5-40　烧结空心砖

砌块高度一般不大于长度或宽度的 6 倍，长度不超过宽度的 3 倍。根据需要也可生产各种异形砌块，如图 5-41 所示。

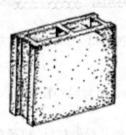

图 5-41　砌块示意图

用水泥或煤矸石无熟料水泥配以一定比例的集料，可制成空心率大于或等于 25%的砌块。中型空心砌块可分为水泥混凝土中型空心砌块和煤矸石硅酸盐中型空心砌块。其规格为：长度——500、600、800、1000 毫米；宽度——200、240 毫米；高度——400、450、800、900 毫米，如图 5-42 所示。

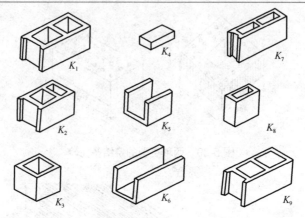

图 5-42 几种混凝土中型空心砌块示意图

3) 铸石

铸石是硅酸盐结晶材料之一,其耐磨性比锰钢高 5~10 倍,比一般碳素钢高 10 倍多。耐腐蚀性比不锈钢、铝和橡胶高得多,除氢氟酸和过热磷酸外,其耐酸碱度几乎接近百分之百。此外,铸石还具有良好的绝缘性和机械性能。因此,它是钢铁、有色金属、合金材料、橡胶等材料的理想代用材料,在工业生产设备中作为耐磨材料及耐酸耐碱材料使用。

4) 建筑陶瓷

建筑陶瓷是指用于建筑物装饰的陶瓷制品,可分为墙面砖、铺地砖、锦砖、陶管、琉璃等品种,有的施釉,有的无釉。锦砖拼花图案如图 5-43 所示。

图 5-43 锦砖的拼花图案

5) 骨料

工程上使用的骨料包括细骨料、粗骨料和轻骨料,常用于配制混凝土,用量约占混凝土总体积的 80%。

混凝土中起骨架或填充作用的粒状松散材料,粒径在 4.75 毫米以下的骨料称为细骨料。

粗骨料指在混凝土中,砂、石起骨架作用,称为骨料或集料,其中粒径大于 5 毫米的骨料称为粗骨料。

轻骨料是松散容重小于 1200 千克/立方米的多孔轻质骨料的总称。

5.3 我国冶金行业固体废物资源化利用现状

在冶金固体废物中,绝大多数为钢铁工业废弃物。据统计,2014 年我国粗钢产量达到 8.26 亿吨,占世界粗钢总产量的 50.21%,同时产生冶金渣达 2 亿吨以上。其中高炉渣、钢渣、化铁炉渣、尘泥、电厂粉煤灰、铁合金渣产生量分别约为 7557 万吨、3819 万吨、60 万吨、1765 万吨、494 万吨、90 万吨,其利用率分别约为 76.7%、22%、65%、98.5%、59%、20%。

1. 冶金固废的种类及成分

在冶金过程中,会产生大量的、来源不同的冶金固废。如在炼铁、炼钢、轧钢过程中会产生诸如钢渣、铁渣、氧化铁渣等废渣,除尘工序中会产生除尘灰、尘泥、沥青渣等。冶金固废的种类及主要特性见表 5-2。

表 5-2 冶金固废的种类及主要特性

		分 类	主要特性
冶金渣	有色冶金渣	铜渣、铅渣、镍渣、锌渣、镁渣、锂渣	有色金属渣水淬后大多呈亮黑色的致密颗粒,含有大量的硅酸铁(铁橄榄石)
	黑色冶金渣	钢渣:普通钢渣、脱硫渣	密度高、耐磨性强
		高炉渣:粒化高炉矿渣、高炉重矿渣、钒钛渣、含稀土元素渣	化学组成与天然岩石和硅酸盐水泥相似
		铁合金渣:碳素洛铁渣、硅锰渣、锰铁渣、锰铁高炉渣、其他铁合金渣等	品种及来源多、成分复杂
尘泥		高炉瓦斯灰、高炉瓦斯泥、转炉尘泥、除尘灰	含铁量高、品种及来源最多、成分复杂
粉煤灰		电厂粉煤灰	呈多孔型蜂窝状组织,比表面积较大,具有较高的吸附活性,有很强的吸水性

高炉炼铁熔融的矿渣在骤冷时来不及结晶而形成的玻璃态物质,呈细粒状,熔融的矿渣直接流入水池中冷却成为水渣。钢渣来源于炼钢转炉,含铁量小于 10%,钢渣经强制用水冷却,利用磁选加工成一定粒度,抗压性能好,较耐磨。矿渣、钢渣经磨细后,是水泥的活性混合材料。以马钢的水渣和钢渣为例,其化学成分见表 5-3。

表 5-3 水渣和钢渣化学成分分析(质量分数)

名称	元素含量									
	CaO	MgO	SiO_2	Al_2O_3	Fe_2O_3	MnO	TiO_2	TiFe	P_2O_5
水渣	37.9	8	33.9	11.1	2.1	0.2	1.1	25.9	0
钢渣	42.1	2.85	13~16	5.9	4.16	5.2	0~2	30.15	0.78

2. 冶金固废的利用现状

冶金固废主要包括冶金渣、冶金尘泥以及粉煤灰。

1) 冶金渣

冶金渣经历了由最初的直接丢弃处理，到中期的粗放型开发利用处理，到目前的综合回收开发利用处理，冶金渣的回收利用率逐步提升。目前，我国冶金渣综合利用率可达54.9%，主要应用于建筑行业、建材生产、水泥生产、铺设路面等。

作为冶金渣中最主要的组成成分钢渣，其综合开发回收技术主要包括：

(1) 钢渣磁选除铁。在粗钢生产中，伴随着约15%产量形成钢渣，其中8%～10%为废钢。目前，国内各钢厂纷纷采用自磨+磁选方式或余热自解热闷处理技术回收废钢。其中，自磨+磁选技术利用钢渣的物理特性，采用干式破碎磁选或湿式球墨磁选技术回收废钢；余热自解热闷处理技术利用钢渣的化学特性，通过消解其游离的氧化钙、氧化镁，使其成分稳定，降低废钢的产生量。

(2) 钢渣返烧结。钢渣中富含各种金属、非金属(钙、铁、镁、锰)的氧化物、残钢以及少量铁酸钙，其对烧结矿在高炉中反应可起到增强产品强度、降低溶剂消耗、减少碳酸盐分解进而降低燃料消耗的作用。因此，可将钢渣返回到高炉中与烧结矿一起进行再烧结，这样不但可以充分利用固废钢渣，改善产品烧结矿性能，还能在一定程度上降低原料、燃料的消耗，降低产品能耗比。

(3) 钢渣水泥。钢渣水泥是以钢渣为基料，掺和料和石膏为辅料，按一定比例进行混合、球磨后制成的。为提高钢渣水泥产品的性能，可在掺和料中加入适量的粉煤灰、矿渣、硅酸盐水泥熟料(不超过总重量的 20%)。用于生产水泥的钢渣必须进行烘干(含水率不得高于 2%)处理，目前国内多将含水钢渣运输至水泥厂，在热风炉中进行烘干后使用，也有的在钢渣原产地直接使用高炉煤气就地进行烘干后再运输至水泥厂使用。

(4) 钢渣、矿渣复合微粉。单独使用矿渣微粉作为混凝土掺和料，虽然可在一定程度上提高混凝土的强度和耐久性，但由于矿渣本身碱度较低，大量掺入混凝土后，会明显降低混凝土中液相的碱度，导致钢筋钝化膜的不稳定(当 pH<12.4 时，钝化膜易被破坏)，腐蚀混凝土中的钢筋，造成工程质量事故。而钢渣中含有水硬性的游离 CaO 等矿物质，当与矿渣配比使用时，钢渣水化分解出的碱性 $Ca(OH)_2$ 能激发矿渣的活性，同时矿渣可以消除钢渣中游离 CaO 的缺陷，改善产品的体积安定性性能。钢渣微粉和矿渣微粉复合后有优势叠加的效果，二者混合使用可以取长补短，且经济效益更加显著。

(5) 钢渣、矿渣建材制品。钢渣、矿渣建材制品是以钢渣、矿渣为骨料，掺入适量添加剂，以水泥为胶凝剂，采用半干法压制成型，钢厂余热蒸汽养护制成。与传统黏土砖和粉煤灰砖相比，钢渣矿渣混凝土砖具有强度高、耐久性高、节约黏土的优点，但其比重较大，因此并不适合用于实心墙体砌砖。

2) 冶金尘泥

钢铁厂冶金尘泥主要包括高炉尘泥、炼钢尘泥等。

(1) 高炉尘泥。冶金过程中随高炉煤气运动并被除尘器捕集获得的原料粉尘、燃料粉尘以及高炉内化学反应生成的各种金属蒸气统称为高炉尘泥，其捕集方式主要分为干式捕集和湿式捕集。干式捕集主要是利用干式除尘器进行捕集，得到固体粉状物，称为高炉瓦斯灰；湿式捕集主要是利用煤气洗涤塔及湿式除尘器进行捕集，得到呈泥浆状尘泥，称为高炉瓦斯泥。高炉尘泥具有 Zn、Fe、C 含量高，颗粒粒度小等特征，其中 Zn 主要集中在较小颗粒中，Fe、C 主要集中在较大颗粒中。由于高炉尘泥中富含丰富的 Zn、Fe、C 等金属和非金属物质，国内各钢厂对冶金中产生的高炉尘泥均会进行资源集中回收处理，以提取中间产品。

目前，国内一般采用弱磁选铁工艺进行分选，回收尘泥中的铁精矿；采用浮选工艺回收尘泥中的碳精矿；采用水力分离工艺回收尘泥中的锌产品、富碳尾泥。

(2) 炼钢尘泥。炼钢尘泥是指在冶金转炉加热铁水、冶炼工序中，高炉中低熔点的金属杂质在高温条件下汽化、蒸发，铁水沸腾爆裂溅起，并形成大量微细的金属液体，在铁水出炉过程中，炉内空气与外界空气接触发生热交换，空气急速冷却后形成的金属粉尘。据统计，在冶金生产过程中，加入转炉内的各类原料总重量的 2%左右会转变为炼钢尘泥。由于炼钢尘泥主要为金属粉尘，富含丰富的 Fe、Ca 等物质，其主要以氧化物形式存在。

目前，国内各钢厂对炼钢尘泥的综合回收利用方式主要有：将炼钢尘泥与其他干粉及烧结返矿等按比例配料、混合，作为烧结原料继续使用；由于其富含丰富的 Fe，可将炼钢尘泥经金属化球团后，返回到回转窑还原焙烧；由于其富含丰富的 Ca，也可代替生石灰，作为炼钢造渣剂使用，并具有成渣时间短、成渣效果好的优点。

3) 粉煤灰

从煤燃烧后的烟气中捕集获得的细灰统称为粉煤灰，其具有粒度细、孔隙度小等优点，目前已在建材业、道路施工、市政施工中得到广泛应用。

冶金固体废弃物的主要利用途径见表 5-4。

表 5-4　冶金固体废弃物的主要利用途径

种　类	主要用途
高炉矿渣	水泥混合材料，混凝土掺和料，砖，硅肥，混凝土骨料和道路材料，混凝土轻骨料，矿渣棉，铸石，微晶
钢渣	炼铁烧结矿原料、炼铁溶剂、水泥混合材料、铁质校正原料配烧水泥熟料、水泥和混凝土掺和料、道路工程材料、工程回填材料、路面砖和墙体材料
铁合金渣	水泥混合材料、墙体材料、工程骨料、铸石制品、肥料
冶金尘泥	烧结矿原料、球团矿原料
粉煤灰	水泥混合材料、混凝土掺和料、工程填筑材料、烧结砖和炉渣砖、粉煤灰陶粒、耐火和保温材料、道路路基材料、肥料

3. 冶金渣处理技术

1) 钢渣处理技术

由于国内各钢厂冶炼设备、炼钢工艺、钢渣物化性能的多样性、回收利用的多种途径以及企业自身技术实力等实际情况，目前，我国钢渣处理技术呈现多元化，如武钢的热泼技术，首钢京唐的热闷技术，宝钢的盘泼和滚筒技术，济钢的水淬技术，马钢的风淬技术，沙钢的粒化轮技术等，见表 5-5。

表 5-5 国内钢渣处理技术简介

处理工艺	工艺说明
热泼工艺	将高温液态钢渣倒在渣床上,向渣表面喷洒适量的水,提高产生渣的温度应力,使之超过渣自身的极限应力,渣急冷碎裂
热闷工艺	利用液态渣的高温余热,在表面喷洒适量的水,并将其处于密闭罐中,产生的大量高温水蒸气钢会将 CaO 水解,从而使渣产生碎裂,蒸汽降温后,在热胀冷缩作用下渣铁分离
盘泼工艺	将高温液态钢渣倒入罐中和渣盘中,通过两次喷水分段冷却,使渣急冷而碎裂,最后倾翻倒入水池中冷却排渣
滚筒工艺	高温液态钢渣倒入滚筒内,滚筒高速旋转,并以水作为冷却介质,急冷固化、破碎
水淬工艺	高温液态钢渣在流出、下降过程中被压力水分割、击碎,遇水急冷收缩而破裂,并进行热交换,在水幕中粒化
风淬工艺	高温液态钢渣在流出过程中,以压缩空气作为冷却介质,钢渣急冷、粒化
粒化轮工艺	高温液态炉渣在高速旋转的粒化轮上被打碎成小液滴,以水作为冷却介质,急速冷却、粒化

2) 冶金尘泥回收技术

(1) 从冶金尘泥中回收铁、炭。

单一回收工艺——铁的回收为磁选工艺、重选工艺、反浮选工艺;炭的回收为浮选工艺。

联合回收工艺——将两种或两种以上的单一回收工艺进行集成。主要包括:弱磁选→强磁选工艺;浮选→重选工艺;粗磨→弱磁→强磁→反浮选工艺;重选→反浮选→磁选工艺;磨矿→磁选→重选→浮选工艺等。

(2) 从冶金尘泥中回收锌。

锌的回收方法包括:物理法(磁性分离、机械分离)、湿法化学法(酸浸、碱浸、焙烧+碱浸)、火法(熔融还原法、直接还原法)、联合法。

冶金固废处理应从传统的回收选铁锌等金属、钢渣水泥生产、钢渣矿渣微粉生产、建材制品生产等回收利用,拓展到复合肥生产等农业活动、钢渣防赤潮等海洋生态保护工程、固废显热发电工程、粉煤灰活化烧结利用工程等新领域、新方向的研究利用上。

通过多年的实践,我国钢铁企业在冶金固废的回收利用方面积累了一定的经验,但与国外同行业相比,仍存在诸如高开采、高排放、低回收、产品转化率低、物质闭环流动有缺口等问题。冶金固废的资源化处理应遵循减量化(Reducing)、再利用(Reusing)、资源化循环(Recycling)的 3R 原则,即在输入端、过程端、输出端进行控制。为此,应努力打造形成冶金固废再生循环利用的经济模式,在尽可能减少资源投入使用的情况下,最大化地回收利用各个生产过程中产生的中间产物,以减少对环境的污染,提高资源综合利用率,同时为企业带来一定的经济效益。

5.4 我国冶金行业固体废物综合利用

本节主要介绍我国冶金行业针对不同固体废物的综合利用,包括高炉渣、钢渣、有色金属冶炼渣和赤泥的综合利用。

5.4.1 高炉渣的处理与利用

高炉渣的产量随冶炼技术及矿石的品位不同而变化。高炉渣属于硅酸盐材料,化学性质稳定,并具有抗磨、吸水等特点。为了适应不同的用途,高炉渣可分别被加工成水渣、矿渣碎石和膨胀矿渣等产品。

1. 水渣

水渣就是将熔融状态的高炉渣用水或水与空气的混合物给予水淬;使其成为砂粒状的玻璃质物质。这也是我国处理高炉渣的主要方法。水淬方式有很多,常用的有过滤池法水淬工艺和搅拌槽泵送法水淬工艺等。

2. 矿渣碎石

矿渣碎石是高炉渣在指定的渣坑或渣场自然冷却或淋水冷却形成较致密的矿渣后,再经过破碎、筛分等工序所得到的一种碎石材料,为此常用热泼法。近年来,德、法、英、美等国多采用薄层多层热泼法。该法具有操作容易、渣密度高等优点。

3. 膨胀矿渣

膨胀矿渣是用水急冷高炉渣而形成的多孔轻质矿渣,可用喷射法、喷雾器堑沟法、流槽法等生产。较新的工艺是加拿大矿渣有限公司发明的用流筒法生产的膨胀矿渣珠,简称"膨珠"。

5.4.2 钢渣的处理与利用

钢渣是炼钢过程中排出的固体废物,包括转炉渣、电炉渣等。炼钢过程中的排渣工艺,不仅影响炼钢技术的发展,也与钢渣的综合利用密切相关。目前,炼钢过程的排渣处理工艺大体可分为以下四种:冷弃法、热泼碎石工艺、钢渣水淬工艺、风淬法。

1. 冷弃法

冷弃法就是钢渣倒入渣罐,待其缓冷后直接运往渣场堆成渣山。

2. 热泼碎石工艺

热泼碎石工艺是用吊车将渣罐中的液态钢渣分层泼倒在渣床上(或渣坑内),并同时喷水使其急冷碎裂,而后再运往渣场。

3. 钢渣水淬工艺

钢渣水淬工艺是排出的高温液态炉渣被压力水切割击碎,加之遇水急冷收缩而破裂,在水幕中粒化。又有盘泼水冷法、炉前水冲法及倾翻罐-水池法等多种方法。

4. 风淬法

风淬法可回收高温熔渣所含热量(2100～2200 兆焦/吨)的 41%，避免了熔渣遇水爆炸的问题，并改善了操作环境。钢渣可风淬成 3 毫米以下的坚硬球体，可直接用作灰浆的细骨料。迄今已开发了多种有关钢渣综合利用的途径，主要包括冶金、建筑材料、农业利用、回填几个领域。

5.4.3 有色金属冶炼渣的综合利用

有色金属渣水淬后大多是呈亮黑色的致密颗粒，含有 60%～70%的硅酸铁(铁橄榄石)。以铜渣为例，如果将它放入回转窑氧化焙烧，再采用还原的方法处理，可以回收粒铁，但经济上是否合算，尚需研究。铜、铅、锌、镍等重金属炉渣含有大量铁的化合物，可以代替铁矿粉作为水泥的原料。重金属炉渣破碎后可作为混凝土的粗细骨料。磨细的渣粉可作为水泥的外掺料，但重金属炉渣的水化活性较差，用作外掺料在数量上应有控制。

铜水淬渣在掺入石灰拌和压实后具有不易吸水和强度较高的特点，可作为公路基层，在多雨潮湿地区筑路尤为适用。用气冷的铜渣作铁路道砟铺设混砂道床，避免了一般混砂道床容易下沉的缺点。熔融的铜渣可以直接浇注入模并控制其结晶和退火温度，制成致密坚硬的铜渣铸石，作为耐磨材料使用。在缺铜的土壤中施用铜渣粉以补充土壤中的微量元素，能够提高小麦和向日葵等作物的产量。有色金属渣种类繁多，目前对重金属渣中的铜、铅、镍炉渣的处理和利用研究得较多，轻金属渣中的赤泥也受到青睐，稀有金属渣大都未进行有效的处理和利用。

5.4.4 赤泥的综合利用

赤泥是制铝工业提取氧化铝时排出的污染性废渣，一般平均每生产 1 吨氧化铝，附带产生 1.0～2.0 吨赤泥。中国作为世界第四大氧化铝生产国，每年排放的赤泥高达数百万吨。

1. 从赤泥中回收有价金属

1) 从赤泥中回收铁

铁是赤泥的主要成分，含量为 10%～45%，但直接作为炼铁原料含量还很低，因此要先将赤泥预焙烧后入沸腾炉内，在 700～800 摄氏度的温度下还原，使赤泥中的 Fe_2O_3 转变为 Fe_3O_4。还原物在经过冷却、粉碎后用湿式或干式磁选机分选，得到含铁 63%～81%的磁性产品，铁回收率达 83%～93%，是一种高品位的炼铁精料。

2) 从赤泥中回收铝、钛、钒、锰等多种金属

研究表明，利用苏打灰烧结和苛性碱浸出，可从赤泥中回收 90%以上的氧化铝，而沸腾炉还原的赤泥，经分离出非磁性产品后，加入碳酸钠或碳酸钙进行烧结，可在 pH=10 的条件下，浸出形成铝酸盐，再经加水稀释浸出，使铝酸盐水解析出，铝被分离后剩下的渣在 80 摄氏度条件下用 50%的硫酸处理，获得硫酸钛溶液，再经过水解而得到 TiO_2；分离钛后的残渣再经过酸处理、煅烧、水解等作业，可从中回收钒、铬、锰等金属氧化物。赤泥还可直接浸出生产冰晶石(Na_3AlF_6)。

3) 从赤泥中回收稀有金属

从赤泥中回收稀有金属的方法有：还原熔炼法、硫酸化焙烧法、非酸洗液浸出法、碳酸钠溶液浸出法等。国外从赤泥中提取稀土和稀有元素主要采用酸浸提取工艺，酸浸包括盐酸浸出、硫酸浸出、硝酸浸出等。由于硝酸具有较强的腐蚀性，因此大多采用盐酸、硫酸浸出。例如将赤泥在电炉里熔炼，得到生铁和渣。再用 30%的硫酸在温度 80~90 摄氏度的条件下，将渣浸出 1 小时，浸出溶液再用萃取剂萃取锆、钪、铀、钍和稀土类元素。

2. 赤泥在建材工业及农业中的应用

1) 生产水泥

烧结赤泥作为水泥原料，配以适当的硅质材料和石灰石，赤泥的配比可达 25%~30%。用赤泥可生产多种型号的水泥，其工艺流程和技术参数与普通的水泥基本相同：从氧化铝生产工艺中排出的赤泥，经过滤、脱水后，与砂岩、石灰石和铁粉等共同磨制得到生料浆，使之达到技术指标后，用流入法在蒸发机中除去大部分水分，而后在回转窑中煅烧成熟料，加入适量的石膏和矿渣等活性物质，磨至一定细度，即得水泥产品。每生产 1 吨水泥可利用赤泥 400 千克。该水泥熟料采用湿法生产工艺，因为生产水泥所用黏土质原料是赤泥，其含水率高达 60%，细度高、比表面积大，难以烘干，烘干赤泥后的熟料，不仅飞扬损失多，而且废气也不易净化处理，故不便采用干法处理。需要注意的是，对所用的赤泥的毒性和放射性问题须先进行检测，以确保产品的安全。

2) 制造炼钢用保护渣

烧结赤泥含有 SiO_2、Al_2O_3、CaO 等组分，为 CaO 硅酸盐渣，且含有 Na_2O、K_2O、MgO 等溶剂组分，具有熔体一系列物化特性。烧结赤泥是生产保护渣的较好原料，资源丰富，组成成分稳定，是钢铁工业浇注用保护材料的理想原料。赤泥制成的保护渣按其用途可大体分为：普通渣、特种渣和速溶渣等类型，适用于碳素钢、低合金钢、不锈钢、纯铁等钢种和锭型。实践证明，这种赤泥制成的保护渣可显著降低钢锭头部及边缘增碳，提高钢锭表面质量，明显改善钢坯低倍组织，提高钢坯成材质量和金属回收率，具有比其他保护材料强的同化性能，其主要技术指标可达到或超过国内外现有保护渣的水平。该生产工艺简单，产品质量好，可以明显提高钢锭(坯)质量，钢锭成材金属收得率可以提高 4%，具有明显的经济效益。

3) 生产砖

利用赤泥为主要原料可生产多种砖，如免蒸烧砖、粉煤灰砖、装饰砖、陶瓷釉面砖等。以烧结法赤泥制釉面砖为例，所采用的原料组分少，除以赤泥作为基本原料外，仅辅以黏土质和硅质材料，工艺过程为：原料→预加工→配料→料浆制备(加稀释液)→喷雾干燥→压型→干燥→施釉→煅烧→成品。

4) 生产硅钙肥料和塑料填充剂

赤泥中除含有较高的硅钙成分外，还含有农作物生长必需的多种元素，利用赤泥生产的碱性复合硅钙肥料，可促使农作物生长，增强农作物的抗病能力，降低土壤酸性，提高农作物产量，改善粮食品质，在酸性、中性、微碱性土壤中均可用作基肥，特别对南方酸性土壤更为合适。此外，用赤泥作塑料填充剂，能改善 PVC(主要为聚氯乙烯)的加工性能，提高 PVC 的抗冲击强度。

5) 用作矿山采空区充填剂

通过铝土矿地下开采试验证明，赤泥胶结填充技术可靠，可提高矿山利用率，使采矿坑木消耗减少，从而降低开采成本，控制开采地压，保护地表建筑、村庄、铁路等。

6) 在建材工业中的其他用途

赤泥在建材工业中的其他用途还有：制备赤泥陶粒，生产玻璃、防渗材料，铺路等。

本 章 小 结

通过本章的学习，主要需要了解固体废物的概念、种类和危害，同时需要了解固体废物资源化工艺和治理方法。

思考与习题

1. 简述固体废物的概念、种类及其危害。
2. 固体废物资源化工艺有哪些？
3. 我国冶金行业固体废物资源化利用的现状如何？
4. 冶金行业固体废物治理有哪些方法？

第6章 冶金其他污染控制

【本章要点】

本章介绍了除"三废"之外的冶金工业污染，包括噪声污染、热污染及放射性污染。分别从概念、来源、特征三方面进行讲解。

【学习目标】

- 了解噪声污染的概念、来源和特征。
- 了解热污染的概念、来源和特征。
- 了解放射性污染的概念、来源和特征。

6.1 冶金噪声污染控制

冶金噪声污染控制是使冶金工业噪声源产生的噪声级保持在一定范围内的过程，是工业噪声控制的重要组成部分。冶金工业生产工艺复杂，设备种类繁多，噪声污染面广，噪声级高。

6.1.1 噪声源

冶金工业噪声广泛分布在矿山、烧结、焦化、冶炼、金属轧制、金属制品、耐火材料、动力能源、空气压缩、氧气供给以及运输、机修等部门。

1. 气流噪声源

如冶金厂矿的各种风扇、鼓风机、压缩机、高炉放风阀等排气管口、各种大流量的阀门、流量计、冷却塔等。

2. 燃烧噪声源

如各种冶金炉和火焰清理机等。

3. 机械噪声源

如矿石开采、固体原料与金属成材的加工设备、固体物料的输送设备、集料装置以及各种运转设备的电动机等。

4. 其他噪声源

如各种运输车辆与特种汽车等。

6.1.2 噪声的特点

冶金工业噪声分布极为广泛，频谱种类复杂。据资料显示，钢铁企业噪声级主要分布在 85～120 分贝，大部分生产区域和设备噪声在 90 分贝以上，还有一部分设备噪声超过 115 分贝的极限值，最严重的可达 140 分贝以上。通过对 16 个重点冶金企业的噪声调查结果表明，噪声超标率平均为 62.7%。西欧一些国家对钢铁厂噪声的调查表明，在一般钢铁联合企业中，大约有 1/3 以上的人员受到 90 分贝以上噪声的干扰。

在冶金工业中，有色金属工业与钢铁工业相比，生产工艺明显落后，有色金属工业噪声污染与酸碱、蒸汽、烟尘、有毒气体同时并存，交叉污染危害更甚。

冶金工业噪声的主要特点如下。

机械设备大、功率高，作业面广，噪声级高，污染面宽。

空气动力性噪声与机械性噪声、稳态与不稳态噪声大量存在，声级波动范围广。

声源处常常伴有高温、烟气，治理技术难度大。

噪声频谱种类复杂。如矿山和选矿设备噪声主要集中在 2～63 千赫兹，表现为宽频带噪声；高炉噪声主要集中在 2～8 千赫兹，表现为高频带噪声；炼钢噪声主要集中在 63～500 赫兹，表现为低中频带噪声；轧钢噪声主要集中在 63～250 赫兹，表现为低频窄带噪声。

6.1.3 控制方法

冶金工业噪声控制与厂区规划、车间布置、生产工艺、设备状况、生产管理、设计施工和控制技术密切相关。减少噪声污染和危害，应根据不同情况开展综合治理，将预防与治理、管理控制与工程技术控制结合运用。

1. 规划控制

冶金工业在新建或扩建时，要从全面规划、生产工艺、车间平面和设备布置等方面考虑环境保护和噪声控制措施。主要包括以下几点。

(1) 严格控制厂界噪声，特别是严格控制噪声源和大量露天放置设备的噪声对周围环境的影响，以控制厂内噪声向外界的传播。

(2) 在规划设计中，根据噪声自然衰减的特性，利用地形、地势等自然条件与厂房、车间等建筑物的屏蔽作用，阻隔噪声的传播。

(3) 从声源上控制噪声。在工艺设计中，选用低噪声的设备。采取预防为主的方针，可避免投产后出现噪声污染，既增加治理难度，又浪费资金。

2. 管理控制

冶金工业在环境保护方面要建立完善的管理体制，从行政管理和技术管理上监理和控制噪声，确保职工的安全生产和身体健康。主要包括以下几点。

(1) 缩短连续工作时间和劳动过程，改变坐班制，组织工种轮换，以保障在高噪声下长时间工作的工人身体健康。

(2) 改进工艺工种操作方法，加强对设备的维修和管理，避免带故障运转，以防止增加设备噪声；加强对厂内各种露天架设管道的维修和管理，杜绝因漏气而产生的噪声污染。

(3) 在可能的条件下，利用设备更换的机会，选用低噪声设备，改革生产工艺中不合理的部分。

(4) 在采取环境保护措施的同时，利用绿化吸收有害气体，过滤烟尘，改善大气环境质量和减弱噪声强度。

3. 工程技术控制

限于技术和经济上的条件，冶金企业从声源上控制噪声较难实现，一般在噪声传播途径上采取隔声、吸声、消声、隔振与阻尼等措施。冶金工业噪声控制应根据生产工艺与设备的实际状况采取不同的工程技术措施。

1) 气流噪声控制

气流噪声一般采用消声器或隔声罩进行控制；对必须减小噪声的控制室等场所进行隔声处理。高炉放风阀、排气阀、减压阀、均压阀等放散噪声在炼铁区占有主导地位，对周围环境、安全生产危害很大，噪声级可达130~140分贝。对此类噪声，应将合适的消声器安装在排气口，使噪声能量衰减，达到降噪的目的。适合放散噪声的消声器种类很多，根据小孔喷注、节流降压、多孔扩散等降噪原理，可设计不同功能的消声器。

2) 燃烧噪声控制

冶金工业中常见的燃烧噪声主要是冶炼声，其次是火焰声、燃烧喷嘴产生的噪声等。冶炼噪声由于冶炼方法不同，各有差异，并随冶金炉的吨位增加而增加。同一冶金炉的不同工作阶段，其噪声级也不相同。冶金炉的噪声控制方法有：在声源处限制噪声，这需要进行噪声产生机理的研究，探寻从工艺入手降低噪声的对策；在炉前采取隔声措施，并用隔声墙将熔炼车间与其他部门分开；在炉前戴耳塞等护耳器保护工人听力。

3) 机械噪声控制

机械噪声主要有矿石与金属材料在加工和输送过程中产生的撞击声、摩擦声，以及机架、基础传递振动引起的固体声等。可采取以下方法：开发低噪声机械设备。如轧钢系统中的低噪声集料装置、圆落差拖架等能使跌落碰撞声大幅度下降；采取阻尼降噪措施，在钢材传送过程中采用磁性拖架、滑动垫板、电磁输送垫板、橡胶辊、原料斗槽和球磨机等；设置隔声罩或采取其他隔声措施；对振动剧烈的噪声源，如振动筛、破碎机、振捣台和锻锤等，需要根据具体情况选择控制措施。原则上可采取以下方法：在振源设备与基础间放置隔振装置；在设备的振动部件与非振动部件间采用柔性连接件；在不影响设备出力的条件下，改进振源设备本身结构，改变工艺参数，减少振动和噪声的辐射。

4) 电磁噪声控制

在电动机和发电机中，周期性的交变磁场对定子和转子作用，引起设备的零部件发生振动，产生电磁噪声。冶金工业的电动机、发电机、变压器和柱式退火炉等均存在电磁噪声。由于受到技术上或其他条件限制，很难从声源本身采取减噪措施，因此对电动机一般采用在基座下加隔振器及设置电机隔声罩等，而对于电动机的风扇噪声，则采用加装消声器的方法。

6.2 冶金热污染防治

本节阐释了热污染的概念，介绍了热污染的来源，以及该如何对热污染进行治理。

6.2.1 热污染的概念

随着科技水平的不断提高和社会生产力的不断发展，工农业生产和人们的生活都取得了巨大的进步，这其中大量的能源消耗(包括化石燃料和核燃料)，不仅产生了大量有害及放射性污染物，而且还产生了二氧化碳、水蒸气、热水等一些污染物。它们会使局部环境或全球环境增温，形成对人类和生态系统直接或间接、即时或潜在的危害。这种日益现代化的工农业生产和人类生活中排放出的废热所造成的环境污染，即为热污染。

热污染(Thermal Pollution)是高速发展的现代化工农业生产和人类生活活动中排出的各种废热所造成的环境热化，损害环境质量，进而影响人类生产、生活的一种增温效应。热污染是一种能量污染，是严重威胁人类生存和发展的新型环境污染。人们对水体、大气、固体废物、噪声以及食物、放射性等污染均比较熟悉，但对于热污染，却知之甚少。热污染一般包括大气热污染和水体热污染。

1. 大气热污染

大气热污染是指人类生产和生活活动向大气中释放热能，导致大气温度持续升高的现象。大气热污染的后果主要有两个方面。

1) 大气热污染可引起强烈的局部气候变化

(1) 大气热污染降低了空气可见度。排放到大气中的各类污染物对太阳辐射产生的吸电和散射作用降低了太阳对地表的入射能量，污染严重时，入射能量约减少 40%。同时，污染物在大气中积存，形成烟雾，导致大气浊度增加，降低可见度。

(2) 大气热污染破坏了降雨均衡性。排放到大气中的颗粒物对水蒸气具有凝结核和冻结核的作用。因此颗粒物的不均匀分布导致受污染的大中工业城市的下风向地区的降雨量增加。同时各类污染物对太阳热能的吸收及反射减少了太阳对地表的辐射能量，使地表上升气流减弱，降低了气体的对流运动，从而阻碍了水蒸气的凝结，导致云雨形成的概率下降，致使局部地区干旱。如 20 世纪 60 年代后期，非洲撒哈拉牧区因受热污染影响，发生了持续 6 年的特大旱灾，受灾死亡人数达 150 万以上。非洲大陆因旱灾引起的大饥荒，造成 200 万人死亡。

(3) 大气热污染加剧了城市热岛效应。城市热岛效应是指在工业区或城市上空，由于生产和生活废热的大量排放，其城市或工业区中心地区的气温高于外围郊区。热岛效应是自 20 世纪 60 年代开始在世界各大城市发现的一种崭新的气候现象。热岛效应把工业区或城市看成突出海面的岛屿，把郊外广阔地区看作平静的海面，岛上地面气温高于周围海面，是一种典型的大气热污染现象。一般来讲，城市或工业区局部地区的气温在夏季可比外围高 6 摄氏度左右，发达地区甚至更高。高强度热岛效应，常分布在中高纬度的大中城市，如加拿大的温哥华由于热岛效应曾出现 11 摄氏度的温差(1972 年 7 月 4 日)，德国柏林的温差甚至高达 13.3 摄氏度。

城市热岛效应的成因包括以下几方面：工业区或城市区拥有大量的人工热源，如锅炉、加热器及机动车辆等，这些设施产生巨大的热量，如美国纽约市 2001 年生产的能量约为接收太阳能量的 1/5。工业区或城市区拥有大量建筑物和主要由砖石、水泥和沥青等材料构成的道路下垫层(大气底部与地表的接触面)。这些材料比外围自然界的下垫层(绿地、水面、泥面)吸热快、传热快，且热容量小，因此其表面温度远高于气温，如沥青路面和屋顶温度比气温高出 8~17 摄氏度；当草坪的夏天温度为 32 摄氏度时，水泥、柏油地面分别可达 57~63 摄氏度。城市大气污染严重。气体和颗粒物增加，如烟尘、二氧化硫(SO_2)、NO_2、二氧化碳(CO_2)、PM2.5 等，大量吸收红外辐射，从而使工业区或城市区上空的温度升高。

热岛效应对人体、工业和生态环境均有危害。热岛效应使城市或工业区呈现出多个闭合的高温中心，这些中心的气压较低、空气密度较小，使其各种废气、有害气体的含量远高于外围地区，因此人易患消化系统或神经系统方面的疾病，出现失眠、烦躁、忧郁等症状，同时使呼吸系统患病率增加。例如，美国圣路易斯市 1966 年 7 月 9~14 日，最高气温达到 38.1~41.1 摄氏度，比热浪前后高出 5.0~7.5 摄氏度。城区死亡人数由原来正常情况的 35 人/日陡增到 152 人/日。热岛效应影响消费构成及能源使用量，如空调、电扇等使用率增加，消耗了大量能源。据推算，全美国夏季因热岛效应每小时多耗电费达百万美元之巨。热岛效应还在一定程度上影响植物生态，如使植物提前发芽、开花，推迟落叶等。

近几十年工业化和城市化快速发展，尤其是城市人口的大幅度增加，我国城市热岛效应已非常明显。例如，《华南区域气候变化评估报告》用城乡对比方法分析了珠三角城市化对区域气温的影响，指出珠三角城市群年平均热岛强度由 1983 年前的 0.1 摄氏度上升到 1993 年的 0.5 摄氏度，1993—2008 年在 0.45~0.77 摄氏度波动。珠三角城市群增温的 41.8% 可能来自城市群热岛效应的影响。

2) 大气热污染可引起加剧的温室效应。

温室效应是指大气中的温室气体通过对长波辐射的吸收而阻止地表热能的耗散，进而导致地表温度升高的一种现象。大气层中的温室气体主要包括 CO_2、甲烷(CH_4)、CO、一氧化二氮(N_2O)、臭氧(O_3)、氯氟烃化学物(CFCs)及 SO_2、四氯化碳(CCl_4)、二氯乙烷($C_2H_4Cl_2$)。

大气中 CO_2 的正常来源包括动植物呼吸(80%)及燃料燃烧(20%)，欧洲工业革命后，CO_2 总量急剧上升，目前已增加 30%，且正以每年 0.5% 的速度持续增加。近些年，全球煤炭、石油、天然气的燃烧等散发到大气中的 CO_2 急剧增加，每天全球排放的 CO_2 总量约为 6000 吨。另外，人类对森林的无节制砍伐、对农田和植被的破坏，打破了 CO_2 生成与转化的动态平衡，使大气中 CO_2 含量逐年积累，导致地球气温整体上升。

温室气体的生存期(即在大气中的停留时间)很长，一旦进入大气环境，基本没有手段对其进行回收及利用，只能靠自然消失，同时温室气体时刻进行着没有地域限制的扩散，故对大气环境的影响具有持久性、全球性特征。

温室效应加剧了全球变暖。有关资料表明，全球温度在过去的 20 年间已上升了 0.3~0.6 摄氏度，未来的持续增温将对地球环境产生严重后果：一是将导致冰川消退。有人得出数据，格陵兰岛的冰雪融化已导致地球海平面整体升高约 2.5 厘米。二是将导致海平面升高。温室效应最令人担心且无法解决的后果是南北极冰川以及高山冰雪的消融将导致海平面上升。据长期观测，近百年来，海平面升高 14~15 厘米，并且将加速上升。据推测，到 2050 年，纽约、东京、上海等城市将被升高的海平面吞噬。世界银行曾报告海平面若上升 1 米，发展中国家的 5600 万人将面临灭顶之灾。三是将导致地球生命系统异常。温室效应将会使多种濒临灭绝的病毒细菌复生，有害微生物大量繁殖，破坏人类免疫系统，严重威胁地球生物系统。《科学家杂志》曾指出，在从格陵兰抽取的 500~140000 年的冰块中发现 TOMV 植物病毒，故推断流行性感冒、小儿麻痹症和天花等病毒也可能深藏在远离人类的冰层中，而人类基本无法抵抗这些病毒的进攻。四是将导致自然灾害加重。温室效应打破了全球各地的雨雪量平衡，致使洪涝、高温风暴、龙卷风、海啸、森林大火、厄尔尼诺、地震、风暴潮、火山爆发、河流干涸、土地沙化等自然灾害和现象急剧增加。五是将导致生态问题。据预测，若气温升高 1~3.5 摄氏度，北半球气候带将北移 100 千米，即 5 个纬度，则占陆地面积 3%的苔原带将消失殆尽，若某物种迁移速度(适应性)低于环境变化速度，将会濒临灭绝。

2. 水体热污染

工业生产过程中大量废热水排入水体，使水温上升到影响水生生物正常生长的地步。或由于水温升高，刺激浮游生物迅速繁殖，加重水体缺氧、富营养化，使水质变劣，进而影响人类生产、生活用水，即为水体热污染。

水体热污染的一个来源主要是工业冷却水的排放，如电力工业、冶金、化工、石油、造纸、机械工业和核工业等。据悉，企业所排放的废热水温较环境水温高 7~10 摄氏度，混合后会引起所排水域温度的局部升高。美国每日排放的冷却水约占全国用水量的1/3，约为 4.5 亿立方米，能够使 2.5 亿立方米的冷水水温上升 10 摄氏度。日本福岛核电站泄漏事件排放的冷却水对涉及海域的动植物造成很大的负影响。美国佛罗里达州比亚斯湾的核电站冷却水排入周围海域，使其水温升高约 8 摄氏度，致使 1.5 平方千米范围内无任何生物生存。水体热污染的另一个来源在于人类开发利用土地的同时大幅扩大了非渗透下垫面的面积、大量移除滨水遮阴植物及热岛效应等的综合作用，使城市雨水径流所带的热量增加。

水体热污染的后果主要涉及以下几方面。

一是威胁水生生物。有些发达国家从 20 世纪 70 年代就已开始研究温(热)排水对水生生态系统的影响，我国从 80 年代初也开始相关方面的研究。水体温度上升会使水中溶解氧低，多数鱼类要求生活在溶解氧在 4 毫克/升以上的水体中，水体缺氧会导致水生生物新陈代谢加快，在 0~40 摄氏度内温度每升高 10 摄氏度，水生生物的生化反应速率会加快 1 倍，造成一些水生生物在热效力作用下发育受阻或死亡，影响环境和生态平衡。

二是加剧水体富营养化。热污染使河湖等水体严重缺氧，厌氧菌大量繁殖，有机物腐败严重，水体发生黑臭。同时温排水使水体自净能力下降，环境中的营养盐的释放增加，水中氮(N)、磷(P)比更趋于适合富营养化特征藻类的增殖需要，加剧水体富营养化。研究表明，水温超过 30 摄氏度时，硅藻大量死亡，而绿藻、蓝藻迅速生长繁殖并占绝对优势。

三是协同增强温室效应。水温升高会加快水体的蒸发速度，使大气中的水蒸气和 CO_2 含量增加，从而加剧温室效应，引起地表和大气下层温度上升，影响大气循环，甚至导致气候异常。

6.2.2 热污染的来源

1. 大气热污染来源

大气热污染主要来自四个方面：温室气体的增加，微细颗粒物的增加，臭氧层的破坏，对流层中水蒸气的大量增加。

2. 水体热污染来源

水体热污染的主要热源为工业冷却水，其中以电力工业为主，其次为冶金、化工、石油、造纸和机械工业。此外,核电站也是水体热污染的主要热量来源之一。

3. 其他

(1) 自然植被的严重破坏,导致了自然热平衡的改变,造成环境污染。

(2) 城市建设发展导致大面积的混凝土取代了田野和土地等自然下垫面,改变了地表的反射率和蓄热能力。

(3) 石油泄漏改变了海洋水面的受热性质,由于泄漏的石油覆盖了大面积的海洋冰面和水面,而三者吸收与反射太阳辐射的能力是截然不同的,从而改变了热环境。

6.2.3 热污染的治理

人类的生活永远离不开热能,但面临的问题是,如何在利用热能的同时减少热污染,这是一个系统问题,解决问题的切入点应在源头和途径上。防治热污染可以从以下方面着手。

1. 废热的综合利用

充分利用工业的余热,是减少热污染的最主要的手段。生产过程中产生的余热种类繁多,有高温烟气余热、高温产品余热、冷却介质余热和废气废水余热等,这些余热都是可以利用的二次能源。我国每年可利用的工业余热相当于 5000 万吨标煤的发热量。在冶金、发电、化工、热污染建材等行业,通过热交换器利用余热来预热空气、原燃料、干燥产品、生产蒸汽、供应热水等。此外还可以调节水田和港口水温,以防冻结。

在冷却介质余热的利用方面,主要是电厂和水泥厂等冷却水的循环使用。对于压力高、温度高的废气,要通过汽轮机等动力机械直接将热能转为机械能。

2. 加强隔热保温

在工业生产中,有些窑体要加强保温、隔热,以降低热损失,如水泥窑筒体用硅酸铝毡、珍珠岩等高效保温材料,既可减少热散失,又可降低水泥熟料热耗。

3. 寻找新能源

利用水能、风能、地热能、潮汐能和太阳能等新能源,既解决了污染物的问题,又是防止和减少热污染的重要途径。特别是在太阳能的利用上,各国都投入了大量人力和财力。

6.3 冶金放射性污染防治

本节主要从三个方面介绍冶金放射性污染防治:放射性废气、放射性废水和放射性废渣。

6.3.1 放射性废气

1. 放射性废气的来源

在采矿、矿石加工和燃料元件制造过程中,空气中会夹带天然放射性同位素的粉尘和氡气。在铀矿开采过程中，由于铀矿中存在 U、Ra、Th 等天然放射性元素，它们在衰变过程中会放出射线。因此，在铀矿开采和加工等过程中，必须考虑放射性的危害。

氡(通常指 222Rn)，是人类所能接触到的唯一气体放射性元素。氡由放射性元素 Ra 衰变产生，Ra 又由放射性元素 U 衰变而来，U 起了一个 Rn 的永久源作用。含带 Rn 的空气是铀矿山放出的对人体危害最大的气体，大中型铀矿井排出的废气浓度都是国家环境标准上限的数百倍。铀矿岩内部产生的 Rn，从高浓度区域向低浓度区域扩散，经过一段距离迁移后，一部分 Rn 通过矿岩的缝隙扩散到空气中，其余部分仍在矿岩内部继续衰变。铀矿开采过程中，Rn 主要来源于铀矿体的暴露表面、井下堆放的铀矿石、采空区或崩落体、矿井水等。冶金工程测试表明，一个中型的铀矿井每天析出 Rn$(2.2\sim7.6)\times10^{11}$ 贝可，矿井排出废气量可达$(2\sim6)\times10^5$立方米/小时，其浓度达$(5\sim7)\times10^3$贝可/立方米；Rn 子体 a 潜能值为 1.7~11.0 兆电子伏特/升。

2. 放射性废气的危害

Rn 是短寿命(半衰期 3.82 天)的 α 粒子放射源，吸入氡气本身是无危害的。但是 222Rn 衰变产生的子体(218Pb、214Pb、2UBi)都是放射性的固体微粒，它们在空气中能与矿尘相结合，形成放射性气溶胶而污染空气。Rn 会危害人类的健康，在高浓度 Rn 的暴露下，会导致人体机体血细胞出现变化，如血液中红细胞增加，白细胞减少，淋巴细胞增多，血管扩张，血压降低，并引起血凝增加和高血糖，神经系统与 Rn 结合会产生痛觉缺失。此外，Rn 还会导致肿瘤的发生，由于 Rn 是放射性气体，当 Rn 进入人体后，Rn 衰变过程产生的粒子可对人的呼吸系统造成辐射损伤，诱发肺癌。因此，Rn 及其衰变子体的吸入是矿工肺癌发病的主要原因。Rn 被世界卫生组织(WHO)认定为 19 种主要环境致癌物质之一。

放射性粉尘进入人体后，一部分粉尘可转移到器官中积存起来。放射性粉尘在人体内的积存量与它的可溶性有关，不同的核素，积存的器官和能力都不同，如 Ra 主要积存于骨骼中。积存于体内的放射性粉尘可对人体造成内照射，引起癌症和放射性遗传疾病的发生，表现为皮肤红斑、脱毛、肺纤维化、造血功能障碍、心肌退化等症状。在铀矿开采过程中，由于回采工作面上的粉尘量非常大，因此采矿过程中粉尘的危害也是非常大的。采矿工人必须佩戴防护面具或其他防护用品，以减少粉尘的吸入。

3. 放射性废气净化方法

废气净化的主要方法有过滤、吸附、洗涤和衰变储存等。一般情况下，工业废气要用综合流程、多级净化处理，而放射性实验室和厂房排风通常经过过滤就可向大气排放。

衰变储存，就是使废气通过滞留系统 60 天左右衰变，以降低放射性水平。对于短寿命放射性核素，这是有效、经济的处理方法，核电厂废气净化系统常用这种方法。化学操作过程产生的放射性废气，通常先用冷凝、洗涤或其他化工技术加以预处理，除去酸、碱、水分和其他有损过滤器和吸附剂的物质。装载活性炭或浸渍活性炭的碘过滤器对放射性碘的净化有很好效果。高效微粒空气过滤器对于粒径为 0.3 微米的微粒，除去效率大于 99.97%。净化后的气体经检测合格才允许排放。为了达到最好的稀释和扩散效果，宜选择有利地形和气象条件，通过高烟囱有控制地排放。

6.3.2 放射性废水

对于放射性废水中的放射性物质,应尽可能做出安全的处理并转移到安全的地方,将它对人和其他生物的危害减轻到最低限度。

放射性废水按所含的放射性浓度可分为两类,一类为高水平放射性废液,一类为低水平放射性废水。前者主要是核燃料后处理中第一循环产生的废液,而后者则产生于核燃料前处理(包括铀矿开采、水冶、精炼、核燃料制造等过程中产生的含铀、镭等的废水)、核燃料后处理的其他工序,以及原子能发电站,应用放射性同位素的研究机构、医院、工厂等排出的废水。

放射性核素用任何水处理方法都不能改变其固有的放射性衰变特性,其处理一般按两个基本原则。

一是将放射性废水排入水域(如海洋、湖泊、河流、地下水),通过稀释和扩散达到无害水平。这一原则主要适用于极低水平的放射性废水的处理。

二是将放射性废水及其浓缩产物与人类的生活环境长期隔离,任其自然衰变。这一原则对高、中、低水平放射性废水都适用。

放射性废水的处理方法如下。

1. 浓缩处理

浓缩处理有化学沉淀、离子交换、蒸发、生物化学、膜分离、电化学等方法,常用的方法是前三种。放射性废水的处理效果,通常用去污系数(DF)和浓缩系数(CF)表示。前者的定义是废水原有的放射性浓度 C_0 与其处理后剩余放射性浓度 C 之比,即 $DF=C_0/C$;后者的定义是废水的原有体积与其处理后浓缩产物的体积之比,即 $CF=V_{原水}/V_{浓缩}$。蒸发法、离子交换法和化学沉淀法代表性去污系数的数量级分别为 $10^4 \sim 10^6$、$10 \sim 10^3$ 和 10。

2. 化学沉淀法

使沉淀剂与废水中微量的放射性核素发生共沉淀作用的方法。最通用的沉淀剂有铁盐、铝盐、磷酸盐、高锰酸盐、石灰、苏打等。对铯、钌、碘等几种难以去除的放射性核素要用特殊的化学沉淀剂。例如,放射性铯可用亚铁氰化铁、亚铁氰化铜或亚铁氰化镍共沉淀去除;也可用黏土混悬吸附——絮凝沉淀法去除。放射性钌可用硫化亚铁、仲高碘酸铅共沉淀法等去除。放射性碘可用碘化钠和硝酸银反应形成碘化银沉淀的方法去除;也可用活性炭吸附法去除。沉淀污泥需进行脱水和固化处理。最有效的脱水方法是冻结-融化-真空或压力过滤。

3. 离子交换法

放射性核素在水中主要以离子形态存在,其中大多数为阳离子,只有少数核素如碘、磷、碲、钼、锝、氟等通常呈阴离子形式。因此用离子交换法处理放射性废水,往往能获得高的去除效率。采用的离子交换剂主要有离子交换树脂和无机离子交换剂。大多数阳离子交换树脂对放射性锶有高的去除能力和大的交换容量;酚醛型阳树脂能有效地除去放射性铯,大孔型阳树脂不仅能去除放射性阳离子,还能通过吸附去除以胶体形式存在的锆、铌、钴和以络合物形式存在的钌等。

无机离子交换剂具有耐高温、耐辐射的优点，并且对铯、锶等长寿命裂变产物有高度的选择性。常用的无机离子交换剂有蛭石、沸石(特别是斜发沸石)、凝灰岩、锰矿石、某些经加热处理的铁矿石、铝矿石以及合成沸石、铝硅酸盐凝胶、磷酸锆等。

离子交换剂以单床(一般为阳离子交换剂床)、双床(阳树脂床→阴树脂床串联)和混合床(阳、阴树脂混装的床)的形式工作。

4. 蒸发法

用蒸发法处理含有难挥发性放射性核素的废水，可以获得较高且稳定的去污系数和浓缩系数。此法需要耗用大量蒸发热能。所以主要用于处理一些高、中水平放射性废液。使用的蒸发器有标准型、水平管型、强制循环型、升膜型、降膜型、盘管型等。蒸发过程中产生的雾末随同蒸汽进入冷凝液，使其中的放射性增强，因此需设置雾末分离装置，如旋风分离器、玻璃纤维填充塔、线网分离器、筛板塔、泡罩塔等。此外还要考虑起沫、腐蚀、结垢、爆炸等潜在危险和辐射防护问题。

用上述方法处理后的放射性废水，排入水体的可通过稀释，排入地下的可通过土壤对放射性核素的吸附和地下水的稀释等作用，达到安全水平。

5. 浓缩产物固化处理

化学沉淀污泥、离子交换树脂再生废液、失效的废离子交换剂、吸附剂和蒸发浓缩残液等放射性浓缩产物，要做固化处理。对固化体的要求是：放射性核素的浸出率小，耐久和耐撞击，在辐射以及温度、湿度等变化的情况下不变质。主要有水泥和沥青两种固化法。水泥固化法的优点是工艺和设备简单，费用低，固化体耐压、耐热，比重为1.2~2.2，可以投入海洋；缺点是固化体的体积比原物大，放射性浸出率较高。沥青固化法的优点是其固化体放射性浸出率比水泥固化体小2~3个数量级，而且固化后的体积比原来的小；缺点是工艺和设备复杂，固化体容易起火和爆炸，在大剂量辐射下会变质等。此外还在研究塑料固化法。

高水平放射性废液大都贮存于地下池中。最初是用碳钢池外加钢筋混凝土池贮存碱性废液，后来用不锈钢池外加钢筋混凝土池贮存酸性废液。贮存池中设有冷却盘管或冷凝装置，以导出废液释出的衰变热，另外还装有液温、液位、渗漏等监测装置以及废液循环、通气净化装置等。

对高水平放射性废液的固化处理一般采用流化床煅烧法、喷雾煅烧法、罐内煅烧法和转窑煅烧法，将废液转变成氧化物固体；或者采用玻璃固化法，将废液烧制成磷酸盐玻璃、硼硅酸盐玻璃、硅酸盐玻璃、霞石正长岩玻璃、玄武岩玻璃等。玻璃固化法的优点是固化体密实，在水、酸性和碱性水溶液中的浸出率小，为10~27克/(厘米·日)的数量级；固化体传热率大，灰尘发生量小。但是设备复杂，并且需要使用耐高温(900~1200摄氏度)和耐腐蚀的材料；此外，一些放射性核素的挥发问题尚未解决。

6. 放射性废物的最后处置

长寿命的放射性核素的半衰期长达几十年甚至上万年，因此必须将其与人类生活环境隔离。这种贮藏或处置为长期的、永久性的。放射性废物的最终处置分为陆地处置和海洋处置两类。陆地处置方法有：在人造贮藏库内贮藏；在废矿坑(如岩盐矿坑)内贮藏；在土中埋藏和压注入深的地层中等。海洋处置的一种方法是将低水平放射性废液排入海中，依靠扩散和稀释达到无害化；另一种方法是将放射性固体废物封入容器，投入 2000~10000 米深的海域中。

然而上述处置方法都不能完全防止对环境的污染。为此，人们还在研究用火箭将极高水平的放射性废物发射到宇宙空间，或者使用大输出功率的高密度中子源反应堆、高能质子加速器或核聚变反应堆，对裂变产物中的长寿命核素(如 90 锶、137 铯、85 氪、99 锝、129 碘等)进行中子照射，使之发生核转变，但这两种处置法都还未得到实际应用。

6.3.3 放射性废渣

1. 来源

(1) 从含铀矿石提取铀的过程中产生的废矿渣。

(2) 铀精制厂、核燃料元件加工厂、反应堆、核燃料后处理厂以及使用放射性同位素研究、医疗等单位排出的带有人工或天然放射性物质的各种器物。

(3) 放射性废液经浓缩、固化处理形成的固体废弃物。

2. 危害

铀矿开采为核燃料生产的第一个环节。铀矿石种类繁多，凡含氧化铀的平均品位为 0.22%的属于富矿，有工业开采价值的品位一般在 0.05%以上。铀常与其他金属如钍、钒、钼、铜、镍、铅、钴、锡等共生，甚至在磷酸盐岩、硫化矿物和煤中也有铀。因此含铀矿渣内不仅有放射性核素，而且可能有其他伴生的重金属元素。

铀矿石中的铀，衰变后产生一系列放射性核素(铀镭系)。其中镭为主要污染物，在水冶过程中，约有 98%以上留在尾矿渣内，危害最大。氡为气体，在通风不良的作业区，也容易造成危害。镭的三种子体钋、铅、铋和钋均为固体，半衰期都较短，如在大气中生成，会迅速附着在灰尘颗粒或其他固体物质的表面，从而延长飘浮的时间，进入人体后可能沉积于呼吸道和肺部。

3. 处理

迄今采用的处理含铀尾矿渣的方法是堆放弃置，或者回填矿井。有些国家正在研究根本解决的方法。例如在水冶加工方面，提出地下浸出和就地堆浸技术，只把浸出液送往水冶厂提取金属铀。此外，还研究尾矿渣的固结和造粒技术；利用各种化学药品和植被使尾矿坝层稳定。

对于沾有人工或天然放射性核素的各种器物，就其比放射性的强弱分为高水平和中低水平两类；就其性质分为可燃性和非燃烧性两种。这类固体废物的主要处理和处置方法是去污法。

受放射性玷污的设备、器皿、仪器等，如果使用适当的洗涤剂、络合剂或其他溶液，在一定部位擦拭或浸渍去污，大部分放射性物质可被清洗掉。这种处理，虽然又产生了需要处理的放射性废液等，但若操作得当，体积可能缩小，经过去污的器物还能继续使用。另外，采用电解和喷镀方法也可消除某些被玷污表面的放射性。

1) 压缩

将可压缩的放射性固体废物装进金属或非金属容器并用压缩机紧压,体积可显著缩小,废纸、破硬纸壳等可缩小到 1/3~1/7。玻璃器皿先行破碎,金属物件先行切割,然后装进容器压缩,也可以缩小体积,便于运输和贮存。

2) 焚烧

可燃性固体废物如纸、布、塑料、木制品等,经过焚烧,体积一般能缩小到 1/10~1/15,最高可达 1/40。焚烧要在焚烧炉内进行。焚烧炉要防腐蚀,并要有完善的废气处理系统,以收集逸出的带有放射性的微粒、挥发性气溶胶和可溶性物质。焚烧后,放射性物质绝大部分聚积在灰烬中,残余灰分和余烬要妥善管理以防被风吹散。已收集的灰烬一般装入密封的金属容器,或掺入水泥、沥青和玻璃等介质中。焚烧法由于控制放射性污染面的要求很高,费用很大,实际应用受到一定限制。

3) 埋藏

选择埋藏地点的原则是:对环境的影响在容许范围以内;能经常监督;该地区不得进行生产活动;埋藏在地沟或槽穴内能用土壤或混凝土覆盖等。场地的地质条件须符合:①埋藏处没有地表水;②埋藏地的地下水不通往地表水;③预先测得放射性在土壤内的滞留时间为数百年,其水文系统简单并有可靠的预定滞留期;④埋藏地应高于最高地下水位数米。

有些国家认为天然盐层比较适宜作为这种废物的贮存库。原因是盐层的吸湿性良好,对容器的腐蚀性较小,易于开挖,时间久了,有可能形成密封的整体,对长期贮存更为安全。德国正在一座废弃的阿瑟盐矿进行试验,美国国立橡树岭实验室(ORNL)提出了理想的盐穴贮藏库的模型。

4) 海洋处置

近海国家采用桶装废物掷进深水区和大陆架以外海域的海洋处置法。要求盛装容器具有足够的下沉重量,能经受住海底的碰撞,能抵御深水区的高压作用,并能防止腐蚀和减少放射性的浸出量。经过实践认为,处置区必须远离海岸、潮汐活动区和水产养殖场。此法对公海会造成潜在危害,国际上颇有争议。

放射性废液浓缩产物经过固化处理而转化成的放射性固体废物,一些国家倾向于采取埋藏的办法处置,认为这样能保证安全。依照所含放射性强度的自发热情况,低水平废物可直接埋在地沟内。中等水平的则埋藏在地下垂直的混凝土管或钢管内。高水平固体废物每立方米的自发热量可达 430 千卡/时以上,必须用多重屏障体系:第一层屏障是把废物转变成为一种惰性的、不溶的固化体;第二层屏障是将固化体放在稳定的、不渗透的容器中;第三层屏障是选择在有利的地质条件下埋藏。

5) 最终处置

放射性固体废物管理的根本问题是最终处置。目前设想的高水平放射性废物的最终处置方法有:将重要的放射性核素如铯、锶、氪和碘等置于反应堆中照射,使之转变成尽快衰变的短寿命核素或转变成稳定性核素;利用远程火箭将放射性物质运载到地球引力以外的太空中去;或是置于南极冰上,利用其释放的热能融化冰块形成一井穴而将废物封锢等。这些设想涉及国际条约,并且有技术和经济上的困难,近期内难以实现。

6) 放射性固体废物的回收利用

对于铀矿石和废矿渣，主要是提高铀、镭等资源的回收率。至于大量裂变产物和一些超铀元素的回收，必须先把它们从废液或灰烬的浸出液中分离，然后根据核素的性质和丰度分别或统一纯化，作为能源辐照源或其他热源、光源等使用，也可考虑把高水平的放射性固体废物制成固体辐射源，用于工业、农业及卫生方面。

本 章 小 结

本章主要介绍了"三废"之外的冶金工业污染，主要介绍了噪声污染控制，讲解了热污染的概念、来源与防治，并从废气、废水、废渣三个方面介绍了放射性污染的防治。

思考与习题

1. 冶金的其他污染有哪些？
2. 噪声污染的来源是什么？
3. 说说你对热污染的理解。
4. 简述冶金放射性污染的来源。

第7章 冶金清洁生产与循环经济

【本章要点】

污染物的综合利用就是清洁生产,本章针对污染物提出了清洁生产的概念,主要介绍了清洁生产的概念和相关技术;冶金行业清洁生产面临的主要问题,冶金清洁生产的目标和技术;最后提出了循环经济的概念,阐述了发展循环经济的重大意义,分析了我国循环经济的现状和存在的问题。

【学习目标】

- 了解清洁生产的概念。
- 熟悉清洁生产的相关技术。
- 掌握冶金清洁生产的目标和技术。
- 了解循环经济的概念和意义。

7.1 清洁生产

本节主要介绍了清洁生产的基本概念,以及不同的清洁生产技术。

7.1.1 清洁生产概述

1. 定义

在《清洁生产促进法》中,清洁生产是指不断采取改进设计,使用清洁的能源和原料,采用先进的工艺技术与设备,改善管理,综合利用等措施,从源头削减污染,提高资源利用效率,减少或者避免生产服务和产品使用过程中污染物的产生和排放,以减轻或者消除对人类健康和环境的危害。

清洁生产(cleaner production)在不同的发展阶段或者不同的国家有不同的叫法,例如"废物减量化""无废工艺""污染预防"等。但其基本内涵是一致的,即对产品和产品的生产过程、产品及服务采取预防污染的策略来减少污染物的产生。

(1) 联合国环境规划署工业与环境规划中心,给出的清洁生产的定义。

清洁生产是一种新的创造性的思想,该思想将整体预防的环境战略持续应用于生产过程、产品和服务中,以增加生态效率和降低人类及环境的风险。对生产过程,要求节约原材料与能源,淘汰有毒原材料,减少所有废弃物的数量与毒性;对产品,要求减小从原材料提炼到产品最终处置的全生命周期的不利影响;对服务,要求将环境因素纳入设计与所提供的服务中。

(2) 美国环保局给出的清洁生产的定义。

清洁生产又称为"污染预防"或"废物最小量化"。废物最小量化是美国清洁生产的初期表述，后用污染预防一词所代替。美国对污染预防的定义为，"污染预防，是在可能的最大限度内减少生产场地所产生的废物量，它包括通过源削减(源削减指在进行再生利用、处理和处置以前，减少流入或释放到环境中的任何有害物质、污染物或污染成分的数量；减少与这些有害物质、污染物或组分相关的对公共健康与环境的危害)、提高能源效率、在生产中重复使用投入的原料以及降低水消耗量来合理利用资源。常用的两种源削减方法是改变产品和改进工艺(包括设备与技术更新、工艺与流程更新、产品的重组与设计更新、原材料的替代以及促进生产的科学管理、维护、培训或仓储控制)。污染预防不包括废物的厂外再生利用、废物处理、废物的浓缩或稀释以及减少其体积或有害性、毒性成分从一种环境介质转移到另一种环境介质中的活动。"

(3)《中国21世纪议程》给出的清洁生产的定义。

清洁生产是指既可满足人们的需要，又可合理使用自然资源和能源并保护环境的实用生产方法和措施。其实质是一种物料和能耗最少的人类生产活动的规划和管理，将废物减量化、资源化和无害化，或消灭于生产过程之中。同时对人体和环境无害的绿色产品的生产亦将随着可持续发展进程的深入而日益成为今后产品生产的主导方向。

综上所述，清洁生产的定义包含了两个全过程控制：生产全过程和产品整个生命周期全过程。对生产过程而言，清洁生产包括节约原材料与能源，尽可能不用有毒原材料，并在生产过程中减少它们的数量和毒性；对产品而言，则是从原材料获取到产品最终处置过程中，尽可能将对环境的影响降到最低限度。

2. 内涵

清洁生产从本质上来说就是对生产过程与产品采取整体预防的环境策略，减少或者消除它们对人类及环境的可能危害，同时充分满足人类需要，使社会经济效益最大化的一种生产模式。具体措施包括：不断改进设计；使用清洁的能源和原料；采用先进的工艺技术与设备；改善管理；综合利用；从源头削减污染，提高资源利用效率；减少或者避免生产、服务和产品使用过程中污染物的产生和排放。清洁生产是实施可持续发展的重要手段。

1) 清洁生产的由来

污染严重，环境问题突出；传统的末端治理效果不理想；高消耗是造成工业污染严重的主要原因之一；走可持续发展道路成为必然选择，而"清洁生产"是实施可持续发展战略的最佳模式。

2) 清洁生产观念强调三个重点

(1) 清洁能源。包括开发节能技术，尽可能开发利用再生能源以及合理利用常规能源。

(2) 清洁生产过程。包括尽可能不用或少用有毒有害原料和中间产品。对原材料和中间产品进行回收，改善管理、提高效率。

(3) 清洁产品。包括以不危害人体健康和生态环境为主导因素来考虑产品的制造过程，甚至使用之后的回收利用，以减少原材料和能源使用。

3) 清洁生产是生产者、消费者、社会三方面谋求利益最大化的集中体现

(1) 它是从资源节约和环境保护两个方面对工业产品生产从设计开始，到产品使用后直至最终处置，给予全过程的考虑和要求。

(2) 它不仅对生产，而且对服务也要求考虑对环境的影响。

(3) 它对工业废弃物实行费用有效的源削减，一改传统的不顾费用有效或单一末端控制办法。

(4) 它可提高企业的生产效率和经济效益，与末端处理相比，成为受到企业欢迎的新事物。

(5) 它着眼于全球环境的彻底保护，为人类社会共建一个洁净的地球带来了希望。

3. 清洁生产的必然性

清洁生产的出现是人类工业生产迅速发展的历史必然，是一个迅速发展中的新生事物，是人类对工业化大生产制造出污染所做出的反应和行动。

发达国家在20世纪60年代和70年代初，由于经济快速发展，忽视对工业污染的防治，致使环境污染问题日益严重，公害事件不断发生，如日本的水俣病事件，对人体健康造成极大危害，生态环境受到严重破坏，社会反映非常强烈。环境问题逐渐引起各国政府的极大关注，并采取了相应的环保措施和对策。

但是通过十多年的实践发现，这种仅着眼于控制排污口(末端)，使排放的污染物通过治理达标排放的办法，虽在某个时期内或在局部地区起到了一定作用，但并未从根本上解决工业污染问题。其主要原因如下。

第一，随着生产的发展和产品品种的不断增加，以及人们环保意识的提高，对工业生产所排污染物的种类检测越来越多，规定控制的污染物(特别是有毒有害污染物)的排放标准也越来越严格，从而对污染治理与控制的要求也越来越高，为达到排放的要求，企业要花费大量的资金，大大提高了治理费用，即使如此，一些要求仍难以达到。

第二，由于污染治理技术有限，治理污染实质上很难达到彻底消除污染的目的。因为一般末端治理污染的办法是先通过必要的预处理，再进行生化处理后排放。有些污染物是不能生物降解的污染物，只能稀释排放，不仅污染环境，甚至有的治理不当还会造成二次污染；有的治理只是将污染物转移，废气变废水，废水变废渣，废渣堆放填埋，污染土壤和地下水，形成恶性循环，破坏生态环境。

第三，只着眼于末端处理的办法，不仅需要投资，而且使一些可以回收的资源(包含未反应的原料)得不到有效的回收利用而流失，致使企业原材料消耗增高，产品成本增加，经济效益下降，从而影响企业治理污染的积极性和主动性。

第四，实践证明，预防优于治理。根据日本环境厅1991年的报告，从经济上计算，在污染前采取防治对策比在污染后采取措施治理更为节省。例如就整个日本的硫氧化物造成的大气污染而言，排放后不采取对策所产生的费用是预防这种危害所需费用的10倍。以水俣病为例，其推算结果则为100倍。可见两者之差极其悬殊。

据美国EPA统计，美国用于空气、水和土壤等环境介质污染控制的总费用(包括投资和运行费)，1972年为260亿美元(占GNP的1%)，1987年猛增至850亿美元，20世纪80年代末达到1200亿美元(占GNP的2.8%)。如杜邦公司每磅废物的处理费用以每年20%~30%的速率增长，焚烧一桶危险废物可能要花费300~1500美元。即使如此之高的经济代价仍未能达到预期的污染控制目标，末端处理在经济上已不堪重负。

因此，发达国家通过治理污染的实践，逐步认识到防治工业污染不能只依靠治理排污口(末端)的污染，要从根本上解决工业污染问题，必须"预防为主"，将污染物消除在生产过程之中，实行工业生产全过程控制。

7.1.2 清洁生产技术

1. 真空清洗干燥技术

适用于机器零件、切削刀具、模具热处理的前后清洗。用加热的水系清洗液、清水、防锈液在负压下对零件施行喷淋、浸泡、搅动清洗,随后冲洗、防锈和干燥。在负压下,清洗液的沸点比常压低,容易冲洗干净和干燥。此方法可代替碱液和用氟氯烷溶剂清洗,能实行废液的无处理排放,不使用破坏大气臭氧层物质。一次投资 30 万~40 万元,主要设备可使用 10~15 年,真空清洗干净,工件表面残留物少,对环境没有污染。

2. 冷轧盐酸酸洗废液回收技术

此技术主要应用于钢铁酸洗生产线,属于资源回收技术。

1) 技术原理

盐酸酸洗废液再生回收原理,是指将盐酸废液直接喷入焙烧炉,与高温气体相接触,在高温状态下与水发生化学反应,使废液中的盐酸和氯化亚铁蒸发分解,生成 Fe_2O_3 和 HCl。

2) 工艺流程

流化床法流程:废酸洗液进入废酸贮罐,用泵提升进入预浓缩器,与反应炉产生的高温气体混合、蒸发,经过浓缩的废酸用泵提升喷入流化床反应炉内,在反应炉高温状态下,$FeCl_2$ 与 H_2O、O_2 发生化学反应,生成 Fe_2O_3 和 HCl 高温气体。HCl 气体上升到反应炉顶,先经过旋风分离器,除去气体中携带的部分 Fe_2O_3 粉,再进入预浓缩器进行冷却。经过冷却的气体进入吸收塔,经喷入新水或漂洗水形成再生酸回到再生酸贮罐。经补加少量新酸,使 HCl 含量达到原酸洗废液浓度后送回酸洗线使用。经过吸收塔的废气再送入收水器,除去废气中的水分后通过烟囱排入大气。流化床反应炉中产生的氧化铁达到一定程度后,开始排料,排入氧化铁料仓,再回烧结厂使用。

(1) 主要设备。

流化床法的工艺设备主要有流化床反应炉、旋风除尘器、文氏管循环系统泡罩填料塔、风机以及氧化铁料仓等。

(2) 主要技术经济指标。

盐酸酸洗废液主要由 HCl、$FeCl_2$ 和 H_2O 三部分组成。一般含 $FeCl_2$ 100~140 克/升,游离酸(HCl)30~40 克/升,但含量随酸洗工艺、操作制度、钢材品种不同而异,盐酸回收技术改变了传统废酸中和处理法对废酸资源的浪费,使盐酸再生回收循环利用。流化床焙烧法处理量大,盐酸回收率高,环保效果好。

(3) 技术应用情况。

冷轧工序是钢铁工业生产不可缺少的,酸洗工序是钢铁成材的必需过程,速度快、不过酸,且废酸可以再生回用,既解决了环境污染问题,又带来了显著的经济效益。武钢冷轧厂、宝钢、鞍钢、本钢、攀钢、宝钢三期、上海益昌等钢铁公司先后引进和建成了多套喷雾焙烧法废盐酸再生装置。

3. 高炉煤气等低热值煤气高效利用技术

1) 技术原理

近年来，燃气轮机循环热效率有了进一步提高，燃气轮机循环吸热平均温度高，纯蒸汽动力循环放热平均温度低，把这两种循环联合起来组成煤气-蒸汽联合循环，可以提高循环热效率。高炉煤气等低热值煤气燃气轮机 CCPP 技术是充分利用钢铁联合企业高炉等副产煤气，最大可能地提高能源利用效率，发挥煤气-蒸汽联合循环优势的先进技术。

2) 工艺流程

高炉等副产煤气从钢铁能源管网送进后经除尘器净化，再经加压后与空气过滤器净化及加压后的空气混合进入燃气轮机燃烧室内混合燃烧，产生的高温、高压燃气进入燃气透平机组膨胀做功，燃气轮机通过减速齿轮传递到汽轮发电机组发电；燃气轮机做功后的高温烟气进入余热锅炉，产生蒸汽后进入蒸汽轮机做功，带动发电机组发电，实现煤气-蒸汽联合循环发电。

(1) 主要设备。

此技术的主要设备有：高炉煤气供给系统、燃气轮机系统、余热锅炉系统、蒸汽轮机系统和发电机组系统。主要设备有空气压缩机、高炉煤气压缩机、空气预热器、煤气预热器、燃气轮机、余热锅炉、发电机和励磁机等，一般包括单轴和多轴布置形式。

(2) 主要技术经济指标。

高炉煤气等低热值煤气燃气轮机 CCPP 技术先进，在不外供热时热电转换效率可达 40%～45%，已接近以天然气和柴油为燃料的类似燃气轮机联合循环发电水平；比常规锅炉蒸汽转换效率高出近一倍。相同的煤气量，CCPP 比常规锅炉蒸汽可多发电 70%～90%。此发电技术的 CO_2 排放比常规火力电厂减少 45%～50%，没有 SO_2、飞灰及灰渣排放，NO_x 排放低，回收了钢铁生产中的二次能源，为同容量常规燃煤电厂用水量的 1/3 左右。

(3) 技术应用情况。

低热值煤气燃烧不稳定，体积庞大，煤气压缩功增加。目前世界上以天然气为燃料的大型 CCPP 的热电转换效率高达 50%～58%，而以低热值煤气为燃料的 CCPP 只有 45%～52%。

4. 选矿厂清洁生产技术

主要内容如下。
(1) 简化碎矿工艺，减少中间环节，降低电耗。
(2) 采用多碎少磨技术降低碎矿产品粒径。
(3) 采用新型选矿药剂 CTP 代替石灰，提高选别指标。
(4) 安装用水计量装置降低吨矿耗水量。
(5) 将防尘水及厂前废水经处理后重复利用，提高选矿回水率。
(6) 采用大型高效除尘系统替代小型分散除尘器，减少水耗、电耗，提高除尘效率。

以 3 万吨/天生产能力的选矿厂计，改造项目总投资 265 万元，其中设备投资 98 万元，年创造经济效益 406.8 万元。

5. 有机废水湿法催发氧化技术

湿法催发氧化技术是在一定的温度和压力条件下，在填充专用固定催发剂的反应器中，保持废水的液体状态,在空气(氧气)的作用下,利用催发氧化的原理,对有机废水中的COD、TOC、氨、氰等污染物催化氧化,使其转变为二氧化碳、氮气和水等无害成分,并同时脱臭、脱色及杀菌消毒,从而达到净化处理的目的。本技术适用于浓度高、生化降解难的有机废水处理。

7.2 冶金行业清洁生产

本节主要讲述了冶金行业清洁生产的概念和特点,列出了现今面临的主要问题,并介绍了冶金清洁生产目标和生产技术。

7.2.1 冶金清洁生产的概念和特点

1. 概念

冶金清洁生产就是在冶金生产源头将废物消除,或将产生和排放量最小化。力求把废物消灭在产生之前,而不是在产生后进行处理。清洁生产的主要内容是自然资源和能源利用的最合理化,经济效益的最大化和对人类、环境危害的最小化。

2. 特点

能耗高、物耗大、废物多是冶金生产的主要特征,企业往往把控制污染的重点放在末端,希望通过末端治理达到排放标准。

7.2.2 冶金清洁生产面临的主要问题

目前,冶金清洁生产面临的问题很多,主要是环保意识、经济发展水平、技术水平和政策等方面的原因。

1. 企业环保意识薄弱

企业管理者一般对环境问题意识淡漠,往往只强调生产指标,将清洁生产计划放在次要地位。对多数企业来说,清洁生产的概念并不十分清楚,或者企业主观上愿意实行清洁生产,但迟迟不开展实施。即使有清洁生产工艺,在中小企业中也未能纳入企业经营战略中。总之,如果国家不强制执行,大多数企业对清洁生产都是持观望态度,不会主动实施清洁生产。

2. 经济能力限制

经济能力方面的限制主要表现在三个方面:一是矿产等自然资源,水、电价格太低,抑制了企业实施废物最少化的动力;二是企业财力有限,对清洁生产的投资少;三是由于清洁生产减少的污染而产生的效益有时只是间接提高经济效益,而企业往往只是根据直接经济回报和近期收益计算经济效益。

3. 技术水平限制

大多数中小企业属粗放型生产,缺乏开展清洁生产研究所需的基础设施,如厂内监测仪器、分析设备等。对企业职工缺乏岗位技能的系统培训，企业内部无法独立承担废物最少化的计划。企业技术信息利用渠道不畅，一些清洁生产工艺常常是针对具体装置或生产开发的，多数企业无法直接使用，或是企业出于经营或专利技术保密的考虑，成熟的清洁生产工艺难以推广。

4. 政策限制

政策方面的限制，一是资源的定价政策，定价太低，企业无法从一些节水、节能等措施中得到合理的经济回报。二是强调管端管理办法。国家只强调达到规定的排放标准，排污收费偏低，而企业受利益驱动，则利用了管端控制方法。三是工业政策、市场经济导致企业产品的不确定性，企业不愿意实施中长期废物削减措施。

目前实施清洁生产的途径很多，主要是加强管理和工艺设备更新改造。其中加强管理是当前中小企业容易实施的。

节能降耗、污染物的回收利用和物料循环利用是冶金清洁生产的重要内容。在目前国内技术和经济水平下，原料全部变成产品，而不产生废料的工艺还不普遍，且生产过程的废料，往往不适合就地处理。因此，冶金生产要想实现无废生产的目标，除了尽可能减少流程中废物量，还可组织跨行业的协作，即废弃物的资源化处理。

7.2.3 冶金清洁生产目标

1. 钢铁工业清洁生产目标

1) 推进铁矿石资源综合开发利用

加强低品位矿产及难分选矿产的综合利用，推动高磷铁矿、高硫铁矿中磷、硫等伴生元素的提取利用，推进铁尾矿伴生金属的高效提取利用，促进富铁老尾矿低成本再选和低铁富硅尾矿高值整体利用，鼓励利用尾矿砂生产建材、进行井下充填和开展生态环境治理等。

2) 强化节能降耗

加快淘汰落后高炉、转炉等。推广连铸坯热送热装和直接轧制技术。优化烧结、球团生产工艺，提高精料水平。优化高炉炉料结构。推广干熄焦、干法除尘、烧结余热回收、干式压差发电(TRT)、高效喷煤、蓄热式燃烧、全燃煤气发电等技术。推动建立企业能源管理中心。

3) 推动余热余压、固体废物和废水资源化利用

大力推广焦炉、高炉、转炉副产煤气回收利用和各工序余热余压发电，鼓励燃气蒸汽联合循环发电。鼓励转炉渣、含铁尘泥、氧化铁皮回炉烧结，利用高炉渣、转炉渣生产水泥等建材产品。推动利用焦油、焦炉煤气、粗苯等焦化副产品生产化工产品。鼓励建立企业内部水循环系统，对废水进行分质串级循环利用。

4) 鼓励钢铁生产系统与社会生活系统循环链接

在有条件的地区，鼓励钢铁企业利用余热资源为城市供暖供热，利用再生水、矿井水、海水淡化水等非常规水补充新水。大力推动钢铁企业消解铬渣、废塑料等废弃物。建立废钢回收体系，支持钢铁企业建设废钢加工配送基地。

5) 构建钢铁行业循环经济产业链

构建焦化、冶炼—副产煤气、余热余压—发电,冶炼—废渣—建材,冶炼—含铁尘泥—烧结,炼焦—焦油、煤气—化工产品,冶炼—钢铁产品—废钢铁—电炉炼钢等产业链。

截至 2015 年,吨钢综合能耗降到 580 千克标准煤,吨钢耗新水量降到 4 立方米,废钢回收利用量达到 1.3 亿吨,冶炼废渣综合利用率达到 97%,重点钢铁企业焦炉干熄焦普及率达到 95%。钢铁工业发展循环经济如图 7-1 所示。

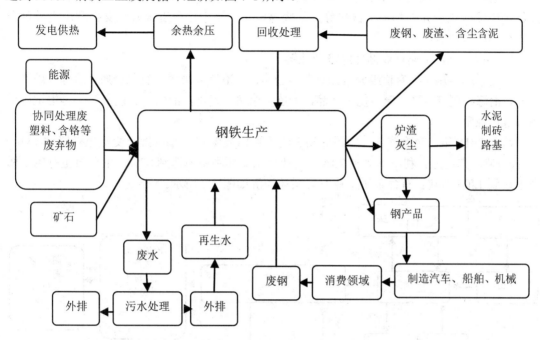

图 7-1 钢铁工业发展循环经济基本模式图

2. 有色金属工业生产目标

1) 推进共伴生矿和尾矿综合开发利用

加强对低品位矿、共伴生矿、难选冶矿、尾矿等的综合利用。大力推进铜、钴、镍尾矿多元素与铅、锌、银多元素伴生矿的综合利用,推进低品位铝土矿浮选脱硅工艺技术优化,加快铝土矿高效选矿药剂开发,推进黄金尾矿硫化物深度分选及有价组分提取。加快开发和推广铜、镍、铅、锌、铝等矿产加压浸出、生物冶金等技术、工艺及设备。加强稀贵金属矿产资源和复杂难处理贵金属共生矿的综合开发利用。

2) 强化节能降耗

淘汰落后冶炼、加工等产能,大力推广先进适用技术和装备,优化生产工艺流程,强化节能管理。重点推广新型阴极结构铝电解槽、低温高效铝电解等先进节能工艺技术。推进氧气底吹熔炼技术、闪速技术等的广泛应用。加快短流程连续炼铅、液态铅渣直接还原炼铅等技术的开发和推广应用。鼓励热送热装、直接铸造。

3) 推动冶炼废渣、废气、废液和余热资源化利用

推进从冶炼废渣中提取有价组分,从赤泥中提取回收铁、贵金属、碱等,从铜冶炼渣、阳极泥中提取稀贵金属,从铅锌冶炼废渣中提取镉、锗、铁等,从黄金矿渣和氰化尾渣中

提取铜、银、铅等。推动冶炼废液的综合利用,从氧化铝母液中回收镓、钒等,从电解液中回收镍等。推动从冶炼废气中回收铅、锌、铜、锑、铋和硫、磷等。加强余热利用和冶炼废水循环利用。

4) 推进废有色金属再生利用

推进再生铜、再生铝等再生金属的高值利用,提高在有色金属产量中的比重。支持从废铅酸蓄电池中提取废酸和铅等,从废镀锌钢板中提取锌,从废感光材料中提取银,从废催化剂中提取铂族元素和稀土材料等,从废弃电子产品中提取贵金属。支持利用境外可用作原料的废有色金属资源。

5) 构建有色金属行业循环经济产业链

构建采选—尾矿—有价组分—冶炼—有色金属,冶炼—废渣—有色金属,冶炼—炉渣—建材,冶炼—尾气—磷、硫—化工产品,冶炼—余热—发电,冶炼—有色金属—再生金属—冶炼等产业链。

截至 2015 年,铜冶炼综合能耗降到 300 千克标准煤/吨,铝锭综合交流电耗降到 13300 千瓦时/吨,赤泥综合利用率达到 20%,工业用水循环利用率达到 87%,主要再生有色金属产量达到 1200 万吨。有色金属工业发展循环经济如图 7-2 所示。

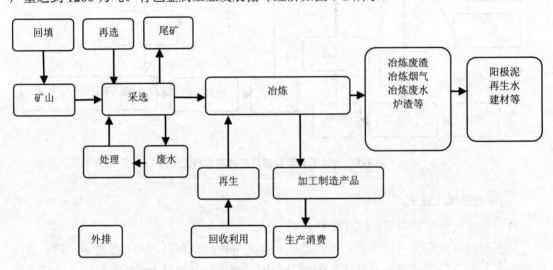

图 7-2 有色金属工业发展循环经济基本模式图

7.2.4 冶金清洁生产技术

1. 烧结工序清洁生产技术

1) 球团烧结、小球烧结工艺

球团烧结、小球烧结工艺与传统烧结、球团工艺比较如下。

传统的烧结法是将粉矿、燃料和熔剂按一定比例混合,利用其中燃料燃烧产生的热量使局部生成液相物,利用生成的熔融体使散料颗粒黏结成块状烧结矿。传统球团矿是将精矿粉和熔剂、黏结剂混合之后,压成或滚成直径 10~30 毫米的生球,经过干燥和焙烧使之固结。球团烧结、小球烧结工艺是先将矿粉和熔剂按一定比例混合造球,并在球外滚上一层焦粉，再在烧结机上进行烧结。

球团烧结、小球烧结工艺与传统烧结、球团工艺相比有以下优点。

(1) 小球烧结工艺可在一个生产工艺中，同时使用烧结原料和球团原料。

(2) 球团烧结、小球烧结工艺生成的产品为球团烧结矿，其还原度和低温还原粉化率均有所改善。

(3) 球团烧结、小球烧结可提高10%～15%的产量。

(4) 由于小球料的堆比重和粒度较大，燃料分布均匀，使小球在烧结软化后生成的烧结饼的单位阻力比普通料略高，提高了产品的强度。

(5) 采用球团烧结、小球烧结工艺可降低20%左右的能耗。

2) 烧结烟气氨酸法脱硫技术

烧结矿的主要原料精矿粉中含有硫铁矿，精矿粉中含硫量多少取决于铁矿石产地、埋藏深度和开采年限，一般矿山开采年限越久，埋藏深度愈深，精矿粉中含硫量愈高。

氨-硫酸铵烟气脱硫工艺由两部分组成，一是焦炉煤气中氨的利用，二是焦炉煤气中氨与烧结废气中二氧化硫反应副产品——硫酸铵的回收。

氨-硫酸铵烟气脱硫工艺流程如图7-3所示。

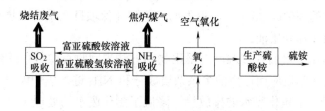

图7-3 氨-硫酸铵脱硫工艺流程

该工艺的最大特点是既能去除烧结废气中的SO_2，又能去除焦炉煤气中的氨，且能合理利用回收的SO_2，生成硫酸铵化肥。氨-硫酸铵法烧结烟气的脱硫效率是各种方法中最高的，当吸收塔SO_2入口浓度为100～200ppm时，出口含量在2ppm以下，脱硫效率在99%以上。

除上述方法外，还有石灰/石灰石-石膏法，氧化钙/氢氧化钙-石膏法，氢氧化镁法，活性炭-硫酸法等脱硫工艺。

2. 焦化工序清洁生产技术

焦炉煤气净化新工艺流程如图7-4所示。

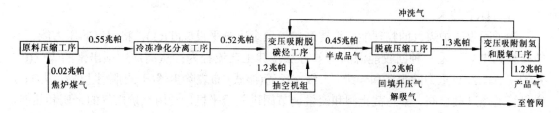

图7-4 焦炉煤气净化新工艺流程图

该系统的技术关键是准确控制整个流程系统中的温度分布。从焦炉出口的煤气(800～

850 摄氏度)首先经过热回收器，通过热交换后煤气被冷却到 500 摄氏度左右，同时从热回收器中排出热空气，而后煤气进入旋风除尘器，除去煤气中的粗粉尘，再由底部进入陶瓷除尘塔，经过塔内陶瓷球的过滤吸附，除去高温煤气中直径在 50 微米左右的细粉尘颗粒。当陶瓷球达到饱和状态时，启动陶瓷球连续再生装置，清除陶瓷球表面的灰尘，再生循环使用。从陶瓷塔顶出来的清洁煤气进入焦油冷却分离器，煤气温度控制在 400 摄氏度左右，由于焦炉煤气在 400 摄氏度以下会产生焦油凝集，必须及时分离冷凝的焦油，防止其冷凝在换热管管壁上，堵塞煤气通道。因此冷却分离器整体倾斜放置应有利于焦油的流动。同时在分离器底部分段设置引流槽，将不同温度段下冷凝出来的焦油分段引出。将引出焦油的冷却分离器的煤气温度控制在 85～100 摄氏度，而后进入初冷塔脱萘，最后使煤气进入深冷室，冷冻温度控制在-15～20 摄氏度，分离纯化煤气中的 H_2S、SO_2、HCN 等。深冷部分采用自行设计的热制冷系统。

工艺特点如下。

(1) 粉尘去除率高。经过旋风除尘和高温陶瓷除尘，煤气中的粉尘去除率很高。

(2) 热回收利用率高。用分阶段冷却和除尘来替代传统焦化系统中直接用氨水喷淋荒煤气，可回收利用大量的焦炭显热。据统计，焦炉耗热量中焦炭的显热占 40%，干熄焦设备可回收焦炭显热的 80%，是焦化厂最大的节能和环保项目，系统中热制冷的热源就是焦油冷却分离器中的冷却介质油。

(3) 减轻了焦化废水的处理难度。采用物理方法来回收荒煤气中的焦油，就避免了因氨水喷淋所引起的化学反应而产生的多余杂质成分和 NH_3 进入焦炉煤气，有利于后阶段的煤气净化，大大减少了焦化废水的排放量，降低了焦化废水的处理难度，为焦化污染治理提供了新技术、新思路。

(4) 从改进完善焦化生产工艺着手，尽量降低污染物质的含量，并保证生产的稳定。

3. 炼铁工序清洁生产技术

1) 高炉富氧喷煤技术

高炉富氧喷煤技术是世界上炼铁工业迅速发展的重大技术之一，受到各国的重视，取得了飞速发展。该技术是通过在高炉冶炼过程中喷入大量的煤粉和一定量的氧气，强化高炉冶炼，达到提高产量、节约焦炭、降低能耗的目的。随着钢铁工业的发展，炼焦煤变得日益紧张，再加上焦炉正趋于老化，新建焦炉投资巨大，环保要求日益严格等原因，用大煤量喷吹代替部分价格昂贵而紧缺的冶金焦是一个发展趋势。

2) TRT 技术

为了回收高炉煤气的物理能，设置高炉炉顶余压透平设施(TRT)，将煤气的压力能、热能转换为电能，是一种回收能源的有效方法。其工艺流程为：从高炉炉顶出来的煤气(0.2 兆帕左右)，经过重力除尘器和一级、二级文氏管(湿式)/布袋除尘器(干式)除尘以后，从 TRT 煤气管道经过截止阀、紧急截止阀和流量调节阀进入透平机，利用高炉煤气的余压和热能，带动发电机发电，发电后的煤气进入调压阀组后的煤气管网。

3) 炼铁废水零排放技术

现阶段很多钢铁企业已经开始采用一些先进的节水工艺来促进炼铁过程废水"零排放"

目标的实现,高炉炉体和热风炉冷却采用软水密闭循环,冷却回水经干式空冷器降温、供水泵组加压后循环使用,为保持水质稳定,有少量生产废水排出,高炉风口、炉喉冷却壁、鼓风机 TRT 等设备间接冷却水,使用后温度升高,经冷却后循环使用,为保持水质稳定,有少量废水排出,以用作循环水系统补水。冲渣水与水渣一同流入过滤池,经底滤层过滤后循环使用,可利用焦化酚氰废水处理站出水及化水站部分浓盐水进行冲渣。

(1) 高炉软水闭路循环系统的应用。

用先进的软水闭路冷却循环供水系统取代开路冷却循环供水系统是新的节水技术的发展趋势,在间接冷却用水领域有着广泛的应用价值,对空气干燥、温度低的北方钢铁企业具有实际意义。高炉软水闭路循环系统是目前世界上炼铁生产中普遍采用的给排水工艺系统,可以有效地缓解管道结垢,较长时间地保障高炉的冷却强度,从而提高了高炉冷却系统的安全稳定性,延长了高炉冷却部件的使用寿命,使高炉的运行维修费用减少,补充水大幅度降低,如图 7-5 所示。

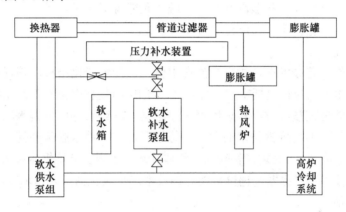

图 7-5　高炉软水密闭循环系统

(2) 废水分质处理技术。

由于不同系统污水的杂质和污染物质的特性不同,需要采用不同的工艺进行处理,而传统意义上的废水处理往往是规模较大的集中水处理系统,集中处理的最大问题就是各种水质间污染物的相互稀释,增加了处理的难度,加大了水处理成本,因此用分质处理取代集中处理,对特征污染物含量较高的废水进行分别处置与高盐水膜法水处理等,是提高全系统水质的有效手段。

(3) 渗透废水回用深度处理技术。

由于常规的简易物理-化学法的污水处理工艺的出水水质不高,简单的废水回用技术受限于劣质水的消化能力,所以废水回用深度处理技术的应用将成为企业实现零排放的必要条件。随着用水工艺的逐步改进,落后的直流冷却用水工艺逐渐减少,生产排水大部分为小区域循环水的排污水及车间生产废水的排水,含盐量相对较高,若只经过简易处理均不能直接回用于其原用水系统,这部分排水由于回用使用面窄,不能充分运用,部分水必须外排,只有通过反渗透处理技术,才能降低回用水的含盐量,使回用水水质恢复到工业新水水质指标,以取代工业新水,真正达到回用目的;同时由于采用反渗透技术后使盐分进一步浓缩,需外排的浓盐水水量大幅度减小(至 30%左右),而通过在原料场洒水,高炉冲渣,炼钢渣场等对水质要求不高的工序，可以基本实现高浓度含盐废水的综合利用。

4) 高炉热风炉余热利用技术

提高热风温度是降低高炉焦比的有效措施，利用高炉热风炉燃烧烟气余热(250~350 摄氏度)，将进入高炉热风炉燃烧的煤气和空气进行预热，是提高热风炉拱顶温度和使用风温的有效手段。

4. 炼钢工序清洁生产技术

1) 转炉负能炼钢工艺技术

(1) 技术原理。

转炉实现负能炼钢是衡量一个现代化炼钢厂生产技术水平的重要标志，转炉负能炼钢意味着转炉炼钢工序消耗的总能量小于回收的总能量，即转炉炼钢工序能耗小于零。转炉炼钢工序过程中支出的能量主要包括：氧气、氮气、焦炉煤气、电和使用外厂蒸汽；回收的能量主要包括：转炉煤气和蒸汽回收。传统"负能炼钢技术"是一个工程概念，体现了生产过程转炉烟气节能、环保综合利用的技术集成。

(2) 工艺流程。

转炉负能炼钢工艺技术在转炉生产流程中体现，能量变化指标从消耗部分与支出部分折算而来。该技术工艺流程包括生产流程和能源支出/回收利用技术工艺流程。

最初提出负能炼钢技术时，转炉炼钢工序定义为从铁水进厂至钢水上连铸平台的转炉生产全部工艺过程。随着炼钢技术的发展，炼钢厂增加了铁水脱硫预处理、炉外精炼等新技术，而炉外精炼特别是 LF 炉能耗较高，整体计算，实现负能炼钢难度大大增加，但从提升转炉炼钢整体技术水平出发，评价负能炼钢技术水平应包括炉外精炼等。

(3) 主要设备。

转炉钢生产工艺的生产设备包括铁水预处理炉、顶底复吹转炉、炉外精炼炉等，还应包括转炉煤气净化处理、余热利用及转炉煤气利用等设备。如 OG 法等湿式除尘设备或 LT 法等干式除尘设备、除尘风机、余热锅炉、回收转炉烟气物理热设备及各种转炉煤气利用技术设备等。

(4) 主要技术经济指标。

转炉负能炼钢技术清洁生产指标：煤气平均回收量达到 90 立方米/吨钢；回收煤气的热值应大于 7 兆焦/立方米(CO 含量应大于 55%)；蒸汽平均回收量 80 千克/吨钢；排放烟气含尘量 10 毫克/立方米。若按全面推广应用转炉负能炼钢技术，单位产品节能 23.6 千克标煤/吨钢计算，今后若转炉钢生产达 2 亿吨规模时，全年将节能 236 万吨标煤。转炉煤气回收率大幅提高，不仅可减少 CO 排放，使之有效地转化为能源，还可减少烟尘等排放，有效改善厂区的环境质量。

2) "一键式"炼钢新技术

即转炉全自动炼钢，主要包括 6 个自动控制系统，需要每个系统均达到 CPU 控制才能达到"一键式"炼钢要求。转炉"一键式"炼钢是一个系统工程，涉及设备、操作、工艺、模型技术、管理，甚至人的观念等一系列问题，如图 7-6 所示。

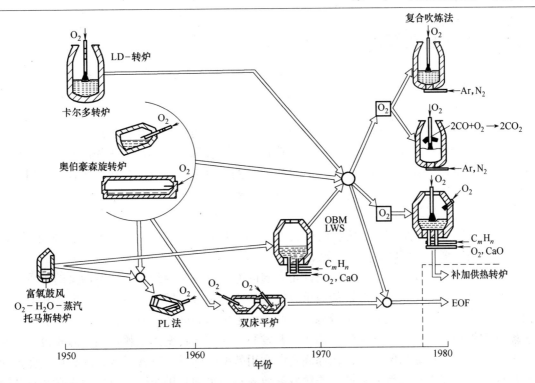

图 7-6　转炉全自动炼钢

7.3　循环经济

　　我国是一个发展中国家，人口众多、资源紧缺、生态环境脆弱，经济增长与资源环境的矛盾十分突出，多年来经济的快速增长是以大量消耗能源和资源为代价的。目前我国面临着日益严峻的能源和资源短缺问题。要改变我国资源过分依赖国际市场的现状，保障国家经济安全，改变经济增长方式，以最小的经济成本保护环境，就必须大力发展循环经济。

　　改革开放以来，我国在推动资源节约和综合利用，推行清洁生产方面，取得了积极成效。但是，传统的高消耗、高排放、低效率的粗放型增长方式仍未根本转变，资源利用率低，环境污染严重。同时，存在法规、政策不完善和体制、机制不健全，相关技术开发滞后等问题。而走循环经济之路，构建循环型社会，是解决我国当前能源短缺、环境污染严重等突出问题的有效途径。实施循环经济涉及社会生活的各个领域和方面，是一项复杂的系统工程，不仅要营造良好的发展循环经济的环境，还要提高广大社会公众的参与意识，倡导绿色消费。

　　循环经济是实现资源的高效利用和循环使用，是从我国国情出发的必然选择，是实现可持续发展的重要途径，通过循环经济，以尽可能小的资源投入和环境代价，取得尽可能大的经济社会效益，努力实现人与社会的和谐发展。

7.3.1 循环经济概述

1. 循环经济的定义

1) 广义的循环经济

广义的循环经济是指围绕资源高效利用和环境友好所进行的社会生产和再生产活动。循环经济主要包括资源节约和综合利用、废旧物资回收利用、环境保护等产业形态，技术方法有清洁生产、物质流分析、环境管理等，目的是以尽可能少的资源环境代价获得最大的经济效益和社会效益，实现人类社会的和谐发展。

2) 狭义的循环经济

狭义的循环经济是指通过废物的再利用、再循环等社会生产和再生产活动来发展经济，属于"垃圾经济""废物经济"范畴。

综上所述，循环经济是一种发展，用发展的办法解决资源约束和环境污染的矛盾；也是一种新型的发展，从重视发展的数量向发展的质量和效益转变，重视生产方式和消费模式的根本转变，从线性式发展向资源—产品—再生资源的循环式发展转变，从粗放型的增长转变为集约型的增长，从依赖自然资源开发利用的增长转变为依赖自然资源和再生资源的增长；还是一种多赢的发展，在提高资源利用效率的同时，重视经济发展和环境保护的有机统一，重视人与自然的和谐，兼顾发展效率与公平的有机统一、兼顾优先富裕与共同发展的有机统一。

2. 循环经济的基本原则

循环经济以推进可持续发展为基本宗旨，以"减量化、资源化、再利用"为原则，旨在经济增长的同时减少资源的消耗和污染排放，最大化地提高资源的生产利用率，以实现经济社会发展的减物质化变革。

1) 减量化原则

减量化原则以资源投入最小化为目标，从源头控制资源投入，节约资源使用和减少废气物的排放，尽可能减少进入生产和消费过程中的物质和能源流量，特别是控制使用有害环境的资源投入，以减少资源消耗和废气物产生，提高资源利用效率。主要表现为产品生产和服务的全过程实行清洁生产，创新设计、工艺和技术，产品体积的小型化和产品重量的轻型化，要求产品包装追求简化、实用而拒绝豪华、浪费，从而达到节约资源和减少废气物排放的目的。

2) 再利用原则

再利用原则属于过程性方法，目的是提高产品和服务的利用效率，要求产品和包装容器在其完成使用功能后，最大限度以初始形式重复使用，减少一次性用品的污染。即从原料制成成品，经过市场直到消费完成，再被重新引入"生产—消费—生产"的循环系统。同时要求产品和包装容器能以初始的形式多次或以多种方式再利用，延长产品和服务的使用周期，避免过早地成为废气物。在生产中，使用标准设计和制造工艺，使产品实现轻易和便捷地升级或更新换代；在消费中，将可维修的物品重新返回到市场体系，再供使用。

3) 再循环原则

即资源化原则。资源化原则属于输出端方法，以生产的绿色化为目标，要求产品在完成其使用功能后，可回收和综合利用，使废气物"资源化"，成为其他类型产品的原料，达到高效循环、节约资源、"绿色化"。最大限度降低污染，实现资源的"闭合式"循环。

7.3.2 我国发展循环经济的重大意义

发展循环经济，对于我国提高资源利用效率，缓解环境污染压力，进而实现社会经济的可持续发展，实现人与自然的和谐，具有重大的现实意义和深远的历史意义。

1. 发展循环经济是缓解资源约束矛盾的根本出路

我国资源禀赋较差，总量虽然较大，但人均占有量少。目前我国人均淡水资源量仅为世界人均占有量的 1/4，人均耕地只有 1.43 亩，不到世界平均水平的 40%，人均森林占有面积为 1.9 亩，仅为世界人均占有量的 1/5，45 种主要矿产资源人均占有量不到世界平均水平的 1/2，石油、天然气、铁矿石、铜和铝土矿等重要矿产资源人均储量，分别为世界人均水平的 11%、4.5%、42%、18%和 7.3%。国内资源供给不足，重要资源对外依存度不断上升。与此同时，一些主要矿产资源的开采难度越来越大，开采成本增加，供给形势相当严峻。尽管我们可以利用国外资源来弥补国内资源的短缺，但必须看到，大量进口海外资源，存在一些难以回避的风险。

加快全面建设小康社会进程，保持经济持续快速增长，资源消费的增加是难以避免的，但继续沿袭传统的发展模式，以资源的大量消耗实现工业化和现代化，是难以为继的，由此可见，发展循环经济是缓解资源约束矛盾，实现可持续发展的必然选择。

2. 发展循环经济是从根本上减轻环境污染的有效途径

当前，我国生态环境总体恶化的趋势尚未得到根本扭转，环境污染状况日益严重。一是水环境每况愈下。2006 年全国废水排放总量 460 亿吨，大量未经处理或不达标的废水直接排入江河湖泊。饮用水安全受到威胁，生态用水匮乏。二是大气环境不容乐观。2006 年全国烟尘排放总量近 1000 万吨；二氧化硫排放量为 2159 万吨，居世界第一位，大大超过环境容量。三是固体废物污染日益突出。2006 年，全国 660 个建制市生活垃圾产生量 1.36 亿吨，生态环境恶化、草地退化、水土流失、森林生态系统质量下降、生物多样性锐减，生态安全受到严重影响。

目前我国解决环境问题的重要方式是末端治理。这种治理方式难以从根本上缓解环境压力。一方面，投资大、费用高、建设周期长、经济效益低，企业缺乏积极性，难以继续。另一方面，末端治理往往使污染从一种形式转化为另一种形式，如废气治理产生废水、废水治理产生污泥、固体废物治理产生废气等，不能从根本上消除污染。

大力发展循环经济，推行清洁生产，可将经济社会活动对自然资源的需求和生态环境的影响降低到最小限度，以最小的资源消耗、最小的环境代价实现经济的可持续增长，从根本上解决经济发展与环境保护之间的矛盾，走出一条生产发展、生活富裕、生态良好的文明发展道路。

3. 发展循环经济是提高经济效益的重要措施

我国资源利用效率与国际先进水平相比仍然较低，成为企业成本高、经济效益差的一个重要原因。目前，我国的资源利用效率可以概括为"四低"：一是资源产出率低，我国资源的产出率比发达国家低很多;二是资源利用效率低;三是资源综合利用水平低;四是再生资源回收利用率低。较低的资源利用水平,已经成为企业降低生产成本、提高经济效益和竞争力的障碍。大力发展循环经济,提高资源的利用效率,增强国际竞争力,已经成为我们面临的一项重要而紧迫的任务。

4. 发展循环经济是应对新贸易保护主义的迫切需要

在经济全球化的发展过程中,关税壁垒作用日趋削弱,包括"绿色壁垒"在内的非关税壁垒日益凸现。近几年,一些发达国家为了保护本国的利益,在资源、环境等方面,设置了不少自己容易达到,而发展中国家目前还难以达到的技术标准,不仅要求末端产品符合环保要求,而且规定从产品研制、开发、生产到包装、运输、使用、循环利用等各个环节都符合环保要求,这些非关税壁垒,对我国发展对外贸易特别是扩大出口产生了日益严重的影响,目前,我国已成为"绿色壁垒"等非关税壁垒的最大受害者之一。如欧盟的两项关于电子指令所涉及的范围,不仅包括我国电子电器设备产品,还涉及零部件、原材料行业,基本覆盖了我国对欧盟出口的所有电子产品。面对日益严峻的非关税壁垒,我们要高度重视,积极应对,尤其是要全面推进清洁生产,大力发展循环经济,逐步使我国产品符合资源、环保等方面的国际标准。

5. 发展循环经济是以人为本、实现可持续发展的本质要求

大量的事实表明,传统的高消耗的增长方式,向自然过度索取,导致生态退化和自然灾害增多,给人类的健康带来了极大的损害。要加快发展、实现全面建设小康社会的目标,根本出发点和落脚点就是要坚持以人为本,不断提高人民群众的生活水平和生活质量。这就要求在发展过程中不仅要追求经济效益,还要讲究生态效益;不仅要促进经济增长,更要不断改善人们的生活条件,让"人民喝上干净的水、呼吸清洁的空气、吃上放心的食物,在良好的环境中生产生活",发展循环经济有利于形成节约资源、保护环境的生产方式和消费模式,有利于提高经济增长的质量和效益,有利于建设资源节约型社会,有利于促进人与自然的和谐,充分体现以人为本、全面协调可持续发展观的本质要求,是实现全面建设小康社会宏伟目标的必然选择。

7.3.3 我国循环经济发展现状

2013年国务院印发了循环经济发展战略及近期行动计划,对"十一五"循环经济发展取得的主要成效及循环经济发展面临的形势做了具体说明。

1. "十一五"循环经济发展取得的主要成效

1) 循环经济理念逐步树立

国家把发展循环经济作为一项重大任务纳入国民经济和社会发展规划,要求按照减量化、再利用、资源化,减量化优先的原则,推进生产、流通、消费各环节循环经济发展。一些地方将发展循环经济作为实现转型发展的基本路径。

2) 循环经济试点取得明显成效

经国务院批准,在重点行业、重点领域、产业园区和省市开展了两批国家循环经济试点,各地区结合实际开展了本地循环经济试点。通过试点,总结凝练出60个发展循环经

济的模式案例，涌现出一大批循环经济先进典型，探索出了符合我国国情的循环经济发展道路。

3) 法规标准体系初步建立

《循环经济促进法》于 2009 年 1 月 1 日起施行，标志着我国循环经济进入法制化管理轨道。公布实施了《废弃电器电子产品回收处理管理条例》《再生资源回收管理办法》等法规规章，发布了 200 多项循环经济相关国家标准。一些地区制定了地方循环经济促进条例。

4) 政策机制逐渐完善

深化资源性产品价格改革，实行了差别电价、惩罚性电价、阶梯水价和燃煤发电脱硫加价政策。实施成品油价格和税费改革，提高了成品油消费税单位税额，逐步理顺成品油价格。中央财政设立了专项资金支持实施循环经济重点项目和开展示范试点。开展资源税改革试点，制定了鼓励生产和购买使用节能节水专用设备、小排量汽车、资源综合利用产品和劳务等的税收优惠政策。完善了环保收费政策。出台了支持循环经济发展的投融资政策。

5) 技术支撑不断增强

将循环经济技术列入国家中长期科技发展规划，支持了一批关键共性技术研发。实施了一批循环经济技术产业化示范项目，推广应用了一大批先进适用的循环经济技术。汽车零部件再制造技术已达到国际领先水平，废旧家电和报废汽车回收拆解、废电池资源化利用、共伴生矿和尾矿资源回收利用等一大批技术和装备取得了新突破。

6) 产业体系日趋完善

产业废物综合利用已形成较大规模，产业循环链接不断深化，再生资源回收体系逐步完善，垃圾分类回收制度逐步建立，"城市矿产"资源利用水平得到提升，再制造产业化稳步推进，餐厨废弃物资源化利用开始起步。

"十一五"以来，通过发展循环经济，我国单位国内生产总值能耗、物耗、水耗大幅度降低，资源循环利用产业规模不断扩大，资源产出率有所提高，初步扭转了工业化、城镇化加快发展阶段资源消耗强度大幅上升的势头，促进了结构优化升级和发展方式转变，为保持经济平稳较快发展提供了有力支撑，为改变"大量生产、大量消费、大量废弃"的传统增长方式和消费模式探索出了可行路径。"十一五"时期循环经济发展情况见表 7-1。

表 7-1　"十一五"时期循环经济发展情况

指标名称	单　位	2005 年	2010 年	2010 年比 2005 年提高(%)
能源产出率	万元/吨标准煤	1	1.24	24
水资源产出率	元/立方米	41.9	66.7	59
矿产资源总回收率	%	30	35	[5]
共伴生矿综合利用率	%	35	40	[5]
工业固体废物综合利用量	亿吨	7.70	16.18	110.1
工业固体废物综合利用率	%	55.8	69	[13.2]

续表

指标名称	单位	2005年	2010年	2010年比2005年提高(%)
主要再生资源回收利用总量	亿吨	0.84	1.49	77.4
主要再生有色金属产量占有色金属总产量比重	%	19.3	26.7	[7.4]
农业灌溉用水有效利用系数	—	0.45	0.5	11.1
工业用水重复利用率	%	75.1	85.7	[10.6]
秸秆综合利用率	%		70.6	

注：1. 能源产出率、水资源产出率按2010年可比价计算。

2. 主要再生资源包括废金属、废纸、废塑料、报废汽车、废轮胎、废弃电器电子产品、废玻璃、废铅酸电池等。（下同）

3. 主要再生有色金属包括再生铜、再生铝、再生铅三种。

4. [ ] 内为提高的百分点。

同时必须清醒地看到，我国循环经济发展规模还有待扩大、发展水平有待提高，主要表现在：循环经济理念尚未在全社会得到普及，一些地方和企业对发展循环经济的认识还不到位；循环经济促进法配套法规规章尚不健全，生产者责任延伸等制度尚未全面建立；部分资源型产品价格形成机制尚未理顺，有利于循环经济发展的产业、投资、财税、金融等政策有待完善；循环经济技术创新体系和先进适用技术推广机制不健全，技术创新能力亟须加强；统计基础工作比较薄弱，评价制度不健全，循环经济能力建设、服务体系、宣传教育等有待加强。这些矛盾和问题已严重制约了循环经济的发展，必须尽快研究解决。

2. 循环经济发展面临的形势

1) 资源约束强化

我国主要资源人均占有量远低于世界平均水平，加上增长方式仍较粗放，国内资源供给难以保障经济社会发展需要，能源、重要矿产、水、土地等资源短缺矛盾将进一步加剧，重要资源对外依存度将进一步攀升，可持续发展面临能源资源瓶颈约束的严峻挑战。

2) 环境污染严重

我国环境状况总体恶化的趋势尚未得到根本遏制，重点流域水污染严重，一些地区大气污染问题突出，"垃圾围城"现象较为普遍，农业面源污染、重金属和土壤污染问题严重，重大环境污染事件时有发生，给人民群众身体健康带来危害。

3) 应对气候变化压力加大

我国是最易受气候变化影响的国家之一，气候变化导致农业生产不稳定性增加，局部地区干旱高温危害严重，生物多样性减少，生态系统脆弱性增加。近年来，我国温室气体排放快速增长，人均排放量不断攀升，减排压力不断加大。

4) 绿色发展成为国际潮流

近年来，为应对国际金融危机和全球气候变化的挑战，发达国家纷纷加快发展绿色产业，将其作为推进经济增长和转型的重要途径，一些国家利用技术优势，在国际贸易中制造绿色壁垒。因此在新一轮经济科技的竞争中，走绿色低碳循环的发展道路是必然的选择。

无论是从国内能源资源供给和生态环境承载能力看，还是从全球发展趋势和温室气体排放空间看，我国都无法继续靠粗放型的增长方式推进现代化进程。当前我国已进入全面建成小康社会的关键时期，也是发展循环经济的重要机遇期，必须积极创造有利条件，着力解决突出矛盾和问题，加快推进循环经济发展，从源头减少能源资源消耗和废弃物排放，实现资源高效利用和循环利用，改变"先污染、后治理"的传统模式，推动产业升级提升和发展方式转变，促进经济社会持续健康发展。

7.3.4 我国发展循环经济存在的问题

1. 政府层面

1) 发展循环经济的法律法规不健全

当前我国循环经济的立法从总体上看还处于起步阶段。尽管我国已经颁布了与循环经济发展有关的《节约能源法》和《清洁生产促进法》两部法律，以及2004年修订的《固体废物污染环境防治法》，也增加了循环经济的思想和内容，但从总体上看我国在促进资源节约和综合利用，特别是再生资源回收方面的法规建设仍然是薄弱环节，还没有形成循环经济发展的法律框架，法规不完善，政策措施不配套，使我国在发展循环经济的基础制度方面存在相当大的困难，不能适应发展循环经济的要求，还存在许多与循环经济发展要求相矛盾的具体政策措施。缺乏法律规章就难以从制度上约束不利于循环经济发展的做法。

2) 缺乏政府总体规划和宏观指导

目前，我国全面推进循环经济发展还处在初级阶段，国家还没有制定循环经济发展的总体规划和推进计划，对循环经济发展指导和引导作用不够。由于资源利用核算体系不健全，制定综合反映循环经济发展的资源生产率指标等还存在较大困难。我国在推动资源节约和综合利用、推进清洁生产等方面已经采取了许多措施，并取得了一定的成就，迫切需要在循环经济发展模式下加以集成，统筹规划，形成一个完整的循环经济体系。

3) 缺乏有效的激励政策和机制

发展循环经济是推动资源回收和循环利用方面的一个重要基础，在生产者责任延伸制度、再生资源分类回收、建立不易回收的废旧物回收处理费用机制等方面属于市场失灵的领域，需要政府的宏观调控和政策激励，并发挥市场机制的作用，调动企业积极性。但是，我国资源节约方面、再生资源价格、环境产权方面以及垃圾分类回收、再生资源节约方面以及环保产业发展方面等，都还没有建立完善有效的激励政策和回收处理体系与费用机制。

2. 企业层面

1) 企业缺乏发展循环经济的关键技术

科学技术是循环经济的支撑体系，发展循环经济，必须依靠科技创新，建立符合国情的循环经济技术支撑体系。但企业现有技术的普及度不高，生产者获得循环经济技术的渠道狭窄。我国现有循环经济技术并不能使全社会的生产领域都实现循环经济生产方式，而预期的不确定性同样影响企业对新技术的态度。不仅如此，我国还欠缺循环经济的共用技术和核心技术。在目前的循环经济体系中，要开发短缺资源替代技术、减量投入技术、再利用技术、资源化技术、资源系统优化配置技术和产品、产业共生链接技术、循环经济监测技术和循环经济管理技术等,与传统工业技术体系相比,可以说是一个新的技术体系。

2) 企业发展循环经济资金匮乏

发展循环经济的目标之一就是减少污染。为此,很多企业投入大量资金配置污染治理设备。这些设备的成本昂贵,许多企业不堪重负。以辽宁庆阳化工集团有限公司为例,几年来,公司在环保方面累计投资近 3500 万元,但仍不能满足污染治理的需要,因缺乏资金而无力进行污染治理的企业数不胜数。此外,发展循环经济不但需要降低污染,还要减少资源消耗。这往往需要企业通过改进生产工艺来提高资源的利用效率,而生产工艺的改进势必需要企业投入大量资金引进先进的设备和掌握领先技术的人才。资金的匮乏已成为企业发展循环经济的绊脚石。

3) 企业对末端治理的局限性认识不足

许多企业认为,对于减少污染物的排放采取末端治理的方法就可以了,以末端治理方法来代替清洁生产,并没有意识到末端治理的局限性,末端治理是问题发生后的被动措施,是将污染物从一种形式转化为另一种形式,忽视了环境容量,只注重排放浓度的控制,不可能从根本上避免污染发生,仍然会造成环境质量下降、资源供应枯竭,最终导致人类生存环境的恶化。而清洁生产是从源头上控制,在生产的各个环节对污染物进行治理,是从根本上治理污染物的排放。

4) 一些循环经济产品市场竞争力较弱

商品市场上消费者对循环经济产品没有足够的了解和认识,也没有形成足够规模的有效需求,由于相对于普通产品来说,循环经济产品的价格要高,样式单一,这样就造成了消费者的购买力低下和循环经济产品市场竞争力的薄弱。这样对于生产循环经济产品的企业来说不仅没有带来效益,还要遭受经济利益的损失,大大打击了生产循环经济产品的企业生产的积极性。

3. 社会公众层面

1) 消费理念

消费是引导市场的重要力量之一,对于我国来说尤其如此。由于我国人口众多,存在着巨大的产品市场,并且生产者的生产方向是随着消费者的需求而转变的,循环经济消费理念的普及将引导生产者放弃传统生产方式转为循环经济生产方式。所以消费理念是促进循环经济发展的主要动力之一。

2) 生活理念

生态经济建设的迅速发展,有赖于公众优先关注的问题和私人行为。自然资源的消耗与环境污染主要来自生产与生活两方面。以生活用水的使用为例,尽管部分地区在水费上体现了水资源的稀缺,但这种认识只停留在价格上,而非深层次的资源意识上。如果公众生活理念本身没有改变,水价政策的作用只能随收入的提高而递减,无法从根本上解决水资源的浪费。

3) 环境维权理念

环境维权理念的普及可以实现公众的有效监督,降低行政监督的成本,改善企业行为。但现在我国环境维权理念无论在政府的法制方面,还是公众自身认识程度方面都远远不够。尽管各种媒体已经拓宽环境污染消息的披露渠道,增加信息披露方式,但"事不关己,高高挂起"的想法使环境维权无法形成足够的关注度。

本 章 小 结

本章主要介绍了清洁生产，即污染物的综合利用。其中，重点介绍了清洁生产的概念和相关技术；讲述了冶金行业清洁生产面临的主要问题；介绍了冶金清洁生产的目标和技术，阐述了发展循环经济的重大意义。

思考与习题

1. 什么是清洁生产？
2. 简述冶金工业清洁生产工艺。
3. 我国循环经济发展现状是什么？
4. 清洁生产和循环经济有什么联系？

第 8 章　我国冶金行业节能减排

【本章要点】

本章介绍了自我国工业生产以来冶金行业节能减排的相关法律法规内容；同时介绍了我国冶金工业节能减排的现状；重点说明了国内外冶金工业节能减排的新方法和新技术。

【学习目标】

- 了解我国冶金行业节能减排的相关法律政策。
- 了解我国冶金工业节能减排现状。
- 了解国外冶金工业节能减排的新方法和新技术。

8.1　我国冶金行业节能减排的相关法律政策

本节主要讲解了我国冶金行业节能减排的几部重要的法律和一些重要的、具有指导意义的政策。

8.1.1　中华人民共和国节约能源法

《中华人民共和国节约能源法》于 1997 年 11 月 1 日第八届全国人民代表大会常务委员会第二十八次会议通过，2007 年 10 月 28 日第十届全国人民代表大会常务委员会第三十次会议修订，后根据 2016 年 7 月 2 日第十二届全国人民代表大会常务委员会第二十一次会议通过的《全国人民代表大会常务委员会关于修改〈中华人民共和国节约能源法〉等六部法律的决定》修改，形成了新的中华人民共和国节约能源法。

《节约能源法》包含了工业节能、建筑节能、交通运输节能、公共机构节能、重点用能单位节能等，本章主要摘取工业节能方面的相关法律。

第二十九条　国务院和省、自治区、直辖市人民政府推进能源资源优化开发利用和合理配置，推进有利于节能的行业结构调整，优化用能结构和企业布局。

第三十条　国务院管理节能工作的部门会同国务院有关部门制定电力、钢铁、有色金属、建材、石油加工、化工、煤炭等主要耗能行业的节能技术政策，推动企业节能技术改造。

第三十一条　国家鼓励工业企业采用高效、节能的电动机、锅炉、窑炉、风机、泵类等设备，采用热电联产、余热余压利用、洁净煤以及先进的用能监测和控制等技术。

第三十二条　电网企业应当按照国务院有关部门制定的节能发电调度管理的规定，安排清洁、高效和符合规定的热电联产、利用余热余压发电的机组以及其他符合资源综合利用规定的发电机组与电网并网运行，上网电价执行国家有关规定。

第三十三条　禁止新建不符合国家规定的燃煤发电机组、燃油发电机组和燃煤热电机组。

8.1.2 中华人民共和国清洁生产促进法

1. 法律法规

2002年6月29日第九届全国人民代表大会常务委员会第二十八次会议通过,根据2012年2月29日第十一届全国人民代表大会常务委员会第二十五次会议《关于修改〈中华人民共和国清洁生产促进法〉的决定》修正。

1) 清洁生产的推行

第七条 国务院应当制定有利于实施清洁生产的财政税收政策。

国务院及其有关部门和省、自治区、直辖市人民政府,应当制定有利于实施清洁生产的产业政策、技术开发和推广政策。

第八条 国务院清洁生产综合协调部门会同国务院环境保护、工业、科学技术部门和其他有关部门,根据国民经济和社会发展规划及国家节约资源、降低能源消耗、减少重点污染物排放的要求,编制国家清洁生产推行规划,报经国务院批准后及时公布。

国家清洁生产推行规划应当包括:推行清洁生产的目标、主要任务和保障措施,按照资源能源消耗、污染物排放水平确定开展清洁生产的重点领域、重点行业和重点工程。

国务院有关行业主管部门根据国家清洁生产推行规划确定本行业清洁生产的重点项目,制定行业专项清洁生产推行规划并组织实施。

县级以上地方人民政府根据国家清洁生产推行规划、有关行业专项清洁生产推行规划,按照本地区节约资源、降低能源消耗、减少重点污染物排放的要求,确定本地区清洁生产的重点项目,制定推行清洁生产的实施规划并组织落实。

第九条 中央预算应当加强对清洁生产促进工作的资金投入,包括中央财政清洁生产专项资金和中央预算安排的其他清洁生产资金,用于支持国家清洁生产推行规划确定的重点领域、重点行业、重点工程实施清洁生产及其技术推广工作,以及生态脆弱地区实施清洁生产的项目。中央预算用于支持清洁生产促进工作的资金使用的具体办法,由国务院财政部门、清洁生产综合协调部门会同国务院有关部门制定。

县级以上地方人民政府应当统筹地方财政安排的清洁生产促进工作的资金,引导社会资金,支持清洁生产重点项目。

第十条 国务院和省、自治区、直辖市人民政府的有关部门,应当组织和支持建立促进清洁生产信息系统和技术咨询服务体系,向社会提供有关清洁生产方法和技术、可再生利用的废物供求以及清洁生产政策等方面的信息和服务。

第十一条 国务院清洁生产综合协调部门会同国务院环境保护、工业、科学技术、建设、农业等有关部门定期发布清洁生产技术、工艺、设备和产品导向目录。

国务院清洁生产综合协调部门、环境保护部门和省、自治区、直辖市人民政府负责清洁生产综合协调的部门、环境保护部门会同同级有关部门,组织编制重点行业或者地区的清洁生产指南,指导实施清洁生产。

第十二条 国家对浪费资源和严重污染环境的落后生产技术、工艺、设备和产品实行限期淘汰制度。国务院有关部门按照职责分工,制定并发布限期淘汰的生产技术、工艺、设备以及产品的名录。

第十三条　国务院有关部门可以根据需要批准设立节能、节水、废物再生利用等环境与资源保护方面的产品标志，并按照国家规定制定相应标准。

第十四条　县级以上人民政府科学技术部门和其他有关部门，应当指导和支持清洁生产技术和有利于环境与资源保护的产品的研究、开发以及清洁生产技术的示范和推广工作。

第十五条　国务院教育部门，应当将清洁生产技术和管理课程纳入有关高等教育、职业教育和技术培训体系。

县级以上人民政府有关部门组织开展清洁生产的宣传和培训，提高国家工作人员、企业经营管理者和公众的清洁生产意识，培养清洁生产管理和技术人员。

新闻出版、广播影视、文化等单位和有关社会团体，应当发挥各自优势做好清洁生产宣传工作。

第十六条　各级人民政府应当优先采购节能、节水、废物再生利用等有利于环境与资源保护的产品。

各级人民政府应当通过宣传、教育等措施，鼓励公众购买和使用节能、节水、废物再生利用等有利于环境与资源保护的产品。

第十七条　省、自治区、直辖市人民政府负责清洁生产综合协调的部门、环境保护部门，根据促进清洁生产工作的需要，在本地区主要媒体上公布未达到能源消耗控制指标、重点污染物排放控制指标的企业的名单，为公众监督企业实施清洁生产提供依据。

列入前款规定名单的企业，应当按照国务院清洁生产综合协调部门、环境保护部门的规定公布能源消耗或者重点污染物产生、排放情况，接受公众监督。

2）清洁生产的实施

第十八条　新建、改建和扩建项目应当进行环境影响评价，对原料使用、资源消耗、资源综合利用以及污染物产生与处置等进行分析论证，优先采用资源利用率高以及污染物产生量少的清洁生产技术、工艺和设备。

第十九条　企业在进行技术改造过程中，应当采取以下清洁生产措施：

(一)采用无毒、无害或者低毒、低害的原料，替代毒性大、危害严重的原料；

(二)采用资源利用率高、污染物产生量少的工艺和设备，替代资源利用率低、污染物产生量多的工艺和设备；

(三)对生产过程中产生的废物、废水和余热等进行综合利用或者循环使用；

(四)采用能够达到国家或者地方规定的污染物排放标准和污染物排放总量控制指标的污染防治技术。

第二十条　产品和包装物的设计，应当考虑其在生命周期中对人类健康和环境的影响，优先选择无毒、无害、易于降解或者便于回收利用的方案。

企业对产品的包装应当合理，包装的材质、结构和成本应当与内装产品的质量、规格和成本相适应，减少包装性废物的产生，不得进行过度包装。

第二十一条　生产大型机电设备、机动运输工具以及国务院工业部门指定的其他产品的企业，应当按照国务院标准化部门或者其授权机构制定的技术规范，在产品的主体构件上注明材料成分的标准牌号。

第二十二条　农业生产者应当科学地使用化肥、农药、农用薄膜和饲料添加剂，改进种植和养殖技术，实现农产品的优质、无害和农业生产废物的资源化，防止农业环境污染。

禁止将有毒、有害废物用作肥料或者用于农田。

第二十三条　餐饮、娱乐、宾馆等服务性企业，应当采用节能、节水和其他有利于环境保护的技术和设备，减少使用或者不使用浪费资源、污染环境的消费品。

第二十四条　建筑工程应当采用节能、节水等有利于环境与资源保护的建筑设计方案、建筑和装修材料、建筑构配件及设备。

建筑和装修材料必须符合国家标准。禁止生产、销售和使用有毒、有害物质超过国家标准的建筑和装修材料。

第二十五条　矿产资源的勘查、开采，应当采用有利于合理利用资源、保护环境和防止污染的勘查、开采方法和工艺技术，提高资源利用水平。

第二十六条　企业应当在经济技术可行的条件下对生产和服务过程中产生的废物、余热等自行回收利用或者转让给有条件的其他企业和个人利用。

第二十七条　企业应当对生产和服务过程中的资源消耗以及废物的产生情况进行监测，并根据需要对生产和服务实施清洁生产审核。

有下列情形之一的企业，应当实施强制性清洁生产审核。

(一)污染物排放超过国家或者地方规定的排放标准，或者虽未超过国家或者地方规定的排放标准，但超过重点污染物排放总量控制指标的；

(二)超过单位产品能源消耗限额标准构成高耗能的；

(三)使用有毒、有害原料进行生产或者在生产中排放有毒、有害物质的。

污染物排放超过国家或者地方规定的排放标准的企业，应当按照环境保护相关法律的规定治理。

实施强制性清洁生产审核的企业，应当将审核结果向所在地县级以上地方人民政府负责清洁生产综合协调的部门、环境保护部门报告，并在本地区主要媒体上公布，接受公众监督，但涉及商业秘密的除外。

县级以上地方人民政府有关部门应当对企业实施强制性清洁生产审核的情况进行监督，必要时可以组织对企业实施清洁生产的效果进行评估验收，所需费用纳入同级政府预算。承担评估验收工作的部门或者单位不得向被评估验收企业收取费用。

实施清洁生产审核的具体办法，由国务院清洁生产综合协调部门、环境保护部门会同国务院有关部门制定。

第二十八条　本法第二十七条第二款规定以外的企业，可以自愿与清洁生产综合协调部门和环境保护部门签订进一步节约资源、削减污染物排放量的协议。该清洁生产综合协调部门和环境保护部门应当在本地区主要媒体上公布该企业的名称以及节约资源、防治污染的成果。

第二十九条　企业可以根据自愿原则，按照国家有关环境管理体系等认证的规定，委托经国务院认证认可监督管理部门认可的认证机构进行认证，提高清洁生产水平。

3) 鼓励措施

第三十条　国家建立清洁生产表彰奖励制度。对在清洁生产工作中做出显著成绩的单位和个人，由人民政府给予表彰和奖励。

第三十一条　对从事清洁生产研究、示范和培训，实施国家清洁生产重点技术改造项目和本法第二十八条规定的自愿节约资源、削减污染物排放量协议中载明的技术改造项目，由县级以上人民政府给予资金支持。

第三十二条 在依照国家规定设立的中小企业发展基金中,应当根据需要安排适当数额用于支持中小企业实施清洁生产。

第三十三条 依法利用废物和从废物中回收原料生产产品的,按照国家规定享受税收优惠。

第三十四条 企业用于清洁生产审核和培训的费用,可以列入企业经营成本。

4) 法律责任

第三十五条 清洁生产综合协调部门或者其他有关部门未依照本法规定履行职责的,对直接负责的主管人员和其他直接责任人员依法给予处分。

第三十六条 违反本法第十七条第二款规定,未按照规定公布能源消耗或者重点污染物产生、排放情况的,由县级以上地方人民政府负责清洁生产综合协调的部门、环境保护部门按照职责分工责令公布,处以十万元以下的罚款。

第三十七条 违反本法第二十一条规定,未标注产品材料的成分或者不如实标注的,由县级以上地方人民政府质量技术监督部门责令限期改正;拒不改正的,处以五万元以下的罚款。

第三十八条 违反本法第二十四条第二款规定,生产、销售有毒、有害物质超过国家标准的建筑和装修材料的,依照产品质量法和有关民事、刑事法律的规定,追究行政、民事、刑事法律责任。

第三十九条 违反本法第二十七条第二款、第四款规定,不实施强制性清洁生产审核或者在清洁生产审核中弄虚作假的,或者实施强制性清洁生产审核的企业不报告或者不如实报告审核结果的,由县级以上地方人民政府负责清洁生产综合协调的部门、环境保护部门按照职责分工责令限期改正;拒不改正的,处以五万元以上五十万元以下的罚款。

违反本法第二十七条第五款规定,承担评估验收工作的部门或者单位及其工作人员向被评估验收企业收取费用的,不如实评估验收或者在评估验收中弄虚作假的,或者利用职务上的便利谋取利益的,对直接负责的主管人员和其他直接责任人员依法给予处分;构成犯罪的,依法追究刑事责任。

2. 《中华人民共和国清洁生产促进法》解读

1) 加快实施《清洁生产促进法》的意义

(1) 有助于履行社会责任,推动生态文明建设,促进可持续发展。

当今日益加重的环境污染与危害是严重影响中国及世界政治、经济、安全、生存的重大问题,推行清洁生产,解决环境压力已成为全球实现可持续发展的共同选择。我国颁布《清洁生产促进法》,把经济和社会的可持续发展用法律形式加以固定,旨在通过明确工作职责、奖惩措施、法律责任等强化社会责任的履行,进而推动全社会从源头削减控制污染,提高资源利用效率,减少或者避免生产、服务和产品使用过程中污染物的产生和排放,保护和改善生态环境,促进经济与社会的可持续发展。

(2) 有助于完善结构调整,转变经济增长方式,促进可持续发展。

推行清洁生产就是用一种新的创造性理念,将整体预防的环境战略持续应用于生产过程、产品和服务中,改变以牺牲环境为代价的、传统的粗放型的经济发展模式,依靠科技进步与创新完善结构调整，促进行业生产工艺技术水平、人员素质及管理水平的提升，使资源得到充分利用，环境得到根本改善，从而达到环境效益与经济效益的统一。因此，加快实施《清洁生产促进法》更有助于推广应用先进生产技术，推进产品升级和产业结构优化，推动实现节能减排目标、转变经济发展方式，是实施可持续发展必不可少的重要手段。

2) 《清洁生产促进法》重点修订的条款内容

(1) 强化政府推进清洁生产的工作职责。

《清洁生产促进法》从2003年正式实施后，国务院进行了两次机构改革，客观上导致了部门职责与法律规定的不协调，职能和责任不清、分工不明确，一定程度上影响了法律的贯彻实施。2012年新修订的《清洁生产促进法》将这一问题作为重点加以解决，进一步明确了政府推进清洁生产的工作职责：一是按照国务院部门现行职责分工，明确国务院清洁生产综合协调部门负责组织、协调全国的清洁生产促进工作，国务院环境保护、工业、科学技术、财政部门和其他有关部门，按照各自职责，负责有关的清洁生产促进工作。二是针对地方政府负责清洁生产工作部门不一致的情况，规定由县级以上地方人民政府确定的负责清洁生产综合协调的部门负责组织、协调本行政区域内的清洁生产促进工作。在明确政府工作职责时，更加注重突出职能要求、弱化部门名称，以保持法律执行主体名称的相对稳定。

(2) 扩大了对企业实施强制性清洁生产审核范围。

清洁生产审核制度，是企业实施清洁生产，实现节能降耗、减污增效的一个重要手段。修订前的《清洁生产促进法》仅针对高污染企业提出开展强制性清洁生产审核工作要求，对超耗能企业没有明确规定开展清洁生产的强制性措施，不利于抑制能源的过度消耗。而修订后的《清洁生产促进法》第二十七条对此进行了补充完善，在保留对原规定的"双超双有"企业依法进行强制性清洁生产审核外，增加了对"超过能源消耗限额标准的高耗能企业依法进行强制清洁生产审核"条款。

(3) 明确规定建立清洁生产财政支持资金。

修订前的《清洁生产促进法》对推行清洁生产的激励措施力度小，不利于加快推行清洁生产工作进程。修订后的《清洁生产促进法》加大了财政支持力度，规定中央预算应当加强对清洁生产工作的资金投入，包括中央财政清洁生产专项资金和中央预算安排的其他清洁生产资金，用于支持国家清洁生产推行规划确定的重点领域、重点行业、重点工程实施清洁生产及其技术推广工作，以及生态脆弱地区实施清洁生产的项目。县级以上地方人民政府应当统筹地方财政安排的清洁生产促进工作的资金，引导社会资金，支持清洁生产重点项目。新法明确要求中央和地方政府均要统筹安排支持推进清洁生产工作的财政资金。

(4) 强化了清洁生产审核法律责任。

修订前的《清洁生产促进法》强制性工作措施力度偏弱，法律责任难以落实。为增强法律实施的有效性，新修订的《清洁生产促进法》进一步强化了三方面的法律责任。

一是强化了政府部门不履行职责的法律责任。新法第三十五条明确规定"清洁生产综合协调部门或者其他部门未依照法律规定履行职责的，对直接负责的主管人员和其他直接责任人员依法给予处分"。由此要求负责推进清洁生产的主管部门和主管人员必须认真履行工作职责，加强清洁生产审核工作，否则将承担一定的法律责任。

二是强化了企业开展强制性清洁生产审核的法律责任。新法第三十六规定"对不按照规定公布能源消耗或者重点污染物产生、排放情况的，由县级以上地方人民政府负责清洁生产综合协调的部门、环境保护部门按照职责分工责令公布，可以处十万元以下的罚款"；第三十九条规定"对不实施强制性清洁生产审核或者在清洁生产审核中弄虚作假的，或者实施强制性清洁生产审核的企业不报告或不如实报告审核结果的，由县级以上地方人民政府负责清洁生产综合协调的部门、环境保护部门按照职责分工责令限期改正，拒不改正的，处以五万元以上五十万元以下的罚款"。明确指出，企业不按照《清洁生产促进法》规定实施强制性清洁生产审核，将依法进行惩处。

三是强化了评估验收部门和单位及其工作人员的法律责任。新法第三十九条规定"承担评估验收工作的部门或单位及其工作人员向被评估验收企业收取费用的，不如实评估验收或者在评估验收中弄虚作假，或者利用职务之便谋取利益的，对直接负责的主管人员和其他直接责任人员依法给予处分；构成犯罪的，依法追究刑事责任"。由此要求开展清洁生产审核咨询服务的单位必须遵循公平公正的原则，认真负责地帮助企业开展清洁生产审核，违反法律规定的将承担法律责任。

(5) 强化了政府监督与社会监督作用。

修订后的《清洁生产促进法》除强化了政府有关部门对企业实施强制性清洁生产审核的监督责任外，还进一步强化了社会监督作用，明确要求实施强制性清洁生产审核的企业，应当将审核结果向所在地县级以上地方人民政府负责清洁生产综合协调的部门、环境保护部门报告，并在本地区主要媒体上公布，接受公众监督(涉及商业秘密的除外)。

8.1.3　中华人民共和国水污染防治法

2005 年 11 月，中国石油天然气股份有限公司吉林石化公司双苯厂发生爆炸事故，导致苯类污染物流入松花江，造成水体严重污染。2006 年，黄河、湘江、重庆綦江相继发生了水体污染事故。2007 年 5 月底，太湖爆发蓝藻危机，影响了无锡城区数十万市民的饮用水安全。频发的水污染事故，居高不下的水污染物排放总量，造成了我国十分严峻的水环境形势。水是生命之源，饮用水的安全更是关系到人民的健康和生命。

造成水污染的原因很多，而法律不完善是其中的重要方面。

我国的水污染防治法是 1984 年制定的，1996 年对其进行了修改。1996 年《水污染防治法》对保护水环境发挥了重要作用，但已经不能适应当前水污染防治的需要。为了全面贯彻落实科学发展观，完善水污染防治制度，2007 年 8 月，国务院向全国人大常委会提请审议了《水污染防治法(修订草案)》。经过三次审议，修订草案于 2008 年 2 月 28 日由十届人大常委会第三十二次会议通过，于 2008 年 6 月 1 日起施行。

1. 法律内容

1) 水污染防治的标准和规划

第十一条　国务院环境保护主管部门制定国家水环境质量标准。

省、自治区、直辖市人民政府可以对国家水环境质量标准中未做规定的项目，制定地方标准，并报国务院环境保护主管部门备案。

第十二条　国务院环境保护主管部门会同国务院水行政主管部门和有关省、自治区、直辖市人民政府，可以根据国家确定的重要江河、湖泊流域水体的使用功能以及有关地区的经济、技术条件，确定该重要江河、湖泊流域的省界水体适用的水环境质量标准，报国务院批准后施行。

第十三条　国务院环境保护主管部门根据国家水环境质量标准和国家经济、技术条件，制定国家水污染物排放标准。

省、自治区、直辖市人民政府对国家水污染物排放标准中未做规定的项目，可以制定地方水污染物排放标准；对国家水污染物排放标准中已做规定的项目，可以制定严于国家水污染物排放标准的地方水污染物排放标准。地方水污染物排放标准须报国务院环境保护主管部门备案。

向已有地方水污染物排放标准的水体排放污染物的，应当执行地方水污染物排放标准。

第十四条　国务院环境保护主管部门和省、自治区、直辖市人民政府，应当根据水污染防治的要求和国家或者地方的经济、技术条件，适时修订水环境质量标准和水污染物排放标准。

第十五条　防治水污染应当按流域或者按区域进行统一规划。国家确定的重要江河、湖泊的流域水污染防治规划，由国务院环境保护主管部门会同国务院经济综合宏观调控、水行政等部门和有关省、自治区、直辖市人民政府编制，报国务院批准。

前款规定外的其他跨省、自治区、直辖市江河、湖泊的流域水污染防治规划，根据国家确定的重要江河、湖泊的流域水污染防治规划和本地实际情况，由有关省、自治区、直辖市人民政府环境保护主管部门会同同级水行政等部门和有关市、县人民政府编制，经有关省、自治区、直辖市人民政府审核，报国务院批准。

省、自治区、直辖市内跨县江河、湖泊的流域水污染防治规划，根据国家确定的重要江河、湖泊的流域水污染防治规划和本地实际情况，由省、自治区、直辖市人民政府环境保护主管部门会同同级水行政等部门编制，报省、自治区、直辖市人民政府批准，并报国务院备案。

经批准的水污染防治规划是防治水污染的基本依据，规划的修订须经原批准机关批准。

县级以上地方人民政府应当根据依法批准的江河、湖泊的流域水污染防治规划，组织制定本行政区域的水污染防治规划。

第十六条　国务院有关部门和县级以上地方人民政府开发、利用和调节、调度水资源时，应当统筹兼顾，维持江河的合理流量和湖泊、水库以及地下水体的合理水位，维护水体的生态功能。

2) 水污染防治的监督管理

第十七条　新建、改建、扩建直接或者间接向水体排放污染物的建设项目和其他水上设施，应当依法进行环境影响评价。

建设单位在江河、湖泊新建、改建、扩建排污口的，应当取得水行政主管部门或者流域管理机构同意；涉及通航、渔业水域的，环境保护主管部门在审批环境影响评价文件时，应当征求交通、渔业主管部门的意见。

建设项目的水污染防治设施，应当与主体工程同时设计、同时施工、同时投入使用。水污染防治设施应当经过环境保护主管部门验收，验收不合格的，该建设项目不得投入生产或者使用。

第十八条　国家对重点水污染物排放实施总量控制制度。

省、自治区、直辖市人民政府应当按照国务院的规定削减和控制本行政区域的重点水污染物排放总量，并将重点水污染物排放总量控制指标分解落实到市、县人民政府。市、县人民政府根据本行政区域重点水污染物排放总量控制指标的要求，将重点水污染物排放总量控制指标分解落实到排污单位。具体办法和实施步骤由国务院规定。

省、自治区、直辖市人民政府可以根据本行政区域水环境质量状况和水污染防治工作的需要，确定本行政区域实施总量削减和控制的重点水污染物。

对超过重点水污染物排放总量控制指标的地区，有关人民政府环境保护主管部门应当暂停审批新增重点水污染物排放总量的建设项目的环境影响评价文件。

第十九条　国务院环境保护主管部门对未按照要求完成重点水污染物排放总量控制指标的省、自治区、直辖市予以公布。省、自治区、直辖市人民政府环境保护主管部门对未按照要求完成重点水污染物排放总量控制指标的市、县予以公布。

县级以上人民政府环境保护主管部门对违反本法规定、严重污染水环境的企业予以公布。

第二十条　国家实行排污许可制度。

直接或者间接向水体排放工业废水和医疗污水以及其他按照规定应当取得排污许可证方可排放的废水、污水的企业事业单位，应当取得排污许可证；城镇污水集中处理设施的运营单位，也应当取得排污许可证。排污许可的具体办法和实施步骤由国务院规定。

禁止企业事业单位无排污许可证或者违反排污许可证的规定向水体排放前款规定的废水、污水。

第二十一条　直接或者间接向水体排放污染物的企业事业单位和个体工商户，应当按照国务院环境保护主管部门的规定，向县级以上地方人民政府环境保护主管部门申报登记拥有的水污染物排放设施、处理设施和在正常作业条件下排放水污染物的种类、数量和浓度，并提供防治水污染方面的有关技术资料。

企业事业单位和个体工商户排放水污染物的种类、数量和浓度有重大改变的，应当及时申报登记；其水污染物处理设施应当保持正常使用；拆除或者闲置水污染物处理设施的，应当事先报县级以上地方人民政府环境保护主管部门批准。

第二十二条　向水体排放污染物的企业事业单位和个体工商户，应当按照法律、行政法规和国务院环境保护主管部门的规定设置排污口；在江河、湖泊设置排污口的，还应当遵守国务院水行政主管部门的规定。

禁止私设暗管或者采取其他规避监管的方式排放水污染物。

第二十三条　重点排污单位应当安装水污染物排放自动监测设备，与环境保护主管部门的监控设备联网，并保证监测设备正常运行。排放工业废水的企业，应当对其所排放的工业废水进行监测，并保存原始监测记录。具体办法由国务院环境保护主管部门规定。

应当安装水污染物排放自动监测设备的重点排污单位名录，由设区的市级以上地方人民政府环境保护主管部门根据本行政区域的环境容量、重点水污染物排放总量控制指标的要求以及排污单位排放水污染物的种类、数量和浓度等因素，商同级有关部门确定。

第二十四条　直接向水体排放污染物的企业事业单位和个体工商户，应当按照排放水污染物的种类、数量和排污费征收标准缴纳排污费。

排污费应当用于污染的防治，不得挪作他用。

第二十五条　国家建立水环境质量监测和水污染物排放监测制度。国务院环境保护主管部门负责制定水环境监测规范，统一发布国家水环境状况信息，会同国务院水行政等部门组织监测网络。

第二十六条　国家确定的重要江河、湖泊流域的水资源保护工作机构负责监测其所在流域的省界水体的水环境质量状况，并将监测结果及时报国务院环境保护主管部门和国务院水行政主管部门；有经国务院批准成立的流域水资源保护领导机构的，应当将监测结果及时报告流域水资源保护领导机构。

第二十七条　环境保护主管部门和其他依照本法规定行使监督管理权的部门，有权对管辖范围内的排污单位进行现场检查，被检查的单位应当如实反映情况，提供必要的资料。检查机关有义务为被检查的单位保守在检查中获取的商业秘密。

第二十八条　跨行政区域的水污染纠纷，由有关地方人民政府协商解决，或者由其共同的上级人民政府协调解决。

3) 水污染防治措施

第一节　一般规定。

第二十九条　禁止向水体排放油类、酸液、碱液或者剧毒废液。

禁止在水体清洗装贮过油类或者有毒污染物的车辆和容器。

第三十条　禁止向水体排放、倾倒放射性固体废物或者含有高放射性和中放射性物质的废水。

向水体排放含低放射性物质的废水，应当符合国家有关放射性污染防治的规定和标准。

第三十一条　向水体排放含热废水，应当采取措施，保证水体的水温符合水环境质量标准。

第三十二条　含病原体的污水应当经过消毒处理；符合国家有关标准后，方可排放。

第三十三条　禁止向水体排放、倾倒工业废渣、城镇垃圾和其他废弃物。

禁止将含有汞、镉、砷、铬、铅、氰化物、黄磷等的可溶性剧毒废渣向水体排放、倾倒或者直接埋入地下。

存放可溶性剧毒废渣的场所，应当采取防水、防渗漏、防流失的措施。

第三十四条　禁止在江河、湖泊、运河、渠道、水库最高水位线以下的滩地和岸坡堆放、存贮固体废弃物和其他污染物。

第三十五条　禁止利用渗井、渗坑、裂隙和溶洞排放、倾倒含有毒污染物的废水、含病原体的污水和其他废弃物。

第三十六条　禁止利用无防渗漏措施的沟渠、坑塘等输送或者存贮含有毒污染物的废水、含病原体的污水和其他废弃物。

第三十七条　多层地下水的含水层水质差异大的，应当分层开采；对已受污染的潜水和承压水，不得混合开采。

第三十八条　兴建地下工程设施或者进行地下勘探、采矿等活动，应当采取防护性措施，防止地下水污染。

第三十九条　人工回灌补给地下水，不得恶化地下水质。

第二节　工业水污染防治。

第四十条　国务院有关部门和县级以上地方人民政府应当合理规划工业布局，要求造成水污染的企业进行技术改造，采取综合防治措施，提高水的重复利用率，减少废水和污染物排放量。

第四十一条　国家对严重污染水环境的落后工艺和设备实行淘汰制度。

国务院经济综合宏观调控部门会同国务院有关部门，公布限期禁止采用的严重污染水环境的工艺名录和限期禁止生产、销售、进口、使用的严重污染水环境的设备名录。

生产者、销售者、进口者或者使用者应当在规定的期限内停止生产、销售、进口或者使用列入前款规定的设备名录中的设备。工艺的采用者应当在规定的期限内停止采用列入前款规定的工艺名录中的工艺。

依照本条第二款、第三款规定被淘汰的设备，不得转让给他人使用。

第四十二条　国家禁止新建不符合国家产业政策的小型造纸、制革、印染、染料、炼焦、炼硫、炼砷、炼汞、炼油、电镀、农药、石棉、水泥、玻璃、钢铁、火电以及其他严重污染水环境的生产项目。

第四十三条　企业应当采用原材料利用效率高、污染物排放量少的清洁工艺，并加强管理，减少水污染物的产生。

4)　水污染事故处置

第六十六条　各级人民政府及其有关部门，可能发生水污染事故的企业事业单位，应当依照《中华人民共和国突发事件应对法》的规定，做好突发水污染事故的应急准备、应急处置和事后恢复等工作。

第六十七条　可能发生水污染事故的企业事业单位，应当制定有关水污染事故的应急方案，做好应急准备，并定期进行演练。

生产、储存危险化学品的企业事业单位，应当采取措施，防止在处理安全生产事故过程中产生的可能严重污染水体的消防废水、废液直接排入水体。

第六十八条　企业事业单位发生事故或者其他突发性事件，造成或者可能造成水污染事故的，应当立即启动本单位的应急方案，采取应急措施，并向事故发生地的县级以上地方人民政府或者环境保护主管部门报告。环境保护主管部门接到报告后，应当及时向本级人民政府报告，并抄送有关部门。

造成渔业污染事故或者渔业船舶造成水污染事故的，应当向事故发生地的渔业主管部门报告，接受调查处理。其他船舶造成水污染事故的，应当向事故发生地的海事管理机构报告，接受调查处理；给渔业造成损害的，海事管理机构应当通知渔业主管部门参与调查处理。

2. 法律解读

2008年2月28日，十届全国人大常委会第三十二次会议对原有《水污染防治法》予以了全面修订。新修订的《中华人民共和国水污染防治法》共八章九十二条，于2008年6月1日起实施。这部法律在总结我国实施水污染防治法经验的基础上，借鉴国际上的一些成功做法，加强了水污染源头控制，完善了水环境监测网络，强化了重点水污染物排放总量控制制度，全面推行排污许可制度，完善饮用水水源保护区管理制度，在加强工业污染防治和城镇污染防治的基础上又增加了农村面源污染防治和内河船舶的污染防治，增加了水污染应急反应要求，加大了对违法行为的处罚力度，完善了民事法律责任。这一系列法律制度的建立健全，对防治水污染，保护和改善环境，保障饮用水安全，促进经济社会全面协调可持续发展具有重要意义。

与原有《水污染防治法》相比，新法在适用范围、水污染防治的标准和规划、排污申报、环境影响评价和"三同时"制度等方面基本保留并维持了原有《水污染防治法》的有关规定。同时，也在以下几方面对原有《水污染防治法》的有关内容做了修改、完善和补充。

1) 水污染防治的原则

水污染防治的原则是水污染防治领域在一定时期内指导各项工作的指导思想，也是制定各项具体政策应当体现的精神。原水污染防治法没有对水污染防治的原则做出规定，本次修订增加了这一内容，即：水污染防治应当坚持预防为主、防治结合、综合治理的原则，优先保护饮用水水源，严格控制工业污染、城镇生活污染，防治农业面源污染，积极推进生态治理工程建设，预防、控制和减少水环境污染和生态破坏。

2) 关于地方政府对水污染防治的责任

一个地区的水环境的好坏，与地方人民政府是否切实承担起防治水污染的职责密切相关。为了保证本法规定的各项水污染防治措施能够落到实处，落实地方政府保护水环境的责任，本次修订新增加两方面的规定：其一，明确县级以上地方人民政府应当对本行政区域的水环境质量负责；其二，明确国家实行水环境保护目标责任制和考核评价制度，将水环境保护目标完成情况作为对地方人民政府及其负责人考核评价的内容。

3) 关于水环境生态保护补偿机制

为了鼓励保护水环境，统筹区域发展，对一些为保护水环境做出贡献的位于水源上游的经济不发达地区，建议通过财政转移支付等方式给予生态保护补偿的呼声较高。对此，国务院已有明确要求，水污染防治法为了给今后我国建立健全水环境生态保护补偿机制提供法律保障，新增加了有关关于水环境生态保护补偿机制的原则性规定，即国家通过财政转移支付等方式，建立健全对位于饮用水水源保护区区域和江河、湖泊、水库上游地区的水环境生态保护补偿机制。

4) 关于排放水污染物的法定要求

原有《水污染防治法》，从当时的经济、技术发展水平环境保护需要考虑，规定了排污缴费、超标缴纳超标排污费的制度。即按照这一规定超标排污不是违法行为，只要依法缴纳超标排污费即可。

当前，我国水污染形势日益严峻，环境保护工作面临越来越严峻的挑战。必须实行更为严格的环境保护法律制度，下大力气解决危害人民群众健康和影响经济社会全面协调可持续发展的突出环境问题，把防治污染，特别是防治水污染作为工作的重中之重，努力建设环境友好型社会。因此，本次修订的一个重点就是将排放水污染物的法定要求提高，即规定排放水污染物，不得超过国家或者地方规定的水污染物排放标准和重点水污染物排放总量控制指标。

按照这一新规定，超标排污或超过重点水污染物排放总量控制指标排污的，都属于违法行为，应当承担本法规定的相应的法律后果，即：由县级以上人民政府环境保护主管部门按照权限责令限期治理，处应缴纳排污费数额二倍以上五倍以下的罚款。限期治理期间，由环境保护主管部门责令限制生产、限制排放或者停产整治。限期治理的期限最长不超过一年；逾期未完成治理任务的，报经有批准权的人民政府批准，责令关闭。

5) 关于重点水污染物排放的总量控制制度

原水污染防治法对水污染防治总量控制制度规定，仅限于对实现水污染物达标排放仍不能达到国家规定的水环境质量标准的水体，并规定具体办法由国务院制定。

为了体现预防为主的原则，加强对水污染物的源头削减和排放控制，本次修订将原水污染防治法实施重点水污染物排放总量控制制度的范围扩大到了全国，即：一是国家对重点水污染物排放实施总量控制制度。二是省、自治区、直辖市人民政府应当按照国务院的规定削减和控制本行政区域的重点水污染物排放总量，并将重点水污染物排放总量控制指标分解落实到市、县人民政府。市、县人民政府根据本行政区域重点水污染物排放总量控制指标的要求，将重点水污染物排放总量控制指标分解落实到排污单位。三是具体办法和实施步骤由国务院规定。四是省、自治区、直辖市人民政府可以根据本行政区域水环境质量状况和水污染防治工作的需要，确定本行政区域实施总量削减和控制的重点水污染物。对超过重点水污染物排放总量控制指标的地区，有关人民政府环境保护主管部门应当暂停审批新增重点水污染物排放总量的建设项目的环境影响评价文件。五是国务院环境保护主管部门对未按照要求完成重点水污染物排放总量控制指标的省、自治区、直辖市予以公布。省、自治区、直辖市人民政府环境保护主管部门对未按照要求完成重点水污染物排放总量控制指标的市、县予以公布；县级以上人民政府环境保护主管部门对违反本法规定、严重污染水环境的企业予以公布。目前，受国务院委托，国家环保总局已经与各省、自治区、直辖市人民政府分别签订了水污染物排放总量控制目标责任书，各地方也层层分解重点水污染物排放总量控制指标，将其落实到地市和重点排污企业。

6) 关于排污许可制度

排污许可制度是加强污染物排放监管的重要手段。这次修订水污染防治法增加了这方面的内容，即：国家实行排污许可制度。直接或者间接向水体排放工业废水和医疗污水以及其他按照规定应当取得排污许可证方可排放的废水、污水的企业事业单位，应当取得排污许可证；城镇污水集中处理设施的运营单位，也应当取得排污许可证。排污许可的具体办法和实施步骤由国务院规定。禁止企业事业单位无排污许可证或者违反排污许可证的规定向水体排放前款规定的废水、污水。同时，禁止私设暗管或者采取其他规避监管的方式排放水污染物。否则，应当承担本法第七十五条规定的法律责任。

7) 农业、农村及船舶水污染防治

为了加强农业和农村水污染防治，加强内河船舶的污染防治，本次修订还专门增加了"农业和农村水污染防治""船舶水污染防治"两方面的内容。

(1) 在加强农业和农村水污染防治方面，新法对使用、运输、存贮农药和处置过期失效农药做了限制，防止造成水污染；要求畜禽养殖场、养殖小区应当保证其畜禽粪便、废水的综合利用或者无害化处理设施正常运转，保证污水达标排放，防止污染水环境；要求从事水产养殖应当科学确定养殖密度，合理投饵和使用药物，防止污染水环境；还规定利用工业废水和城镇污水进行灌溉，应当防止污染土壤、地下水和农产品等。

(2) 在加强船舶水污染防治，减少和降低船舶作业活动对内河水域的污染方面，新法明确了船舶排放含油污水、生活污水，应当符合船舶污染物排放标准；明确了船舶应当采取的防污措施；加强了对船舶污染物、废弃物处理单位的管理以及对船舶作业的污染监控。

8) 优先保护饮用水水源

原水污染防治法对生活饮用水水源的保护已经做了严格的规定。为了确保广大人民群众的饮用水安全，这次修订进一步完善了饮用水水源保护区制度，对饮用水水源和其他特殊水体保护设专章做了规定。主要内容包括：

(1) 完善了饮用水水源保护区管理制度，规定饮用水水源保护区分为一级保护区和二级保护区；必要时，可以在饮用水水源保护区外围划定一定的区域作为准保护区。

(2) 明确了饮用水水源保护区的划定和争议的解决，规定饮用水水源保护区由有关市、县人民政府提出划定方案，报省、自治区、直辖市人民政府批准；跨市、县饮用水水源保护区由有关市、县人民政府协商提出划定方案，报省、自治区、直辖市人民政府批准；协商不成的，由省、自治区、直辖市人民政府环境保护主管部门会同同级水行政、国土资源、卫生、建设等部门提出划定方案，征求同级有关部门的意见后，报省、自治区、直辖市人民政府批准。跨省、自治区、直辖市的饮用水水源保护区，由有关省、自治区、直辖市人民政府协商有关流域管理机构划定；协商不成的，由国务院环境保护主管部门会同同级水行政、国土资源、卫生、建设等部门提出划定方案，征求国务院有关部门的意见后，报国务院批准。

(3) 明确了饮用水水源保护区的严格管理制度，规定在饮用水水源保护区内，禁止设置排污口。在饮用水水源一级保护区内，禁止新建、改建、扩建与供水设施和保护水源无关的建设项目，已建成的与供水设施和保护水源无关的建设项目，由县级以上人民政府责令拆除或者关闭；禁止从事网箱养殖、旅游、游泳、垂钓或者其他可能污染饮用水水体的活动。在饮用水水源二级保护区内，禁止新建、改建、扩建排放污染物的建设项目，已建成的排放污染物的建设项目，由县级以上人民政府责令拆除或者关闭；从事网箱养殖、旅游等活动的，应当按照规定采取措施，防止污染饮用水水体。禁止在饮用水水源准保护区内新建、扩建对水体污染严重的建设项目；改建建设项目，不得增加排污量。同时，本法第八十一条对违反本法上述规定的行为明确规定了相应的法律责任。

(4) 在饮用水准保护区内实行积极的保护措施，规定在准保护区内，县级以上地方人民政府应当根据实际需要，采取工程措施或者建造湿地、水源涵养林等生态保护措施，防止水污染物直接排入饮用水水体，确保饮用水安全。

9) 关于水污染应急反应

为了进一步增强水污染应急反应能力，减少水污染事故对环境造成的危害，同时与突发事件应对法的有关规定相衔接，修订增加了"水污染事故处置"一章，增加了有关水污染应急反应的内容，包括：

(1) 依法做好水污染事故的应急准备、应急处置和事后恢复等工作，即各级人民政府及其有关部门，可能发生水污染事故的企业事业单位，应当依照突发事件应对法的规定，做好突发水污染事故的应急准备、应急处置和事后恢复等工作。

(2) 水污染事故的应急方案的制定。可能发生水污染事故的企业事业单位，应当制定有关水污染事故的应急方案，做好应急准备，并定期进行演练。生产、储存危险化学品的企业事业单位，应当采取措施，防止在处理安全生产事故过程中产生的可能严重污染水体的消防废水、废液直接排入水体。

(3) 水污染事故应急方案的启动和报告，即企业事业单位发生事故或者其他突发性事件，造成或者可能造成水污染事故的，应当立即启动本单位的应急方案，采取应急措施，并向事故发生地的县级以上地方人民政府或者环保部门报告。环保部门接到报告后，应当及时向本级人民政府报告，并抄送有关部门。造成渔业污染事故或者渔业船舶造成水污染事故的，应当向事故发生地的渔业主管部门报告，接受调查处理。其他船舶造成水污染事故的，应当向事故发生地的海事管理机构报告，接受其调查处理；给渔业造成损害的，海事管理机构应当通知渔业主管部门参与调查处理。

10) 完善法律责任

为了加大水污染违法成本，增强对违法行为的震慑力，解决"违法成本高、守法成本低"的问题，在法律责任一章对违反本法规定行为的行政责任、民事责任、刑事责任都相应增加了规定，大大丰富了法律责任的内容。

(1) 在行政责任方面，首先是丰富了处罚手段，根据违法行为性质的不同，规定了责令停止违法行为、责令限期改正、责令限期拆除、强制拆除、罚款、责令限期治理、责令停业、责令关闭、责令船舶临时停航等措施及处罚。其次是普遍提高了对违法行为的处罚力度，增强了法律责任的可操作性：一是提高了对违法行为罚款的绝对值，如对在饮用水水源保护区内设置排污口且人民政府责令其限期拆除而逾期仍不拆除的，最高罚款额提高到 100 万元；二是增强了罚款的可操作性，如对不正常使用或者未经批准拆除、闲置水污染物处理设施等行为规定了处以应缴纳排污费数额 2 倍以上 5 倍以下的罚款，又如对造成水污染事故的，按照水污染事故的直接损失的百分比处以罚款；三是增加了对责任人的罚款，即企业事业单位造成水污染事故的，可以对单位直接负责的主管人员和其他责任人员处以上一年度其从本单位取得的收入 50%以下的罚款。

(2) 在民事责任方面，增加了一系列规定，主要包括：一是确定了民事责任的承担原则，即规定因水污染受到损害的当事人，有权要求排污方排除危害和赔偿损失。其中由于不可抗力造成水污染损害的，排污方不承担赔偿责任；法律另有规定的除外。由受害人故意造成的水污染损害，排污方不承担赔偿责任。由受害人重大过失造成的水污染损害，可以减轻排污方的赔偿责任。由第三人造成的水污染损害，排污方承担赔偿责任后，有权向第三人追偿。二是在举证责任的分担上，规定因水污染引起的损害赔偿诉讼，由排污方就法律规定的免责事由及其行为与损害结果之间不存在因果关系承担举证责任。三是对因水污染受到损害的当事人众多的，规定可以依法由当事人推选代表人进行共同诉讼。四是在支持诉讼和法律援助方面，规定环保部门和有关社会团体可以依法支持因水污染受到损害的当事人向人民法院提起诉讼；国家鼓励法律服务机构和律师为水污染损害诉讼中的受害人提供法律援助。五是在当事人对有关水污染监测数据的取得上，规定因水污染引起的损害赔偿责任和赔偿金额的纠纷，当事人可以委托环境监测机构提供监测数据；环境监测机构应当接受委托，如实提供有关监测数据。

此外，本法还明确规定，违反本法且构成违反治安管理行为的，依法给予治安管理处罚；构成犯罪的，依法追究刑事责任。

8.1.4 排污费征收使用管理条例

《排污费征收使用管理条例》自 2003 年颁布以来，排污收费制度在我国污染防治中发挥了重要作用，有力地推动了环保事业的发展。

1. 条例内容

1) 排放种类、数量

第六条 排污者应当按照国务院环境保护行政主管部门的规定,向县级以上地方人民政府环境保护行政主管部门申报排放污染物的种类、数量,并提供有关资料。

第七条 县级以上地方人民政府环境保护行政主管部门,应当按照国务院环境保护行政主管部门规定的核定权限对排污者排放污染物的种类、数量进行核定。

装机容量 30 万千瓦以上的电力企业排放二氧化硫的数量,由省、自治区、直辖市人民政府环境保护行政主管部门核定。

污染物排放种类、数量经核定后,由负责污染物排放核定工作的环境保护行政主管部门书面通知排污者。

第八条 排污者对核定的污染物排放种类、数量有异议的,自接到通知之日起 7 日内,可以向发出通知的环境保护行政主管部门申请复核;环境保护行政主管部门应当自接到复核申请之日起 10 日内,做出复核决定。

第九条 负责污染物排放核定工作的环境保护行政主管部门在核定污染物排放种类、数量时,具备监测条件的,按照国务院环境保护行政主管部门规定的监测方法进行核定;不具备监测条件的,按照国务院环境保护行政主管部门规定的物料衡算方法进行核定。

第十条 排污者使用国家规定强制检定的污染物排放自动监控仪器对污染物排放进行监测的,其监测数据作为核定污染物排放种类、数量的依据。

排污者安装的污染物排放自动监控仪器,应当依法定期进行校验。

2) 排污费的征收

第十一条 国务院价格主管部门、财政部门、环境保护行政主管部门和经济贸易主管部门,根据污染治理产业化发展的需要、污染防治的要求和经济、技术条件以及排污者的承受能力,制定国家排污费征收标准。

国家排污费征收标准中未做规定的,省、自治区、直辖市人民政府可以制定地方排污费征收标准,并报国务院价格主管部门、财政部门、环境保护行政主管部门和经济贸易主管部门备案。

排污费征收标准的修订,实行预告制。

第十二条 排污者应当按照下列规定缴纳排污费:

(一)依照大气污染防治法、海洋环境保护法的规定,向大气、海洋排放污染物的,按照排放污染物的种类、数量缴纳排污费。

(二)依照水污染防治法的规定,向水体排放污染物的,按照排放污染物的种类、数量缴纳排污费;向水体排放污染物超过国家或者地方规定的排放标准的,按照排放污染物的种类、数量加倍缴纳排污费。

(三)依照固体废物污染环境防治法的规定,没有建设工业固体废物贮存或者处置的设施、场所,或者工业固体废物贮存或者处置的设施、场所不符合环境保护标准的,按照排放污染物的种类、数量缴纳排污费;以填埋方式处置危险废物不符合国家有关规定的,按照排放污染物的种类、数量缴纳危险废物排污费。

(四)依照环境噪声污染防治法的规定,产生环境噪声污染超过国家环境噪声标准的,按照排放噪声的超标声级缴纳排污费。

排污者缴纳排污费，不免除其防治污染、赔偿污染损害的责任和法律、行政法规规定的其他责任。

第十三条　负责污染物排放核定工作的环境保护行政主管部门，应当根据排污费征收标准和排污者排放的污染物种类、数量，确定排污者应当缴纳的排污费数额，并予以公告。

第十四条　排污费数额确定后，由负责污染物排放核定工作的环境保护行政主管部门向排污者送达排污费缴纳通知单。

排污者应当自接到排污费缴纳通知单之日起 7 日内，到指定的商业银行缴纳排污费。商业银行应当按照规定的比例将收到的排污费分别解缴中央国库和地方国库。具体办法由国务院财政部门会同国务院环境保护行政主管部门制定。

第十五条　排污者因不可抗力遭受重大经济损失的，可以申请减半缴纳排污费或者免缴排污费。

排污者因未及时采取有效措施，造成环境污染的，不得申请减半缴纳排污费或者免缴排污费。

排污费减缴、免缴的具体办法由国务院财政部门、国务院价格主管部门会同国务院环境保护行政主管部门制定。

第十六条　排污者因有特殊困难不能按期缴纳排污费的，自接到排污费缴纳通知单之日起 7 日内，可以向发出缴费通知单的环境保护行政主管部门申请缓缴排污费；环境保护行政主管部门应当自接到申请之日起 7 日内，做出书面决定；期满未做出决定的，视为同意。

排污费的缓缴期限最长不超过 3 个月。

第十七条　批准减缴、免缴、缓缴排污费的排污者名单由受理申请的环境保护行政主管部门会同同级财政部门、价格主管部门予以公告，公告应当注明批准减缴、免缴、缓缴排污费的主要理由。

3) 排污费的使用

第十八条　排污费必须纳入财政预算，列入环境保护专项资金进行管理，主要用于下列项目的拨款补助或者贷款贴息：

(一)重点污染源防治。

(二)区域性污染防治。

(三)污染防治新技术、新工艺的开发、示范和应用。

(四)国务院规定的其他污染防治项目。

具体使用办法由国务院财政部门会同国务院环境保护行政主管部门征求其他有关部门意见后制定。

第十九条　县级以上人民政府财政部门、环境保护行政主管部门应当加强对环境保护专项资金使用的管理和监督。

按照本条例第十八条的规定使用环境保护专项资金的单位和个人，必须按照批准的用途使用。

县级以上地方人民政府财政部门和环境保护行政主管部门每季度向本级人民政府、上级财政部门和环境保护行政主管部门报告本行政区域内环境保护专项资金的使用和管理情况。

第二十条　审计机关应当加强对环境保护专项资金使用和管理的审计监督。

4) 罚则

第二十一条 排污者未按照规定缴纳排污费的,由县级以上地方人民政府环境保护行政主管部门依据职权责令限期缴纳;逾期拒不缴纳的,处应缴纳排污费数额1倍以上3倍以下的罚款,并报经有批准权的人民政府批准,责令停产停业整顿。

第二十二条 排污者以欺骗手段骗取批准减缴、免缴或者缓缴排污费的,由县级以上地方人民政府环境保护行政主管部门依据职权责令限期补缴应当缴纳的排污费,并处所骗取批准减缴、免缴或者缓缴排污费数额1倍以上3倍以下的罚款。

第二十三条 环境保护专项资金使用者不按照批准的用途使用环境保护专项资金的,由县级以上人民政府环境保护行政主管部门或者财政部门依据职权责令限期改正;逾期不改正的,10年内不得申请使用环境保护专项资金,并处挪用资金数额1倍以上3倍以下的罚款。

第二十四条 县级以上地方人民政府环境保护行政主管部门应当征收而未征收或者少征收排污费的,上级环境保护行政主管部门有权责令其限期改正,或者直接责令排污者补缴排污费。

第二十五条 县级以上人民政府环境保护行政主管部门、财政部门、价格主管部门的工作人员有下列行为之一的,依照刑法关于滥用职权罪、玩忽职守罪或者挪用公款罪的规定,依法追究刑事责任;尚不够刑事处罚的,依法给予行政处分:

(一)违反本条例规定批准减缴、免缴、缓缴排污费的;

(二)截留、挤占环境保护专项资金或者将环境保护专项资金挪作他用的;

(三)不按照本条例的规定履行监督管理职责,对违法行为不予查处,造成严重后果的。

2. 政策解读

1) 条例制定背景

排污收费制度是我国环保法律规定的一项重要制度,也是世界各国的通行做法。实行这一制度,对于防治环境污染,改善环境质量具有重要意义。我国先后于1982年、1988年公布实施了《征收排污费暂行办法》和《污染源治理专项基金有偿使用暂行办法》。

但是,随着环境保护事业的发展和财政管理体制的改革,排污收费制度在实施中出现了一些新的问题,主要表现在:①法律依据发生变化。根据《中华人民共和国水污染防治法》《中华人民共和国大气污染防治法》等有关环境保护法律规定,排污费由单一的超标收费改为排污收费与超标收费并存。②财政体制发生变化,要求排污费实行收支两条线,收缴分离,排污费使用也由"拨改贷"改为"贷改投"。③原办法规定排污收费的对象主要是企业,根据新的情况,需要将个体工商户纳入。④原办法缺乏对排污费使用实施监督的规定,致使排污费被截留、挤占或者挪用的情况时有发生。为解决上述问题,我国在总结排污费征收和使用管理实践经验的基础上制定了《排污费征收使用管理条例》。该条例于经2002年1月30日国务院第54次常务会议通过,于2003年1月2日由国务院第369号令发布,自2003年7月1日起施行。

2) 条例制定思路

一是根据《大气污染防治法》《水污染防治法》《海洋环境保护法》等法律的规定,将排污收费由原来的超标收费改为排污即收费和超标收费并行;二是按照污染要素的不同,将排污收费由原来的单因子收费改为多因子收费;三是根据收费体制的变化,强调排污费实行收支两条线、收缴分离，明确排污费必须纳入财政预算，列入环境保护专项资金进行管理，并加强审计监督；四是加大对排污费征收、使用中各种违法行为的处罚力度。

3) 条例主要内容

《排污费征收使用管理条例》分6章共26条。主要内容如下。

(1) 排污费的征收对象。

《条例》对排污费的征收对象做了明确界定，即"直接向环境排放污染物的单位和个体工商户(以下简称排污者)"。同时规定："排污者向城市污水集中处理设施排放污水、缴纳污水处理费用的，不再缴纳排污费。排污者建成工业固体废物贮存或者处置设施、场所并符合环境保护标准，或者其原有工业固体废物贮存或者处置设施、场所经改造符合环境保护标准的，自建成或者改造完成之日起，不再缴纳排污费。"

(2) 排污费的征收。

为了严格规范排污费的征收管理，《条例》在以下4个方面做了明确规定。

① 明确排污费征收标准的制定权限。

② 规定污染物排放种类、数量的申报、核定和复核程序。

③ 明确排污费数额的确定原则和程序。

④ 规定排污费减免缓缴的原则和程序。

同时，为了加强对排污费减免缓工作的管理，防止权力滥用，《条例》第17条还规定："批准减缴、免缴、缓缴排污费的排污者名单由受理申请的环境保护行政主管部门会同同级财政部门、价格主管部门予以公告，公告应当注明批准减缴、免缴、缓缴排污费的主要理由。"

(3) 关于排污费的使用。

① 严格实行收支两条线。《条例》第18条明确规定：排污费必须纳入财政预算，列入环境保护专项资金进行管理，主要用于下列项目的拨款补助或者贷款贴息：(一)重点污染源防治；(二)区域性污染防治；(三)污染防治新技术、新工艺的开发、示范和应用；(四)国务院规定的其他污染防治项目。这样，既可以确保收费与使用分开，又能带动更多的资金投入污染防治中。

② 加强监督审计。为防止环境保护专项资金被截留、挤占和挪用，《条例》进一步明确财政、环保、审计等有关主管部门应当对环境保护专项资金的使用情况加强监督和审计(第19条、第20条)。

此外，条例还对不按规定征收、缴纳排污费，骗取批准减免缓缴排污费，不按规定使用环境保护专项资金的行为规定了相应的法律责任(第21条、第22条、第23条、第24条)。

8.1.5 再生资源回收管理办法

《再生资源回收管理办法》于2006年5月17日在商务部第5次部务会议审议通过，并经国家发改委、公安部、建设部、工商总局、环保总局同意，现予公布，自2007年5月1日起施行。

主要内容如下。

1) 经营规则

第六条　从事再生资源回收经营活动，必须符合工商行政管理登记条件，领取营业执照后,方可从事经营活动。

第七条 从事再生资源回收经营活动,应当在取得营业执照后 30 日内,按属地管理原则,向登记注册地工商行政管理部门的同级商务主管部门或者其授权机构备案。

备案事项发生变更时,再生资源回收经营者应当自变更之日起 30 日内(属于工商登记事项的自工商登记变更之日起 30 日内)向商务主管部门办理变更手续。

第八条 回收生产性废旧金属的再生资源回收企业和回收非生产性废旧金属的再生资源回收经营者,除应当按照本办法第七条规定向商务主管部门备案外,还应当在取得营业执照后 15 日内,向所在地县级人民政府公安机关备案。

备案事项发生变更时,前款所列再生资源回收经营者应当自变更之日起 15 日内(属于工商登记事项的自工商登记变更之日起 15 日内)向县级人民政府公安机关办理变更手续。

第九条 生产企业应当通过与再生资源回收企业签订收购合同的方式交售生产性废旧金属。收购合同中应当约定所回收生产性废旧金属的名称、数量、规格,回收期次,结算方式等。

第十条 再生资源回收企业回收生产性废旧金属时,应当对物品的名称、数量、规格、新旧程度等如实进行登记。

出售人为单位的,应当查验出售单位开具的证明,并如实登记出售单位名称、经办人姓名、住址、身份证号码;出售人为个人的,应当如实登记出售人的姓名、住址、身份证号码。

登记资料保存期限不得少于两年。

第十一条 再生资源回收经营者在经营活动中发现有公安机关通报寻查的赃物或有赃物嫌疑的物品时,应当立即报告公安机关。

公安机关对再生资源回收经营者在经营活动中发现的赃物或有赃物嫌疑的物品应当依法予以扣押,并开列扣押清单。有赃物嫌疑的物品经查明不是赃物的,应当依法及时退还;经查明确属赃物的,依照国家有关规定处理。

第十二条 再生资源的收集、储存、运输、处理等全过程应当遵守相关国家污染防治标准、技术政策和技术规范。

第十三条 再生资源回收经营者从事旧货收购、销售、储存、运输等经营活动应当遵守旧货流通的有关规定。

第十四条 再生资源回收可以采取上门回收、流动回收、固定地点回收等方式。

再生资源回收经营者可以通过电话、互联网等形式与居民、企业建立信息互动,实现便民、快捷的回收服务。

2) 监督管理

第十五条 商务主管部门是再生资源回收的行业主管部门,负责制定和实施再生资源回收产业政策、回收标准和回收行业发展规划。

发展改革部门负责研究提出促进再生资源发展的政策,组织实施再生资源利用新技术、新设备的推广应用和产业化示范。

公安机关负责再生资源回收的治安管理。

工商行政管理部门负责再生资源回收经营者的登记管理和再生资源交易市场内的监督管理。

环境保护行政管理部门负责对再生资源回收过程中环境污染的防治工作实施监督管理，依法对违反污染环境防治法律法规的行为进行处罚。

建设、城乡规划行政管理部门负责将再生资源回收网点纳入城市规划，依法对违反城市规划、建设管理有关法律法规的行为进行查处和清理整顿。

第十六条　商务部负责制定和实施全国范围内再生资源回收的产业政策、回收标准和回收行业发展规划。

县级以上商务主管部门负责制定和实施本行政区域内具体的行业发展规划和其他具体措施。

县级以上商务主管部门应当设置负责管理再生资源回收行业的机构，并配备相应人员。

第十七条　县级以上城市商务主管部门应当会同发展改革(经贸)、公安、工商、环保、建设、城乡规划等行政管理部门，按照统筹规划、合理布局的原则，根据本地经济发展水平、人口密度、环境和资源等具体情况，制定再生资源回收网点规划。

再生资源回收网点包括社区回收、中转、集散、加工处理等回收过程中再生资源停留的各类场所。

第十八条　跨行政区域转移再生资源进行储存、处置的，应当依照《中华人民共和国固体废物污染环境防治法》第二十三条的规定办理行政许可。

第十九条　再生资源回收行业协会是行业自律性组织，履行如下职责：

(一)反映企业的建议和要求，维护行业利益。

(二)制定并监督执行行业自律性规范。

(三)经法律法规授权或主管部门委托，进行行业统计、行业调查，发布行业信息。

(四)配合行业主管部门研究制定行业发展规划、产业政策和回收标准。

再生资源回收行业协会应当接受行业主管部门的业务指导。

3) 罚则

第二十条　未依法取得营业执照而擅自从事再生资源回收经营业务的，由工商行政管理部门依照《无照经营查处取缔办法》予以处罚。

凡超出工商行政管理部门核准的经营范围的，由工商行政管理部门按照有关规定予以处罚。

第二十一条　违反本办法第七条规定，由商务主管部门给予警告，责令其限期改正；逾期拒不改正的，可视情节轻重，对再生资源回收经营者处 500 元以上 2000 元以下罚款，并可向社会公告。

第二十二条　违反本办法第八条规定，由县级人民政府公安机关给予警告，责令其限期改正；逾期拒不改正的，可视情节轻重，对再生资源回收经营者处 500 元以上 2000 元以下罚款，并可向社会公告。

第二十三条　再生资源回收企业违反本办法第十条第一、二款规定，收购生产性废旧金属未如实进行登记的，由公安机关依据《废旧金属收购业治安管理办法》的有关规定予以处罚。

第二十四条　违反本办法第十条第三款规定的，由公安机关责令改正，并处 500 元以上 1000 元以下罚款。

第二十五条　违反本办法第十一条规定，发现赃物或有赃物嫌疑的物品而未向公安机关报告的，由公安机关给予警告，处 500 元以上 1000 元以下罚款；造成严重后果或屡教不改的，处以 1000 元以上 5000 元以下罚款。

第二十六条　有关行政管理部门工作人员严重失职、滥用职权、徇私舞弊、收受贿赂，侵害再生资源回收经营者合法权益的，有关主管部门应当视情节给予相应的行政处分；构成犯罪的，依法追究刑事责任。

8.2　我国冶金工业节能减排现状

目前，全世界的能源已经进入矿物能源消耗的高峰期，如图 8-1 所示，我国能源的获取已经进入相对困难时期，而能耗却出现了继续增长的趋势。

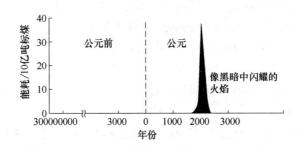

图 8-1　世界化石能源(煤、油、天然气)的消耗分析

在近 30 多年的工业化过程中，我国能源的总消耗量进入快速增长阶段。

1978—1987 年：10 年共消耗 8.0 亿吨标煤。

1988—1997 年：10 年共消耗 18.0 亿吨标煤。

2012 年：消耗 32.5 亿吨标煤。

2014 年：消耗 36 亿吨标煤。

2015 年：消耗 40 亿吨标煤。

据国家发改委估计，按现在我国的能耗估计，到 2050 年，我国一年就要消耗 90 亿吨标煤，按现在国际上最先进的能耗水平(日本)，2050 年我国也需要 77 亿吨标煤，但我国政府只能提供 65 亿吨标煤。

解决能源问题的途径如下。

一是扩大能源的来源，但受到国内外条件的限制，扩大能源来源越来越困难。

二是节能和提高能效，除了提高一次能源的利用效率外，提高二次能源的利用率变得越来越重要。很多钢铁企业已经从节能减排的技术、工艺变革中获得了非常可观的经济效益和环境效益。

冶金工业的实质，以钢铁工业为例：是一个将"石头"变成"金属"的高温化学工业，是一个需要付出巨大能量将"石头"(铁矿石、石灰石、萤石等)中的氧化铁的"铁"-"氧"键打开的过程，这是钢铁工业能耗高的本质特点。

我国是世界上最大的钢铁生产国，钢产量几乎占全世界钢铁总产量的 50%，这是我国钢铁工业的能耗占全国总能耗的 16.3%(2014 年统计数据)的主要原因，如此大的能耗比例，引起了我国政府的极大关注，也给我国钢铁工业带来了极大压力。我国钢铁工业能耗高有两个原因：一是钢铁总产量大，所以能耗量大；二是一些企业钢铁单耗高。

我国钢铁工业的能耗现状是既有高水平、中水平的能耗，也有低水平的能耗。我国钢铁工业现在高水平能耗的企业越来越多，低水平能耗的企业在减少，节能新工艺、新装备和新技术逐步在增加。

李克强总理在第七次全国环保大会上讲道："发达国家一两百年间逐步出现的环境问题在我国短期内集中显现，环境总体恶化的趋势尚未根本改变，压力还在加大。"

2015年历史上最严厉的污染物排放标准已实施，除了排放要达标外，还要达到总量排放的要求。

"节能环保产业"是国家战略型新兴产业的第一个产业，是冶金工业新的经济增长点，是增加就业率的好措施，值得大力开发。

如何科学开发节能环保新技术？国内外已经总结出以下3个途径。

(1) 源头治理(过程前：Before Process)——投入最少；
(2) 过程治理(过程中：In Process)——投入中等；
(3) 末端治理(过程后：After Process)——投入大。

中国冶金工业节能减排存在以下问题。

(1) 注重末端治理。
(2) 注重局部治理，缺乏大系统节能减排的理念，如跨工序、跨行业的节能减排等。

8.3 国内外冶金工业节能减排新技术

本节主要介绍了我国节能减排技术，包括干熄焦技术、高炉节能减排技术、转炉煤气回收技术、烧结余热利用等；以及国外节能减排新方法和新技术。

8.3.1 我国节能减排技术

1. 干熄焦技术

干熄焦是冶金工业中炼焦的一种新工艺。其工作原理是利用惰性气体冷却熄灭从炼焦炉推出的温度为1000~1050摄氏度的红焦。炽热的红焦由干熄炉炉顶送入，向下降落，与干熄炉底部向上鼓入的惰性气体进行逆行换热，因此熄焦车要承受急冷急热和磨损腐蚀的考验，冷却焦炭的同时将惰性气体加热到800摄氏度左右。高温的惰性气体用于加热干熄焦锅炉内的热水，使其变成水蒸气，用来发电或供热，因此回收了大量的红焦炭的显热，达到了节能的目的。此外，干熄焦系统产生了大量水蒸气，也降低了动力燃煤锅炉的负荷，大大减少了煤燃烧所产生的污染物，有效地降低了对环境的污染。同时，用惰性气体冷却红焦炭不仅提高了焦炭的品质，与湿法熄焦相比，节省了大量的宝贵的水资源。因此干熄焦技术同时具有节能和环境保护的作用，值得推广。一直以来，干熄焦工艺中焦炭的烧损率一直备受关注，而通过控制循环气体中的水蒸气以及可燃气体的量等因素可以降低焦炭的烧损率。此外干熄焦耐材的使用寿命问题是急需攻克的技术难题。

2. 高炉节能减排技术

在冶金领域中，高炉炼铁能耗在所有工序中是最大的，因此高炉节能减排技术的应用对整个冶金工业至关重要。目前精料技术、高炉煤气余压发电工艺、高喷煤技术、高炉煤气回收发电技术、喷吹焦炉煤气等技术已经得到了成熟应用，并取得了较好的节能减排效果。但是，随着能源与环境问题的日益严重，更加环保节能的技术亟待开发。

1) 氢冶金技术

随着世界范围对"低碳环保"的呼吁，作为二氧化碳排放量最大的钢铁行业，面临着全社会的压力。在当今的高炉炼铁工艺中，一般采用固体(焦炭)和气体(CO)两种还原剂结合的方式，对炭的依赖性很大。氢气作为一种清洁能源，还原氧化铁的产物为水蒸气，且因其分子较小，在还原过程中，渗透速度是 CO 的几倍，容易渗透到内部与氧化铁反应，反应速率更快，反应更加完全，因此是替代 CO 的最合适的气体还原剂。但是，要达到工业生产的规模，数量巨大的氢来源是关键性问题，现存的制取氢气的方法主要是石油类燃料裂解，煤炭气的转化和水电解法，但这些方法都直接或间接导致了碳的排放，具体效果仍待研究。目前最新的有微生物制氢、太阳能制氢和核能余热制氢等方法有望实现氢冶金的普遍应用。

2) 高炉冲渣水余热回收技术

冲渣水的余热是一种很少被回收的二次能源。高炉炼铁高温炉渣产生大量的热量被冷却水吸收，被加热到 80 摄氏度左右的冷却水被送到冷却塔，经过空气冷却，造成了热量的浪费。为了利用这部分可观的能量，高炉冲渣水的余热被广泛重视起来。

(1) 冲渣水余热供热技术。冲渣水的热量可以直接用于钢厂区内建筑物的供暖。携带有大量热量的冲渣水经过滤沉淀后除去大量的杂质和悬浮物，被送入换热器内，把热量传递给用户管网，用于供热。这种方式工艺设备较简单，成本较低，回收了余热的同时还带来了经济效益。

但这种方式也存在很多弊病。首先，冲渣水过滤系统需定期清理沉淀物，造成了不便；其次，冲渣水中含有大量固溶物，很容易形成水垢堆积，影响换热，水中的部分盐分还会对金属管路造成腐蚀；最后，由于过滤系统散热损失，降低了热回收效率。太钢研发的"冲渣水换热器"具有抗堵性、抗腐蚀性、抗结垢性能，有望解决上述问题，实现冲渣水直接高效利用。

(2) 冲渣水余热供冷技术。冲渣水余热供热技术只限于冬天应用，夏天热量无法有效回收，于是一种冲渣水余热供冷技术被提出。溴化锂吸收式制冷机组以水作为制冷剂，与传统的制冷剂相比，不会对臭氧层造成破坏。吸收式制冷技术可以利用低品位的热能作为热源维持制冷循环。冲渣水的温度完全可以用于吸收式制冷机组。吸收式制冷机组的制冷原理是发生器中的制冷剂-吸收剂溶液吸收了冲渣水中的热量，制冷剂由于沸点较低，首先受热变为蒸汽，进入冷凝器放热形成高压液体，再经节流阀降低压力后送入蒸发器，制冷剂蒸发吸热，完成制冷过程。吸收式制冷机组回收余热大大节约了一次能源，解决了夏天冲渣水无法有效利用的问题。

3) 高炉喷吹废塑料技术

我国每年都会产生大量的废旧塑料，通常采用焚烧或掩埋处理，严重污染环境。在高炉炼铁工艺中，为了提高资源利用率，节约能源，通常采用喷吹煤粉的方法来提供炼铁过程中的还原剂和热量。而废塑料与煤具有相似的化学成分，燃烧热值也较高。实践表明，利用废塑料代替部分煤粉，塑料的利用率可达 80%，其中 60%是利用了其化学能参与还原铁矿石。这种混合喷吹塑料技术还可以明显降低 CO_2 和其他有害气体的排放量，在回收废弃塑料的同时，明显降低煤粉耗量。当然，我国若要实现这种工艺的工业规模化生产还有很多实际问题需要解决。

3. 转炉煤气回收技术

转炉主要用于生产碳钢和合金钢，而生产过程产生的煤气是很好的二次能源。其中，焦炉煤气可供民用和焦化厂自用；高炉煤气可用于烧结点火和发电。在钢铁工业中，转炉工序的能耗与世界水平相差最大。转炉炼钢过程主要是吹入氧气使铁液中的碳氧化物以气体形式放出，将碳含量降到规定水平，而生成的碳的氧化物混合气体中 CO 含量可达 60%以上，因此热值远高于高炉煤气。回收转炉煤气是减轻空气污染、降低能耗、实现负能炼钢的有效手段。目前转炉煤气回收普遍采用的是干法回收净化系统。转炉煤气进入系统后，首先被汽化冷却烟道冷却，流入蒸发冷却器，被雾化喷嘴喷出的水蒸气冷却，和水雾团聚沉降粗除尘，然后进入电除尘系统精除尘。达到回收煤气标准的，冷却至 70 摄氏度以下，加压后储存到煤气柜，供用户使用。干法回收净化系统因其具有能耗低、耗水量小、净化效率高、回收煤气量较大等特点而备受青睐。

4. 烧结余热利用

烧结工序的余热回收利用是一种实现冶金过程节能减排行之有效的途径。烧结余热主要由烧结烟气显热和环冷机废气显热组成。主要有 4 种利用方式：利用环冷机冷却废气或烧结烟气余热在点火器前对烧结料层进行预热；将中、低温冷却废气作为助燃风送到点火器，进行热风点火；利用冷却废气循环实行热风烧结，直接回用于烧结过程，降低烧结工序能耗；利用余热锅炉回收烧结烟气或环冷机冷却风余热，所产生的蒸汽用于预热烧结料及生活用气或进行蒸汽发电。

如今针对烧结余热的利用主要集中在冷却机余热的回收上，技术已经比较成熟，而且取得了一定的效果。但是烧结烟气虽然温度较低，但是数量很大，疏于对这种低温热源的利用，导致了整体烧结余热回收效率偏低。为了实现能源回收效率最大化，针对烧结余热固有的特点，提出了按能级匹配的回收原则，即逐级回收，梯级利用。把冷却废气和烧结废气的热量分级回收，把能级较高的余热用于加热余热锅炉，生产蒸汽用于并网使用或发电；而能级较低的余热返回烧结工艺，用于对混合料层的预热、热风点火助燃和热风烧结。这种针对烧结废气和冷却废气分级回收的技术，梯级利用不同能级的余热资源，回收效率较高，节约效果明显。

8.3.2 国外节能减排新方法和新技术

1. 节能减排新方法

1) 欧盟国家节能减排的新工艺研究

德国蒂森-克虏伯钢铁公司烧结节能历程如图 8-2 所示。

第8章 我国冶金行业节能减排

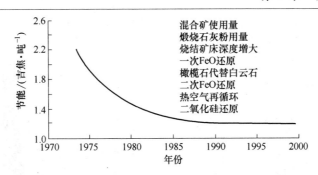

图 8-2　德国蒂森-克虏伯钢铁公司烧结节能历程图

从图中可以看出，从第一次世界能源危机开始，德国人就不断开发各种新的节能技术，效果显著，但到了 1990 年前后，已经接近烧结能耗的极限，已无法继续降低。钢铁工业的其他工艺也有类似现象，所以如何继续降低钢铁工业能耗，成为一个需要思考的大问题。最后欧盟专家们提出了对钢铁工艺、装备进行革命性或改良型变革的做法，如 ULCOS 项目。具体内容包括：非高炉炼铁法(欧盟熔融还原法)；高炉炼铁法；电解法；生物质炼铁法；CO_2 分离和固化法。

ULCOS 项目计划投资 150 亿欧元，用约 30 年时间实现工业应用，但欧盟很多国家认为时间太长，又开发了一个称为"工业集成"的方法，解决低碳节能的问题。该方法本质上就是我国提出的"循环经济"方法，即将钢铁工业与其他工业建在一个工业园区，余能互相利用，资源共享，实现污染物排放最小化的目的。

2) 日本节能减排的新工艺研究

日本在 2000 年技术节能接近极限后，也开始开发各种新工艺，试图达到节能减排的目的。

(1) 开发高炉低温快速还原反应新技术(目标节能 50%)。
(2) 块矿炼铁工艺。
(3) 氧化铁 H_2 还原技术和炉顶煤气 CO_2 分离技术。
(4) 用废塑料代替部分炭作还原剂。
(5) 微波炼铁——无碳炼铁法。

2. 节能减排新技术

在此介绍已经或可能列入国家节能减排技术目录的部分节能减排新技术。

节能的首要要素是提高一次能源的利用效率，世界上约 85%的燃料是被烧掉的，所以"烧"的好坏，直接关系到一次能源的利用效率。

1) 蓄热式燃烧技术

蓄热式燃烧技术节能、环保，尤其用于低热值燃料方面，效果更突出。该技术 20 世纪 90 年代进入我国后，由于推广太快，出现了一些设计考虑不够的地方，导致我国冶金界呈现不冷不热的状态。

2) 富氧燃烧技术

富氧燃烧技术虽然是一个古老的燃烧技术，但由于 O_2 价格的降低和环境排放要求的提高，主要是 NO_x 排放的限制，富氧燃烧技术被国外节能减排人士重新提出。现在在瑞典钢铁工业，已经有 2/3 的轧钢加热炉和热处理炉采用富氧或全氧燃烧技术，并取得了很好的技术、经济和产品质量效果，如图 8-3、图 8-4 所示。

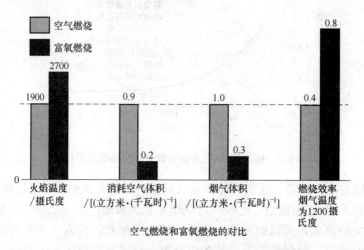

图 8-3　富氧燃烧与常规空气燃烧的效果比较

图 8-4　瑞典富氧燃烧轧钢转底加热炉

由图 8-5 可以看出，富氧的好处之一是减少了烟气量，降低了烟气余热的损失，由此带来了显著的节能效果，伴随着其他好处，如提高产量、提高加热质量(减少氧化烧损)、源头上减少 NO_x 排放等，这就是富氧又再次被发达国家重新采纳的原因。

目前我国政府已经将富氧燃烧技术正式列入国家推荐的节能减排技术目录。

3) 纳米微米节能材料

为了更多地吸收高温烟气中的余热，济南慧敏科技公司开发了高辐射率的纳米微米节能材料，如图 8-6 所示。

该节能技术的主要作用是在高炉热风炉燃烧期大量从烟气中吸收余热，降低烟气排放的温度，达到节能目的；而在送风期，节能材料因为导致了大温差，可以将格子砖的热量更多地释放给冷风，达到提高热风温度和延长送风时间的目的。热风炉格子砖吸热和放热结果的对比如图 8-7 所示。

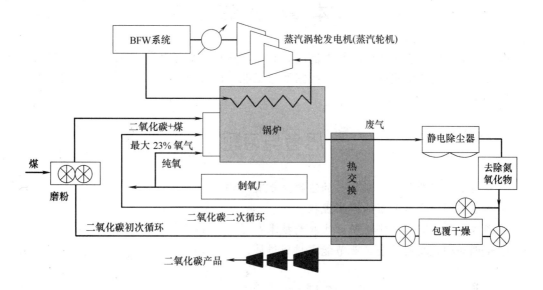

图 8-5 瑞典富氧燃烧锅炉系统

图 8-6 高辐射节能材料在高炉热风炉上的节能原理

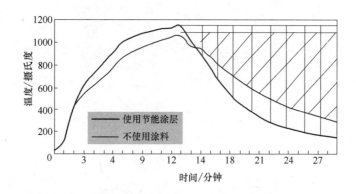

图 8-7 节能材料吸热换热放热速度比较实验结果

由图可以看出，应用节能材料的格子砖吸热多，放热快，该技术已经在 420 多台热风炉、焦化炉、锅炉上应用，并已出口到韩国浦项钢铁公司、加拿大 ARCELOR MITTAL 钢铁公司和波兰某钢铁公司。

本 章 小 结

本章主要介绍了节能减排的基本情况。其中，重点介绍了我国自工业生产以来冶金行业节能减排的相关法律法规；讲述了我国冶金工业节能减排的现状；并介绍了国内外冶金工业节能减排的新方法和新技术。

思考与习题

1. 我国冶金行业节能减排相关的法律法规有哪些？
2. 简述我国冶金行业节能减排现状。
3. 国内外节能减排有哪些新方法和新技术？
4. 试调查研究我国冶金工业节能减排新进展。

参 考 文 献

[1] 张玉柱，胡长庆. 钢铁产业节能减排技术路线图[M]. 北京：冶金工业出版社，2006.

[2] SHI Yan, LIU Shi-meng, HU Chang-qing et al. Microstructure Variation of Pellets Containing Ferrous Dust during Carbonation Consolidation[J]. Journal of Iron and Steel Research(International), 2015，22(2)：128-134.

[3] 张玉柱，石焱，胡长庆. 含铁粉尘碳酸化球团孔的结构特性[J]. 东北大学学报(自然科学版)，2013，34(3)：388-391.

[4] HU Chang-qing, HAN Tao, ZHANG Yu-zhu et al. Theoretical foundation of carbonation pellets process for ferrous sludge recycling[J]. Journal of Iron and Steel Research, International，2011，18(12)：27-31.

[5] 石焱，文会，胡长庆. 含铁粉尘碳酸化反应动力学研究[J]. 过程工程学报，2013，13(1)：83-87.

[6] 胡长庆，师学峰，张玉柱等. 烧结余热回收发电关键技术[J]. 钢铁，2011，46(1)：86-91.

[7] 胡长庆. 浅谈冶金流程节能减排技术[J]. 冶金管理，2015(12)：4-15.

[8] 樊译，石焱，胡长庆等. 转炉汽化冷却烟道破损因素分析及改进措施[J]. 铸造技术，2016，37(2)：375-376.

高等学校应用型特色规划教材丛书目录

机械工程导论
现代工程制图（第2版）
机械制图习题集
机械制图教程（AutoCAD 2016中文版）
工程力学
理论力学
材料力学
机械原理
机械零件
液压与气压传动
电工电子技术基础
自动控制原理
传感器原理与应用
工程测量技术
互换性与技术测量
机械设计基础
机械设计基础（近机、非机类）
机械设计课程设计指导
机械制造基础
机械制造工艺学
机械工程材料
金属工艺学
工程材料与加工工艺
金属材料与冲压工艺
金工实习（第4版）
金属切削原理与刀具
金属切削机床与夹具
铸造技术
焊接技术
数控机床
数控技术
数控机床与加工技术
机械加工工艺规程制订

数控编程与操作
数控机床故障诊断与维修
机电一体化技术
PLC技术及应用
微机原理与接口技术
变频器原理及应用
电机与电力拖动技术
机电控制技术
电气控制技术与PLC应用
工业设备与自动化技术
机械CAD/CAM
计算机辅助设计——UG NX
计算机辅助设计——AutoCAD
计算机辅助设计——SolidWorks
计算机辅助设计——CAXA
UG NX数控编程
Mastercam数控编程
CAXA数控编程
模具设计
模具设计实训指导
模具制造工艺
模具制造CAM
塑料成型与注塑模具设计
冲压工艺与模具设计
机械制造质量管理
特种加工技术
先进制造技术
精密机械制造技术
精密仪器设计
现代工业企业管理
工业机器人技术
冶金工程概论
冶金环境工程

清华社官方微信号

扫我有惊喜

ISBN 978-7-302-54321-3

9 787302 543213 >

定价：45.00元